이해하기 쉬운

지역사회영양학

COMMUNITY NUTRITION

머리말

지역사회영양학은 지역사회 구성원의 건강증진을 위해 영양문제를 파악하고 이를 개선하기 위한 영양사업을 실시하는 데 필요한 지식과 기술에 관한 학문이다. 즉 영양학이라는 학문에서 배운 기초 지식을 실제 지역 주민에게 적용하여 식생활을 개선하고 나아가 건강과 삶의 질을 향상시키는 과정으로서 진리를 깨닫는 것과는 또 다른 효용을 가진 응용 학문이라 하겠다.

본 교재는 식품영양학을 공부하는 학생과 지역사회의 현장에서 활동하는 영양사 및 보건교육사 모두에게 실질적인 도움이 되고자 이론과 실무를 통합하여 총 4부로 집필하였다.

제1부 지역사회영양의 개요는 전체 내용의 도입부로서 지역사회영양학의 기본 개념과 1960년대 이후에 진행된 한국인의 영양개선을 위한 지역사회영양의 발전과정이 제시되어 지역사회영양학의 중요성과 전체적인 흐름을 이해할 수 있다.

제2부 지역사회영양 프로그램의 개발과 평가는 건강행동 이론과 모델, 요구진단, 목표설정과 프로그램 설계, 프로그램의 실행과 평가에 대한 내용으로 지역사회에서 영양 프로그램을 전개하기 위해 필요한 이론적 배경지식과 프로그램의 실시과정을 체계적으로 정리하였다.

제3부 지역사회 영양사업의 실제는 국민의 건강과 영양실태를 바탕으로 임신수유부와 영유아, 어린이와 청소년, 성인과 노인 등 우리 국민의 생애주기 계층별 영양문제와 현재 실시되고 있는 프로그램 등을 다루어 특정 인구집단을 대상으로 영양 프로그램을 계획할 수 있는 능력을 갖추는 데 초점을 두었다.

제4부 영양 관련 정책은 영양정책의 수립과 적용, 국내외의 영양정책, 세계 영양문제와 국제기구의 영양개선활동을 소개하여 영양정책의 수립과정을 이해하고 국내뿐 아니라 세계의 영양문제와 이를 해결하려는 국제적인 노력을 파악함으로써 지역사회영양의 전문가로서 시야를 넓힐 수 있도록 구성하였다.

각 장은 학습목표와 요약 및 연구문제를 통해 배워야 할 중점 내용을 숙지할 수 있으며, 부록에는 영양 관련 주요 법령과 정부조직을 참고로 실어 국가 차원의 정책으로서 연계 부분을 이해할 수 있다.

지역사회영양학은 인구 구성이나 질병구조, 사회적 특성 등에 따라 계속 변모하는 학문이다. 따라서 환경의 변화에 따라 새로운 영양문제가 대두될 것이며, 이를 해결하기 위한 영양정책이 수립되고 그에 따른 연구결과들이 축적될 것이다. 그러한 변화에 발맞추어 보다 정확한 자료를 확보함으로써 본서의 부족하고 아쉬운 부분을 계속 보완해 나가고자 노력을 아끼지 않을 것이며, 그 결과로 지역사회영양학을 공부하고 또 실제로 수행하는 관련 분야 종사자에게 모범적인 지침이 되기를 바란다. 끝으로 이 책이 출간되기까지 물심양면으로 도움을 주신 모든 분과 파워북에 감사의 뜻을 전한다.

저자 일동

차례

PART 1 지역사회영양의 개요

CHAPTER 1 지역사회영양학의 기본 개념

CHAPTER 2 지역사회영양의 과거와 현재, 미래

PART 2 지역사회영양 프로그램의 개발과 평가

CHAPTER 3 건강행동 이론과 모델

CHAPTER 4 요구진단

CHAPTER 5
목표 설정과 프로그램 설계

CHAPTER 6
프로그램의 실행과 평가

PART 3 지역사회 영양사업의 실제

CHAPTER 7
국민의 건강과 영양실태

CHAPTER 10

성인과 노인

PART 4 영양 관련 정책

CHAPTER 11 영양정책의 수립과 적용

CHAPTER 12 국내외의 영양정책

PART 1

지역사회영양의 개요

CHAPTER 1 지역사회영양학의 기본 개념

CHAPTER 2 지역사회영양의 과거와 현재, 미래

C O M M U N I T Y   N U T R I T I O N

CHAPTER 1

지역사회영양학의 기본 개념

1. 지역사회 및 지역사회영양학의 정의 | 2. 지역사회영양학의 목적과 역할 |
3. 건강증진과 지역사회영양학 | 4. 환경변화와 지역사회영양학

지역사회영양학은 지역 주민의 영양과 건강증진을 위해 영양문제를 파악하고 이를 개선하기 위한 영양사업을 실시하는 실천적인 학문이다. 최근 국가의 보건·영양정책은 발병 후 치료보다는 질병예방과 건강증진에 초점을 두고 있으며, 이와 관련된 영양사업이 활발하게 실시되고 있다. 급변하는 현대 사회의 생활양식이나 식습관의 변화를 통해 건강증진이 강조되고 있으며, 이에 따라 지역사회영양학의 역할도 점점 확대되고 있다.

학/습/목/표

1. 지역사회영양학의 개념과 의미를 설명할 수 있다.
2. 건강증진을 위한 지역사회 영양활동의 예를 제시할 수 있다.
3. 지역사회영양과 관련된 환경 변화를 설명할 수 있다.
4. 지역사회영양학의 궁극적인 목적을 설명할 수 있다.

1. 지역사회 및 지역사회영양학의 정의

지역사회community란 지리적인 개념을 넘어서 좀 더 넓은 영역을 의미한다. 즉 일정한 구역에 거주하면서 소속감을 갖고 공동의 가치나 이익을 나누는 사람들과 집단을 의미한다. 학교 또는 직장의 소속 인원이나 병원, 보건소, 사회복지시설을 이용하는 사람들이 해당되며, 특정 지역의 거주민, 공통된 관심사나 특성을 가진 집단도 포함한다. 예를 들면 어린이의 영양에 관심 있는 학부모의 모임, 체중조절을 위한 비만인 모임, 보건소의 생활습관개선 프로그램에 참여한 주민들이 이에 해당된다.

지역사회영양학community nutrition은 개인이나 집단 등 지역사회 구성원의 영양상태 개선을 통한 건강 유지와 증진을 목표로 하는 학문이다. 즉 지역사회 구성원의 건강증진을 위해 우선 건강문제와 영양문제를 파악하고 이에 근거하여 영양개선 계획을 수립하며, 이를 지역사회에서 실시하고 평가하는 일련의 과정을 거친다. 지역사회영양학은 이러한 영양사업을 전개하는 데 필요한 지식과 기술에 관한 학문이며, 지역집단의 건강 유지와 증진을 위한 실천활동을 포함한다.

기존의 영양학은 영양소의 기능이나 체내 대사 등 자연과학에 근거한 연구가 주를 이루었다. 반면 지역사회영양학은 기초영양학에 근거하여 실생활에 적용함을 목적으로 하는 응용영양학의 한 분야이다. 따라서 지역사회에서 영양사업이나 영양활동을 수행하려면 기초적인 식품영양학 분야의 지식뿐 아니라 영양판정, 영양교육과 상담, 생애주기영양, 식사요법 등 응용영양학 분야의 지식도 필요하다. 또한 보건교육이나 역학, 보건통계 등 보건학 분야뿐 아니라 인간과 인간 행동에 대한 이해, 즉 사회학, 심리학, 교육학 등 사회과학 분야에 대한 지식들이 요구되는 다학제적인 학문이다그림 1-1.

지역사회영양학의 대상은 영유아에서 어린이, 청소년, 성인, 임신수유부, 노인에 이르기까지 전 생애주기를 포함한다. 이들을 대상으로 일반 영양관리부터 비만, 고혈압, 당뇨병, 심혈관계 질환, 암 등 생활습관병의 예방과 관리를 위한 영양개선사업을 주요 내용으로 다루게 된다. 이처럼 지역사회영양학에서는 대상별, 지역별, 주제별로 다양한 영양문제를 다루므로 대상자의 생애주기에 따른 특성, 식행동이나 식습관의 변화를 유도하기 위한 방법과 전략을 이해해야 하며, 질병과 영양에 관한 전문적인 지식 또한 필수적이다.

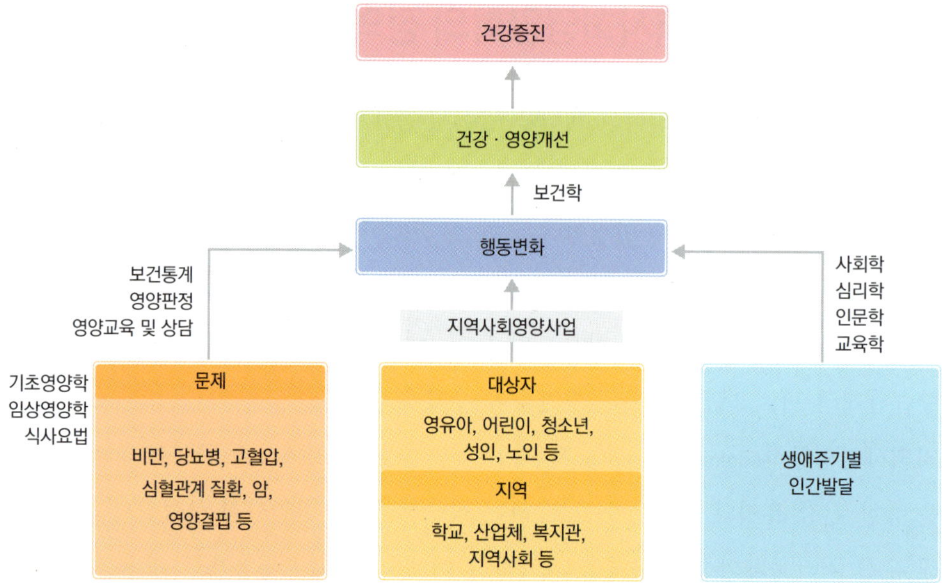

그림 1-1 다학제간 학문으로서의 지역사회영양학

2. 지역사회영양학의 목적과 역할

지역사회영양학의 궁극적인 목적은 지역사회 구성원과 더 나아가 국민의 영양개선을 통해 건강을 증진하는 것이다. 지역사회영양학의 구체적인 목적은 다음과 같다.

① 지역사회의 건강문제와 영양문제를 파악하고 이와 관련된 요인을 분석한다.

② 대상별, 지역별로 영양사업을 계획한다.

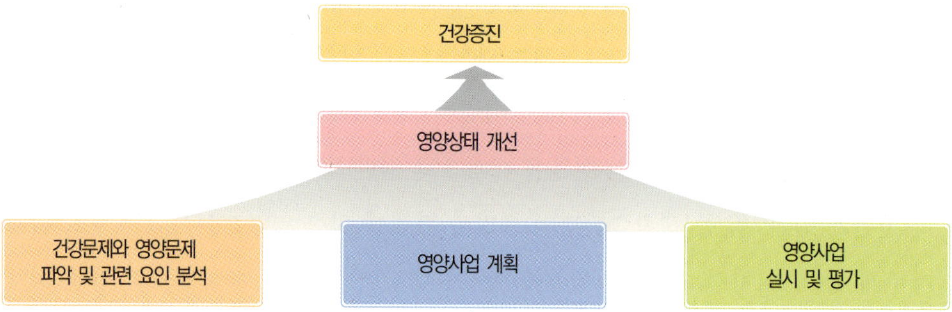

그림 1-2 지역사회영양학의 개요

③ 지역사회 영양사업을 실시한 후 그 효과를 평가한다.

④ 지역사회 구성원의 영양상태를 파악하고 영양개선에 기여한다.

⑤ 지역사회 구성원의 건강증진에 기여한다.

3. 건강증진과 지역사회영양학

세계보건기구World Health Organization, WHO에 의하면 건강health은 신체적인 건강만이 아니라 정신적·사회적으로 건강한 상태를 의미한다. 건강증진health promotion은 생활양식을 개선하여 최적의 건강상태를 유지하는 것으로서 삶의 질을 높이는 데 기여한다. 1986년에 오타와 헌장Ottawa Charter for Health Promotion에서 건강증진의 개념이 도입된 이래 국내에서도 1995년에 「국민건강증진법」이 제정되는 등 건강증진에 관한 관심이 높아지고 있다. 보건소 등의 기관에서도 영양, 운동, 금연, 절주 등 생활양식의 변화를 통한 다양한 건강증진사업을 활발하게 전개하고 있다.

보건복지부에서는 2002년에 제1차 국민건강증진종합계획Health Plan 2010(2002~2005)을 수립하였으며 '온 국민이 함께하는 건강세상'을 최종 목표로 하여 국민의 건강수명 연장, 건강형평성 제고를 위한 다양한 사업과 사업전략을 제시하였다그림 1-3. 또한 이에 근거하여 2005년에 제2차 HP 2010(2006~2010)을 제시하였고, 2011년에 제3차 국민건강증진종합계획HP 2020(2011~2020), 2015년에 제4차 국민건강증진종합계획HP 2020(2016~2020), 2021년에 제5차 국민건강증진종합계획HP 2030(2021~2030)을 발표하였다.

HP 2030에서는 '모든 사람이 평생 건강을 누리는 사회'를 비전으로 하고, 목표는 '건강수명 연장'(2018년 70.4세에서 2030년 73.3세)과 '건강형평성 제고'(소득수준별, 지역별 건강수명 격차 감소)로 설정하였다. 목표 달성을 위해 건강생활 실천, 정신건강 관리, 비감염성 질환 예방관리, 감염 및 기후변화성 질환 예방관리, 인구집단별 건강관리, 건강친화적 환경 구축의 6개 분야에서 28개의 중점과제를 마련하였다그림 1-4. 그리고 400개의 성과지표를 정하고 이 중 건강수명과 건강형평성에 핵심적으로 기여하는 64개 지표를 대표지표로 선정하였다.

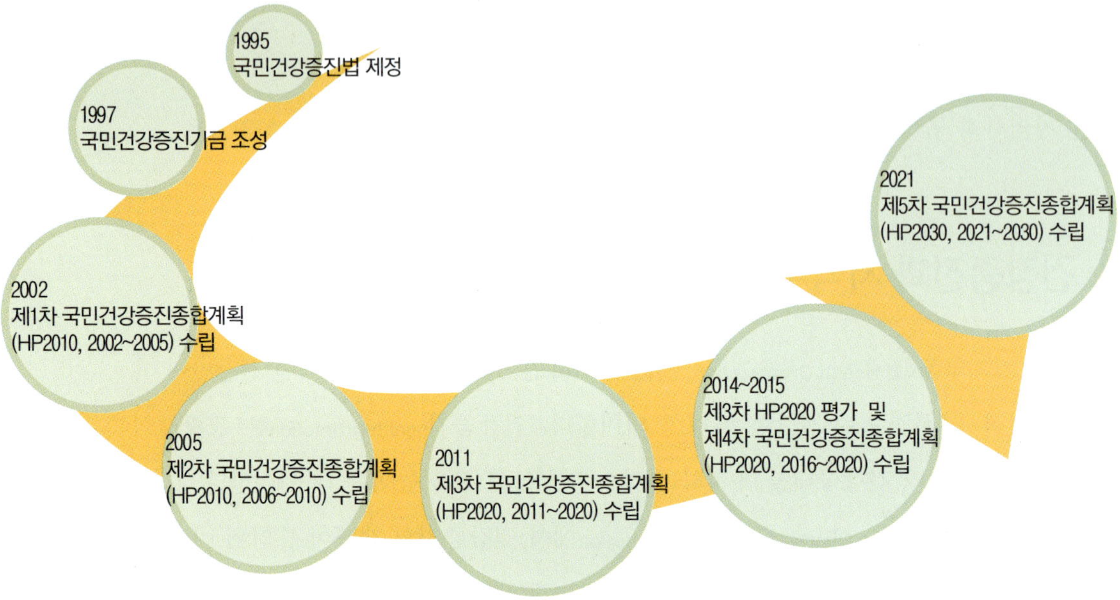

그림 1-3 국민건강증진종합계획 추진 경과

출처 : 보건복지부·한국건강증진개발원(2015). 제4차 국민건강증진종합계획 2016~2020, 관계부처합동(2021). 제5차 국민건강증진종합계획(Health Plan 2030, 2021~2030)

건강생활실천 분야 중 '영양' 중점과제의 대표지표로 '식품안정성 확보 가구분율', 형평성 지표로 '소득 1~5분위 식품안정성 확보 가구율 격차'가 설정되었고 이를 포함하여 20개의 성과지표가 제시되었다**표 1-1**. 건강한 식생활 실천과 최적의 영양상태 유지 기반 강화를 위해 인구집단별 맞춤형 영양관리 서비스 확대 및 접근성 강화, 만성질환의 예방과 관리를 위한 영양정책 추진, 올바른 식생활·영양정보의 효율적 제공 체계 구축을 위한 계획을 마련하였다. 구체적인 추진 계획은 **그림 1-5**에 제시된 바와 같다.

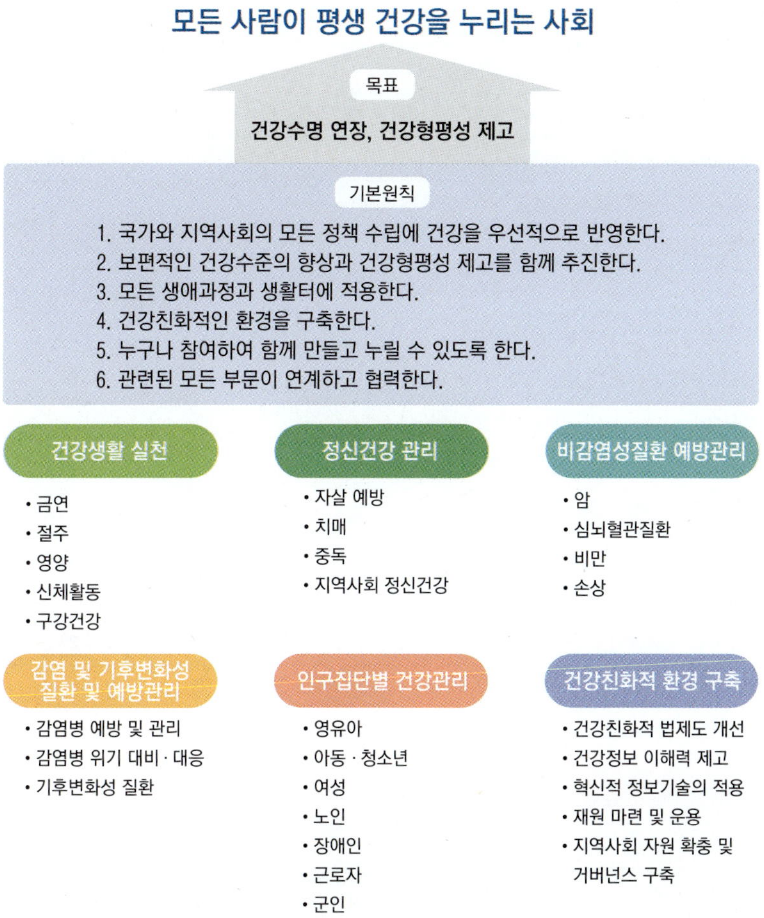

그림 1-4 제5차 국민건강증진종합계획(Health Plan 2030, 2021~2030) 기본 틀

출처 : 관계부처합동(2021). 제5차 국민건강증진종합계획(Health Plan 2030, 2021~2030)

표 1-1 국민건강증진종합계획 2030 영양중점과제의 성과지표와 형평성지표

영양 : 성과지표와 형평성지표	2018년	2030년
1. 식품안정성 확보 가구분율	96.9%	97.0%
2. 소득 1-5분위 식품안정성 확보 가구분율 격차	11.4%p	7.0%p
3. 포화지방산을 적정수준으로 섭취하는 인구 비율(만3세 이상)	49.7%	74.0%
4. 소득 1-5분위 포화지방산 적정수준 섭취 인구 비율 격차(만3세 이상)	5.9%p	0.0%p
5. 나트륨을 적정수준으로 섭취하는 인구 비율	32.4%	42.0%
6. 소득 1-5분위 나트륨 적정수준 섭취 인구 비율 격차	9.7%p	0.2%p

(계속)

영양 : 성과지표와 형평성지표	2018년	2030년
7. 과일/채소를 1일 500g 이상 섭취하는 인구 비율(만6세 이상)	26.2%	41.0%
8. 소득 1-5분위 과일/채소를 1일 500g 이상 섭취 인구 비율 격차(만6세 이상)	11.5%p	6.0%p
9. 가공식품의 영양표시 이용률(초등학생 이상)	28.5%	31.7%
10. 소득 1-5분위 가공식품 영양표시 이용률 격차(초등학생 이상)	4.7%p	4.0%p
11. 건강 식생활 실천율(초등학생 이상)	42.0%	50.6%
12. 소득 1-5분위 건강 식생활 실천율 격차(초등학생 이상)	5.2%p	4.4%p
13. 칼슘 적정수준 섭취하는 인구 비율(만1세 이상)	16.8%	21.0%
14. 소득 1-5분위 칼슘 적정수준 섭취율 격차(만1세 이상)	4.6%p	2.0%p
15. 비타민 A 적정수준 섭취하는 인구 비율(만1세 이상)	11.8%	24.0%
16. 소득 1-5분위 비타민 A 적정수준 섭취 분율 격차(만1세 이상)	0.4%p	0.0%p
17. 영양섭취부족 노인 인구 비율(75세 이상)	18.5%	12.0%
18. 소득 1-5분위 영양섭취부족 노인 인구 분율 격차(75세 이상)	5.4%p	0.0%p
19. 가임기 여성의 빈혈 유병률	13.1%	11.0%
20. 소득 1-5분위 가임기 여성의 빈혈 유병률 격차	2.8%p	0.0%p

출처 : 보건복지부 · 한국건강증진개발원, 2022

건강한 식생활 실천 및 최적의 영양상태 유지 기반 강화

인구집단별 맞춤형 영양관리 서비스 확대 및 접근성 강화

- 영양플러스 사업 확대, 취약계층 영양개선 도모
- 아동·청소년·젊은 성인의 영양문제(아침결식, 채소/과일 섭취 증가) 해결 위한 홍보·캠페인 실시
- 당류·포화지방·나트륨 섭취의 관리방안 마련
- 노인 유형별 영양관리 프로그램(회합형, 방문/배달 프로그램 등) 도입, 노인 대상 급식위생·영양관리 지원

만성질환의 예방 및 관리 위한 영양정책 추진

- 만성질환별, 생애주기별 세분화된 영양소 섭취기준 및 식생활지침 마련(5년 주기)
- 효과적인 교육·홍보 자료 개발 및 보급, 영양사업 및 정책 제안 등으로 연계

올바른 식생활 · 영양정보의 효율적 제공 체계 구축

- 민관 협력체계 강화 등으로 건강식생활 실천 캠페인 추진
- 건강한 식품 선택권 보장 환경 조성 : 국가공인 영양성분 DB 제공, 가공·간편식의 영양표시 의무화 확대 등

그림 1-5 HP 2030의 '영양' 중점과제의 사업 추진 계획

출처 : 관계부처합동(2021). 제5차 국민건강증진종합계획(Health Plan 2030, 2021~2030)

4. 환경변화와 지역사회영양학

지역사회영양학은 인구 구성이나 질병구조, 사회적 특성 등에 따라 계속 변모하는 학문이다. 생애주기 또는 지역에 따라 계층별·대상별로 다양한 영양문제가 존재하기 때문에 항상 새로운 문제를 파악해야 하며, 지역집단의 변화와 요구도를 반영할 수 있는 사업을 계획해야 한다.

우리나라의 인구구조를 보면 유소년층의 비율이 감소하고 노인층이 급격히 증가하고 있다그림 1-6. 평균수명의 연장과 노인인구의 증가, 생활양식의 변화 등으로 만성질환의 발병과 이로 인한 사망도 증가하고 있다. 최근의 주요 사망원인을 보면 암, 뇌혈관계 질

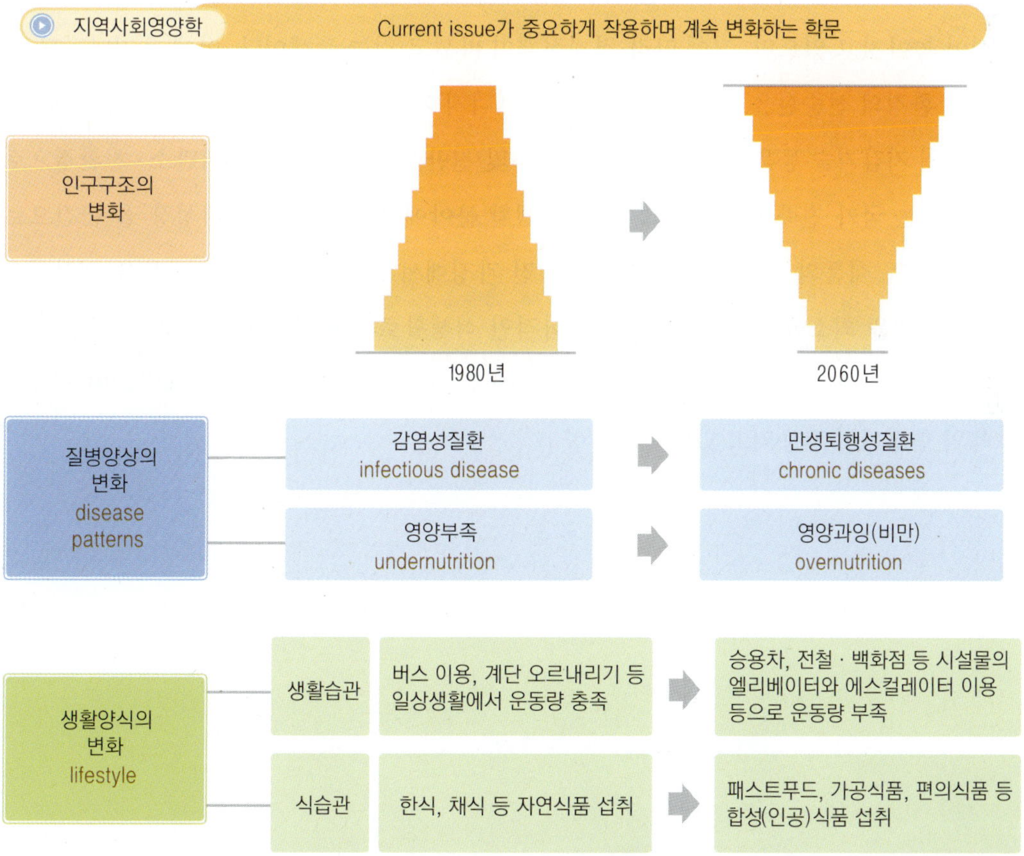

그림 1-6 환경변화와 지역사회영양학

환, 심장질환, 당뇨병 등이 큰 비중을 차지하고 있으며, 이는 영양과 밀접한 관계가 있다. 따라서 지역사회의 영양사업은 이러한 환경적 변화를 고려하여 노인 대상의 영양사업과 만성질환의 예방·관리에 관한 사업이 전개되어야 할 것이다.

식생활과 관련된 생활양식에서도 식자재의 서구화, 맞벌이 부부와 핵가족의 증가, 편의성 추구, 식품산업의 발달 등 지난 수십 년간 급격한 변화가 있었다. 세계경제도 끊임없이 변화를 거듭하여 에너지 다소비, 환경, 자원의 고갈 등을 고려하지 않은 성장을 지속하면서 이익과 부를 창출하고 있다. 그러나 그 결과로 환경의 변화와 이상기후 빈발에 따른 재해가 잇따르고 있어 현재와 같은 성장체제를 유지할 경우 인류가 치르게 될 비용은 상당할 것으로 예상된다.

따라서 이러한 자연환경의 변화에 대처하기 위해 전 세계적으로 환경 친화에 대한 관심이 높아지고 있으며, 그에 따라 경제정책이 바뀌고 있는 추세이다. 이에 우리나라도 경제와 환경의 선순환을 목표로 하여 신재생에너지 기술과 에너지 자원의 효율화 기술, 환경오염 저감기술 등을 개발하며 경제, 산업 및 전반적인 삶의 양식을 저탄소·친환경으로 전환하는 국가 전략을 실천하고 있다. 식생활 분야에서도 '저탄소 녹색성장'을 근간으로 하여 모든 식품의 생산부터 소비까지의 전 과정에서 에너지와 자원의 사용을 절약하고 환경오염을 최소화할 수 있는 환경 친화적인 식생활로의 변화가 시도되고 있다. 일례로 환경, 건강, 배려의 3가지 핵심 가치를 기본으로 한 '녹색식생활지침'이 개발되어 영양교육의 현장에서 활용되고 있다.

요약

- 지역사회영양학은 지역사회 구성원의 영양상태 개선과 건강증진을 목표로 하는 응용영양학 분야의 학문이다. 지역사회영양학은 지역 주민의 건강문제와 영양문제 파악, 이에 근거한 영양개선 계획의 수립 · 실행 · 평가에 요구되는 지식과 기술에 관한 학문이며, 지역 주민의 건강증진을 위한 실천적 활동을 포함한다. 따라서 식품영양학 분야의 지식뿐 아니라 역학, 보건통계, 행동과학, 사회학, 심리학, 교육학 등 다양한 분야의 지식이 요구된다.
- 국내에서는 국민의 건강과 영양상태에 관한 자료를 토대로 국민건강증진종합계획을 주기적으로 발표하고 있다. 국민건강증진종합계획 2030에서는 건강수명 연장과 건강형평성 제고를 목표로 6개 사업 분야에서 28개 중점과제, 400개 성과목표를 제시하였다. '영양' 중점과제의 성과지표는 총 20개로 '식품안정성 확보 가구분율'을 대표지표로 설정하였고 건강한 식생활 실천과 최적의 영양상태 유지 기반 강화를 위한 추진 계획을 제시하였다.
- 지역사회영양학은 인구 구성이나 질병구조, 사회적 특성 등에 따라 계속 변모하는 학문이다. 최근 국내에서는 노인인구가 증가하고 있으며 암, 뇌혈관계 질환, 심장질환이 주요 사망원인으로 자리 잡고 있다. 이와 함께 고혈압, 당뇨병 등 생활습관병의 유병률도 높아지고 있다. 또한 사회경제적 수준의 향상과 여러 환경적 변화에 따라 식생활이 서구화하고 편의성을 추구하면서 영양 불균형 등의 문제가 나타나고 있다. 따라서 학교, 보건소, 병원 등 지역사회에서는 이러한 환경적 변화를 고려하여 대상집단의 요구도를 적극 반영한 영양 프로그램과 사업을 다양하게 계획하고 시행해야 한다.

연구문제

1. 내가 속한 지역사회의 종류에 대하여 생각해 보자.

2. 내가 속한 지역사회의 건강문제와 영양문제에 대하여 생각해 보자.

CHAPTER

2

지역사회영양의 과거와 현재, 미래

1. 지역사회영양의 과거와 현재 | 2. 지역사회 영양 개선을 위한 전문인력 : 영양사 | 3. 지역사회 보건교육 담당자 : 보건교육사 | 4. 지역사회영양의 미래

동물실험 기술이 발달하면서 20세기 초에 이르러서야 여러 가지 비타민과 무기질이 발견되고 그 역할을 이해할 수 있게 되었다. 이로 인해 영양학이라는 학문이 발전하게 되었으나 두 차례의 세계대전을 치르면서 전 세계에는 빈곤과 영양결핍이 만연하였고, 이를 해결하기 위한 체계적인 접근방법이 필요해졌다. 1945년 국제연합식량농업기구, 1946년 국제연합아동기금, 1948년세계보건기구가 국제연합의 산하기구로 설립되었고, 이들 기구에서 세계적인 영양문제를 개선하기 위한 응용영양사업을 실시하게 되었다. 이 무렵 우리나라는 6 · 25 전쟁으로 가난하고 먹을거리가 부족하였으며 곡류에 편중된 식생활을 하고 있었다. 국제기구의 도움으로 실시된 응용영양사업이 성공적으로 진행되어 국민의 영양개선이 이루어졌으며, 1995년 「국민건강증진법」이 제정되면서 보건소에서 지역주민의 영양개선을 위한 활동이 시작되었다. 본 장에서는 응용영양사업, 보건소의 영양사업, 영양사 제도 등 국민의 영양개선을 위한 지역사회영양의 발전과정을 알아보고, 이러한 제도를 뒷받침해 주는 주요 법령도 함께 살펴본다.

학/습/목/표

1. 우리나라 지역사회영양의 발전과정을 설명할 수 있다.
2. 지역사회 영양개선을 추진할 수 있는 근거가 되는 법령을 설명할 수 있다.
3. 지역사회 영양개선을 담당하는 영양사의 역할을 설명할 수 있다.

1. 지역사회영양의 과거와 현재

우리나라에서 국민의 영양상태에 관심을 갖고 이를 개선하기 위한 정부 차원의 노력을 시작한 것은 1960년대 이후부터라고 할 수 있다. 1962년 「식품위생법」이 제정되면서 영양사가 법적으로 탄생하게 되었고, 같은 해에 한국인 영양권장량이 처음으로 제정되었다. 1968년에는 응용영양사업이 시작되었으며, 1969년 국민영양조사가 처음으로 실시되었다. 이후 「학교급식법」, 「국민건강증진법」, 「어린이식생활안전관리 특별법」, 「국민영양관리법」 등 국민의 영양개선과 건강증진을 위한 법이 제정되면서 지역사회영양이 발전하였다**그림 2-1**.

정책 또는 사업	연도	법령
한국인 영양권장량 제정	1962	식품위생법 제정, 보건소법 전부개정
집단급식에 영양사 배치 의무화		
	1963	영양사에 관한 규칙 제정
응용영양사업 시작	1968	
국민영양조사 시작	1969	국민영양개선령 제정
대한영양사협회 창립		
초등학교급식에서 영양사 배치 명시	1981	학교급식법 제정
입원시설을 갖춘 병원에 영양사 배치 의무화	1982	의료법 시행규칙 개정
국민식생활지침 제정	1990	
영유아 보육시설에 영양사 배치 명시	1991	영유아보육법 제정
보건소에 영양사 배치 시작	1994	'식품등의표시기준'에 영양표시에 관란 규정 마련
영양표시제도 시작	1995	국민건강증진법제정
국민건강영양조사 시작	1998	
초·중등학교에 영양교사 배치 명시	2003	초·중등교육법, 학교급식법,
보건교육사 자격기준 신설		국민건강증진법 개정
영유아보충영양관리사업 시작	2005	
한국인 영양소 섭취기준 제정		
	2006	학교급식법 전부개정
초·중등학교에 영양교사 배치 시작	2007	학교급식법 시행령·시행규칙 전부개정
	2008	어린이식생활안전관리특별법 제정
	2009	식생활교육지원법 제정
임상영양사 자격기준 명시	2010	국민영양관리법 제정
어린이급식관리지원센터 개소 시작	2011	어린이식생활안전관리특별법 근거
제1차 국민영양관리기본계획 수립	2012	국민영양관리법 근거
제2차 국민영양관리기본계획 수립	2017	
제3차 국민영양관리기본계획 수립	2022	

그림 2-1 지역사회영양의 발전사

1) 응용영양사업

응용영양사업은 1968년 농촌진흥청이 국제연합아동기금UNICEF, 국제연합식량농업기구FAO, 세계보건기구WHO와 협력하여 1986년까지 시행하였다.

(1) 사업의 목적

1960년대 우리나라의 식품생산은 곡류에 편중되어 있어 국민은 곡류에 의존한 식생활을 할 수밖에 없었으며, 도시에 비해 농촌의 영양불량이 심각하였다. 이를 개선하기 위하여 응용영양사업을 실시하게 되었으며, 이 사업의 목적은 다음과 같다.

① 영양가가 높은 식품류, 즉 대두, 녹황색 채소, 과일, 가금류 등의 생산 증대

② 농가에서 생산 가능한 식품을 이용하여 영양상태를 향상하도록 영양교육을 계획하고 실천

③ 취약연령층을 보호하여 국민의 체위 향상

④ 계절적으로 부족한 영양식품의 공급을 위하여 보존식 제조방법 보급

⑤ 농촌의 생활개선사업 실시 및 사업수행에 필요한 요원의 교육과 훈련

(2) 사업기간 및 내용

1968년 기본협정사업을 시작으로 제5차 연장사업을 1986년까지 수행하였으며, 사업의 주요 내용은 다음과 같다.

① 응용영양시범마을 육성

기본협정기간인 1968년부터 1970년까지 171개 마을을 응용영양시범마을로 선정하고 식품섭취실태, 건강상태, 식습관, 금기식품 등의 기초조사를 실시하였으며, 이 결과를 바탕으로 단백질 식품, 칼슘 식품, 비타민 식품 등과 같은 영양식품을 생산하도록 지도하였다. 또한 영양개선의 집과 식품가공의 집을 설치하여 식품 공동 가공, 탁아 급식장 및 영양교육의 장으로 활용하였으며, 교육에 필요한 지도요원을 확보하여 훈련을 실시하였고, 각종 교재를 제작하는 등 사업의 기초를 닦았다.

그 후 1차, 2차 연장사업에서는 각각 276개, 380개의 마을을 응용영양시범마을로 선

정하고 감자류 증산과 감자요리 보급을 추가로 실시하였다. 1977년 3차 연장사업에서는 220개의 시범마을을 선정하였으며, 응용영양시범마을을 농촌영양개선시범마을로 개칭하였다. 4차 연장사업에서는 800개의 시범마을을 선정하여 총 1,847개의 시범마을을 선정하였다.

② 아동영양지도마을의 육성

농촌 아동, 특히 취학 전 아동의 영양개선과 체위 향상을 위하여 22개의 아동영양지도마을을 선정하고 식품섭취실태 및 건강상태 등의 기초조사를 실시하였다. 그 후로 아동급식시설 설치, 영양식품 공급과 어린이 이유식 및 보충식의 개발 보급은 물론 올바른 식습관 형성을 위한 교육, 아동급식을 위한 주민대상 교육, 임신부의 영양섭취 등을 지도하였다.

③ 조리실 겸 단체급식장 설치 및 운영

농촌 주부들의 조리기술을 향상시키고 단체급식으로 균형 잡힌 영양을 공급하기 위해 시·군 농촌지도소에 1974년 39개를 시작으로 총 192개소의 훈련조리실 겸 단체급식장을 설치하여 향토요리 조리법, 간이 가공저장기술 등의 조리실습을 실시하였다.

④ 식생활개선 교육차량 운행

12대의 식생활 교육차량을 도 농촌지도원에 배정하여 순회교육을 실시하도록 하였다. 특히 교통이 불편한 산간벽지 및 오지마을의 순회교육을 실시하였으며, 기초영양상식, 영양식품의 자가생산 등의 영양교육을 실시하였다.

⑤ 기초조사 실시

식품섭취실태조사, 식품군에 대한 영양진단, 영양지식 수준 측정, 금기식품조사, 건강상태조사 등 기초조사를 실시하였다.

⑥ 영양교육 교재 제작

농민 지도를 위한 참고서로 활용할 수 있도록 영양교육 교재를 제작하였으며, 식생활에 대한 기초지식, 아동영양관리 등 책자와 슬라이드를 제작 보급하였다.

표 2-1은 기간별 사업의 내용과 성과를 요약한 표이다. 응용영양사업은 사업지역의 특

성에 맞는 실용적 목표를 기간별로 설정하였으며, 영양교육에만 치중하지 않고 생활개선과 영양교육을 혼합한 형태로 영양개선을 위한 과제를 마을 단위로 실천하였다. 또한 생활지도사, 농촌지도사 등의 훌륭한 인적 자원이 마을 주민을 이해시켜 사업에 참여하도록 하였으며, 그 사업의 성과를 알게 된 인근 마을에서도 영향을 받아 스스로 사업을 수행하게 되었다.

표 2-1 응용영양사업의 기간별 내용과 성과

사업명	기간	사업내용	성과
기본협정사업	1968~1970	• 171개 응용영양시범마을 육성 및 영양개선의 집 설치 • 영양식품 증산 지도 및 생산 • 식품섭취실태조사 실시(16마을) • 영양교육	• 열량섭취량 증가 • 곡류의 열량비율 감소 • 학령기 아동의 체위가 현저히 향상
제1차 연장사업	1971~1973	• 276개 응용영양시범마을 육성 및 영양개선의 집 설치 • 영양식품 증산 지도 및 생산 • 식품섭취실태조사 실시(46마을) • 영양교육	• 육어란류, 콩제품, 녹황색 채소의 섭취 증가 • 비타민 A, 비타민 C의 섭취 현저히 증가 • 아동의 체위 향상 • 영양결핍증 발병률 감소
제2차 연장사업	1974~1976	• 380개 응용영양시범마을 육성 및 영양개선의 집 설치 • 영양식품 증산 지도 및 생산 • 39개 단체급식장 운영 • 식품섭취실태조사 실시(19마을) • 영양교육	• 시범마을의 아동이 비교마을의 아동보다 동물성 단백질, 칼슘의 섭취량이 더 많았고 체위가 향상됨 • 빈혈, 구순염, 설염의 발병률이 비교마을보다 낮았음
제3차 연장사업	1977	• 220개 농촌영양개선시범마을 육성 및 영양개선의 집 설치 • 영양식품 증산 지도 및 생산 • 50개 단체급식장 신규 설치 • 식품섭취실태조사 실시(10마을) • 영양교육	• 시범마을의 영양식품 생산이 비교마을보다 높았음
제4차 연장사업	1978~1981	• 800개 농촌영양개선시범마을 육성 및 영양개선의 집 설치 • 영양식품 증산 지도 및 생산 • 73개 단체급식장 신규 설치 • 식품섭취실태조사 실시(20마을)	• 빈혈과 구순염의 발병률이 비교마을보다 낮았음
제5차 연장사업 (아동영양사업)	1982~1986	• 22개 아동영양지도마을 육성 및 영양개선의 집 설치 • 30개 단체급식장 신규 설치(총 192개) • 식품섭취실태조사 실시(22마을) • 영양교육	• 주부의 영양지식 향상 • 균형식의 실천도 향상 • 아동의 체위 향상 • 주거환경 개선(부엌개량가구 증가)

(3) 사업의 평가 결과

① 농민영양상태 향상

응용영양사업 지역 주민의 식품 및 영양섭취량, 체위 및 건강상태가 사업실시 전에 비해 매우 향상되었으며, 아동의 경우에도 시범마을 아동의 체위가 비교마을의 아동보다 월등한 것으로 나타났다. 또한 빈혈, 구순구각염, 설염 등의 질환 발병률도 비교마을보다 시범마을 아동에게서 더 낮았다. 표 2-2는 응용영양사업 기간에 시범마을 주민의 열량, 단백질, 칼슘, 리보플라빈의 섭취가 증가하였음을 보여 준다.

표 2-2 시범마을의 평균 영양소 섭취량의 변화

구분	1968년	1970년	1972년	1975년
열량(kcal)	2,114	2,225	2,444	2,386
단백질(g)	56.1	65.0	72.2	74.5
칼슘(mg)	300	453	569	602
리보플라빈(mg)	0.62	0.79	1.16	1.12

출처 : 이승교 등. 응용영양학의 실제

② 식생활태도 및 행동 개선

시범마을 주부들의 영양지식 수준이 향상되었으며, 식품섭취 균형도 향상된 것으로 나타났다.

③ 전문연구 및 훈련기관 설립

1978년 농촌진흥청 산하의 농촌영양개선연수원이 설립되었다. 연수원은 농촌영양개선을 위한 식품조리가공, 보존방법에 대한 연구조사와 식품영양요원에 대한 교육 훈련의 장으로서의 기능을 수행하였다.

이와 같은 결과를 종합적으로 살펴본 국제기구 평가단에서는 우리나라의 응용영양사업이 건전한 행정체제하에서 직접적으로 달성될 수 있는 사업목표를 수립하였으며 모든 사업 분야에서 성공을 거두었다고 결론지었다.

2) 보건소의 영양사업

보건소의 전신인 모범보건소가 1946년 서울에 설립되어 우리나라 공공의료의 기초가 되었고, 1953년에는 15개의 보건소와 471개의 보건진료소가 설립되었다. 보건소는 1970년대까지는 전염병 관리와 가족계획사업을 주로 담당하였으나 질병 양상의 변화와 함께 보건소 역할의 변화 요구에 따라 지역 주민을 대상으로 다양한 영양사업을 실시함으로써 국민의 영양상태를 개선하는 국민건강의 중추기관으로 변화하였다.

(1) 보건영양사업의 시작

대한영양사회는 1988년부터 보건소 영양사 배치를 보건복지부에 건의하였고, 이에 따라 1993년 수원시 권선구에 영양사가 배치되어 영양강좌 및 편식교정캠프가 운영되었다. 또한 용인군 영양사회는 회원이 순번제로 보건소에서 편식교정교실을 운영하고 영양상담을 제공하였다.

이러한 노력의 결과로 보건복지부에서 1994년 영양사업지침을 포함한 보건사업지침을 시달하게 되었다. 1단계인 1994년 하반기에는 영양사업 기반을 조성하고, 2단계인 1995년과 1996년에는 시범영양사업을 실시하고 영양사업을 전국적으로 확대하고자 하였으며, 3단계인 1997년에는 전국 보건소에 영양사를 배치하는 지침을 세웠다.

이러한 계획에 따라 1994년에는 지역사회 영양사업을 실시할 30개의 보건소를 선정하고 시범보건소에 배치할 영양사에 대한 교육을 실시하여 그해 8월에 36명의 영양사가 처음으로 보건소에 배치되었으나, 이들은 일용직으로 채용되어 간호사들과 신분상의 차이가 클 수밖에 없었다. 1995년 1월 「국민건강증진법」이 제정됨으로써 국가 및 지방자치단체의 영양개선사업의 실시가 법제화되어 보건소에서의 영양사 활동의 기틀이 마련되었고, 같은 해 25개 보건소에 27명의 영양사가 일용직으로 채용되었다. 그 후 1998년 경기도 구리시 보건소에서 식품위생직 7급 영양사를 처음으로 채용하였으며, 2000년에는 경기도 안양시에서 전문계약직으로 영양사를 정식 채용하였다.

(2) 관계 법규 및 법령

① 지역보건법

「보건소법」은 1956년 제정되어 1962년 전부 개정되었는데, 이때 처음으로 보건소 업무에 영양의 개선이 명시되었다. 이후 보건소 역할의 변화 요구에 따라 1995년 「지역보건법」으로 개정되었으며, 개정된 「지역보건법」에는 보건소의 업무 중 첫 번째 항이 국민건강증진·보건교육·구강보건·영양개선사업으로 규정되어 있다표 2-3.

표 2-3 보건소에서의 영양개선사업이 명시된 법과 조문

보건소법 [시행 1963. 1. 1] [법률 제1160호, 1962. 9. 24, 전부개정]	**제4조(업무)** 보건소는 다음 각 호의 사항을 관장한다. 1. 보건사상의 계몽에 관한 사항 2. 보건통계에 관한 사항 3. 영양의 개선과 식품위생에 관한 사항 4. 환경위생과 산업보건에 관한 사항
지역보건법 [시행 1996. 7. 1] [법률 제5101호, 1995. 12. 29, 전부개정]	**제9조(보건소의 업무)** 1. 국민건강증진·보건교육·구강보건·영양개선사업 4. 노인보건사업 5. 공중위생 및 식품위생

1997년 제정된 「지역보건법 시행규칙」에는 '전문인력 등의 면허 또는 자격의 종별에 따른 최소배치기준'이 규정되어 있는데, 여기에 보건소 영양사의 배치기준도 명시되어 있으며 현재까지 이와 같다표 2-4.

표 2-4 보건소 영양사의 배치기준

구분	배치기준
특별시의 구	1명
광역시의 구, 인구 50만 명 이상인 시의 구 및 인구 30만 명 이상의 시	1명
인구 30만 명 미만의 시	1명
도농복합형태의 시	1명
군	1명
보건의료원이 설치된 군	2명

영양사는 인구 5만 명 미만의 군(보건의료원이 설치된 군을 제외한다) 지역의 경우에는 당해 군의 여건에 따라 이 기준을 조정하여 배치할 수 있다.

출처 : 지역보건법 시행규칙[시행 1997. 2. 14] [보건복지부령 제45호, 1997. 2. 14, 제정]

[별표 2] 전문인력 등의 면허 또는 자격의 종별에 따른 최소배치기준(제6조 제1항 관련)

② 국민영양개선령

1969년 공포된 것으로 영양개선의 지도 및 관리를 위하여 특별시·직할시·도 및 시·군·구에 영양지도원을 두도록 하였으며, 영양지도원의 자격 및 업무가 명시되어 있었으나 1995년 9월 「국민건강증진법 시행령」의 시행으로 폐지되었다표 2-5.

표 2-5 영양조사원과 영양지도원의 자격 및 업무가 명시된 법과 조문

국민영양개선령 [시행 1969. 8. 14] [대통령령 제4012호, 1969. 8. 14, 제정]	**제6조(국민영양조사원)** 국민영양조사원(이하"조사원"이라 한다)은 도지사가 다음 각 호의 1에 해당하는 자 중에서 임명 또는 위촉한다. 1. 의사·약사·간호원 또는 영양사 2. 초급대학 이상의 학교에서 가정학·식품학 또는 영양학의 과정을 이수한 자 3. 고등학교 이상의 학교를 졸업한 자로서 보건사회부장관이 지정하는 양성기관을 수료한 자 **제9조(영양지도원)** ① 영양지도원(이하 "지도원"이라 한다)은 도지사가 그 소속 공무원으로서 의사·영양사 또는 이와 동등한 자격이 있다고 보건사회부장관이 인정하는 자 중에서 임명한다. ② 영양지도원은 다음 각 호의 사항에 대한 지도업무를 행한다. 1. 영유아·임산부·수유부 및 성인의 영양관리 2. 식생활 개선 3. 질병과 영양관리 4. 영양계몽 5. 집단급식 영양관리 6. 영양지도계획의 검토·분석 및 평가 7. 기타 영양지도에 관한 사항
국민영양개선령 [시행 1994. 2. 16] [대통령령 제14165호, 1994. 2. 16, 일부개정]	**제9조(영양지도원)** ② 지도원은 당해 자치단체의 장이 그 소속 공무원으로서 의사 또는 영양사의 자격을 가진 자 중에서 임명한다. 다만, 의사 또는 영양사의 자격을 가진 자가 없는 경우에는 약사 또는 간호사의 자격을 가진 자 중에서 임명할 수 있다.
국민건강증진법 시행령 [시행 1995. 9. 1] [대통령령 제14757호, 1995. 9. 1, 제정]	**제22조(영양조사원 및 영양지도원)** ① 영양조사를 담당하는 자(이하"영양조사원"이라 한다)는 시·도지사가 다음 각 호의 1에 해당하는 자 중에서 임명 또는 위촉한다. 1. 의사·영양사 또는 간호사의 자격을 가진 자 2. 전문대학 이상의 학교에서 식품학 또는 영양학의 과정을 이수한 자 ② 시장·군수·구청장은 법 제15조 및 법 제16조의 영양개선사업을 수행하기 위한 국민영양지도를 담당하는 자(이하"영양지도원"이라 한다)를 두어야 하며 그 영양지도원은 영양사의 자격을 가진 자로 임명한다. 다만, 영양사의 자격을 가진 자가 없는 경우에는 의사 또는 간호사의 자격을 가진 자 중에서 임명할 수 있다.

(계속)

국민건강증진법 시행규칙 [시행 1995. 9. 11] [보건복지부령 제11호, 1995. 9. 11, 제정]	**제9조(영양개선사업)** 법 제15조 제2항 제3호에서"보건복지부령이 정하는 사업"이라 함은 다음 각 호의 사업을 말한다. 1. 국민의 영양상태에 관한 평가사업 2. 지역사회의 영양개선사업 **제17조(영양지도원)** ② 시·도의 영양지도원은 다음 각 호의 업무를 담당한다. 1. 영양지도의 기획·분석·평가 및 영양상담 2. 보건소의 영양업무지도 3. 집단급식시설에 대한 급식업무지도 4. 영양조사 및 효과 측정 5. 홍보 및 영양교육 6. 기타 영양과 식생활개선에 관한 사항 ③ 시·군·구의 영양지도원은 다음 각 호의 업무를 담당한다. 1. 영양지도의 계획·분석 2.지역 주민의 영양지도(영·유아, 임산부, 수유부, 노인, 환자, 성인의 영양관리) 및 상담 3. 집단급식시설에 대한 현황파악 및 급식업무지도 4. 영양조사 및 지역 주민의 영양평가 실시 5. 영양교육자료의 개발·홍보 및 영양교육 6. 지역 주민의 영양조사결과 자료 활용 7. 기타 영양과 식생활 개선에 관한 사항

③ 국민건강증진법

1995년 제정 공포된 「국민건강증진법」은 국민에게 건강에 대한 가치와 책임의식을 함양하도록 건강에 관한 바른 지식을 보급하고 스스로 건강생활을 실천할 수 있는 여건을 조성함으로써 국민의 건강을 증진함을 목적으로 제정되었다. 「국민건강증진법」은 표 2-6과 같이 국가 및 지방자치단체가 국민의 영양개선사업을 할 수 있는 법적 근거를 마련하였다는 의의를 갖고 있다. 또한 영양교육과 영양개선에 관한 조사·연구를 국민의 영양개선을 위한 주요 사업으로 명시하였다.

「국민건강증진법 시행령」에는 영양조사를 담당하는 영양조사원과 국민영양지도를 담당하는 영양지도원의 자격이 규정되어 있으며, 시행규칙에는 영양개선사업의 내용과 영양지도원의 업무가 명시되어 있다표 2-5.

표 2-6 국민건강증진법에 명시된 영양개선사업 및 건강증진사업 관련 조문

국민건강증진법 [시행 1995. 9. 1] [법률 제4914호, 1995. 1. 5, 제정]	**제15조(영양개선)** ① 국가 및 지방자치단체는 국민의 영양상태를 조사하여 국민의 영양개선방안을 강구하고 영양에 관한 지도를 실시하여야 한다. ② 국가 및 지방자치단체는 국민의 영양개선을 위하여 다음 각 호의 사업을 행한다. 1. 영양교육사업 2. 영양개선에 관한 조사·연구사업 3. 기타 영양개선에 관하여 보건복지부령이 정하는 사업 **제19조(건강증진사업)** ② 시장, 군수, 구청장은 지역 주민의 건강증진을 위하여 보건복지부령이 정하는 바에 의하여 보건소장으로 하여금 다음 각 호의 사업을 하게 할 수 있다. 1. 보건교육 및 건강상담 2. 영양관리 5. 지역사회의 보건문제에 대한 조사·연구 6. 기타 건강교실의 운영 등 건강증진사업에 관한 사항

(3) 보건소 건강증진사업

1995년 「국민건강증진법」이 제정되면서 건강증진사업에 국가 예산을 지원할 수 있게 되었다. 1998년 18개의 보건소에서 건강증진사업 시범사업이 실시되었고, 2002년에는 100개의 보건소로 확대되어 운동, 영양, 절주, 금연사업 중 지방자치단체가 자율적으로 선택하는 건강생활실천사업이 수행되었다. 2005년부터는 전국의 보건소에서 4대 영역을 필수사업과 선택사업으로 구분하여 수행하였다. 이처럼 사업의 양적 증가는 있었으나 교육 및 홍보 위주의 영역별 사업 실시, 사업대상 선정의 근거 부족, 일률적 예산 지원, 지역사회의 연계 및 참여 미흡 등의 문제가 제기되었다. 이러한 문제점을 보완하고 균형적인 발전을 도모하기 위하여 2008년에는 지역특화건강행태개선사업으로 전환하여 운동, 영양, 비만, 절주 영역을 포괄적으로 운영하고, 객관적 건강지표를 근거로 대상자를 선정하며, 평가결과에 따라 사업예산을 차등 지원하여 사업을 추진하였다. 2011년부터는 보건소 건강증진사업간 연계 강화 및 사업 효율화를 위해 건강생활실천통합서비스사업으로 이름을 변경하고 대상자 중심의 통합적 접근을 시도하고 있다. 즉, 건강검진-만성질환관리-건강증진사업을 연계·강화하여 대상자 중심의 '건강원스톱서비스'를 제공하고 건강위험 수준에 따른 케어플랜care-plan을 제공하게 되었다. 2013년부터는 지역사

회통합건강증진사업으로 다시 이름을 변경하고, 보건소별 예산액을 기준으로 지역 여건에 따라 건강증진을 위한 단위사업을 자율적으로 추진할 수 있도록 개선하였다.

건강증진사업을 지원하는 기관으로는 1998년 건강증진연구사업평가단을 설치하여 건강증진 분야의 정책을 수립하도록 지원하고 건강증진사업을 평가 및 지원하는 업무를 수행하게 하였다. 이 평가단은 2001년 건강증진기금사업지원단이라는 명칭으로 변경되었다가, 2005년에는 건강증진사업지원단으로 확대 개편되었다. 또한 시·군·구에서는 건강증진사업을 관리하고 사업인력에 대한 교육을 실시하였으며, 지역 특성에 맞는 건강증

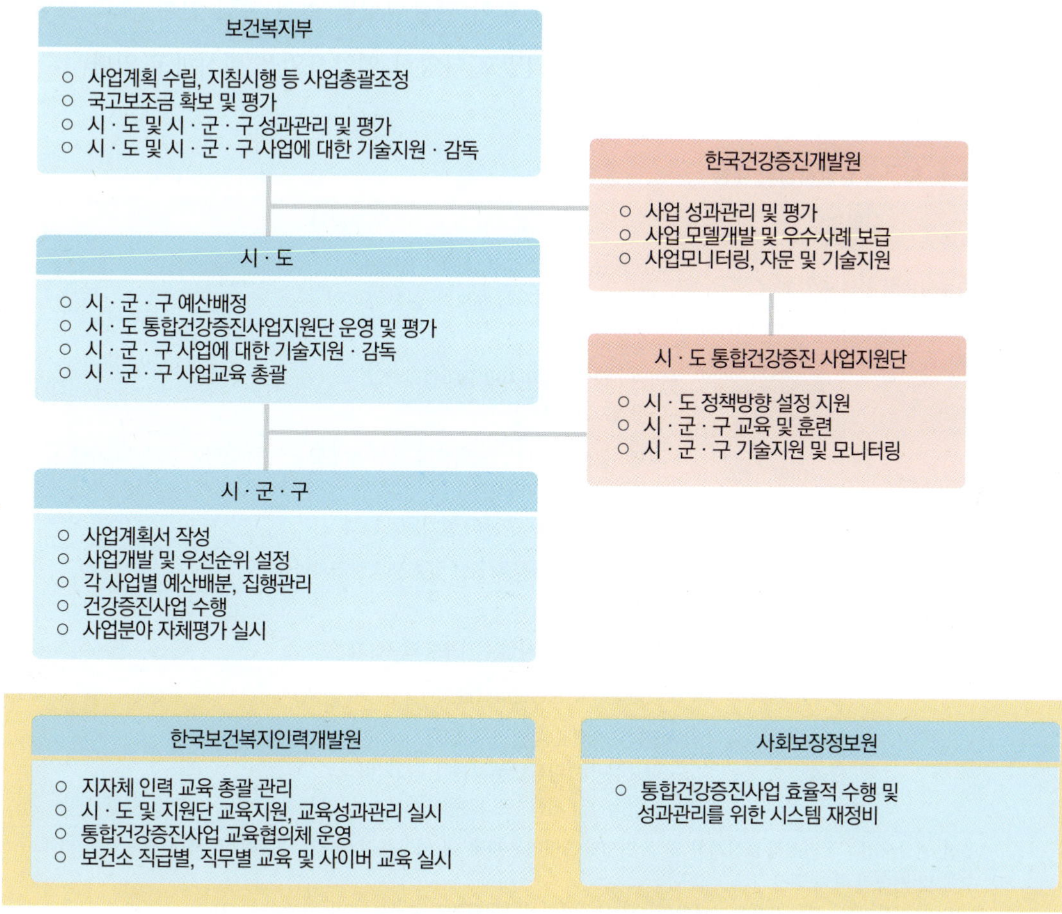

그림 2-2 건강증진사업 추진체계도

출처 : 보건복지부·한국건강증진개발원. 2021년 지역사회통합건강증진사업 안내(영양), 2021.

진사업의 활성화를 위해 16개 시·도에 시도건강증진사업지원단을 조직하였다. 2011년에는 건강증진 분야의 정책을 개발하고 사업을 활성화하기 위해 건강증진재단이 설립되었으며, 2014년 한국건강증진개발원으로 변경되었다. 건강증진사업의 추진체계도는 그림 2-2와 같다.

(4) 보건소 영양사업의 내용

지역사회통합건강증진사업의 영양분야는 지역의 건강 행태 및 여건·특성을 반영하여 기획·추진하고 있다. 영양사업의 대상은 임신수유부, 영유아, 어린이, 청소년, 성인, 노인 등 모든 연령계층을 포함하며, 표 2-7과 같이 건강식생활 실천 국민 인식 제고, 맞춤형 영양관리 서비스, 환경조성 등의 사업영역별로 다양한 영양사업을 실시하고 있다.

표 2-7 보건소 영양사업의 내용

사업영역		세부사업
건강식생활 실천 국민 인식 제고		• 나트륨 또는 당류 섭취 줄이기 캠페인 • 국민공통 식생활지침 홍보 및 실천 캠페인
맞춤형 영양관리 서비스	임산부 및 영유아	• 영양플러스사업* • 어린이집·유치원 기반 영양관리사업 • 다문화가족 대상 영양관리사업
	어린이 및 청소년	• 지역아동센터, 다함께돌봄센터, 초등 돌봄교실 기반 어린이 영양관리사업 • 학교 기반 영양관리사업 • 어린이급식관리지원센터 설치운영 협력
	성인	• 건강위험요인 개선을 위한 맞춤 영양관리사업
	노인	• 어르신 영양관리사업 • 실버건강식생활사업(취약계층 어르신 대상)
	기타	• 다문화가족 영양관리사업
환경조성		• 영양표시제도 시행·모니터링 • 학교주변 그린푸드 존 시행·모니터링 • 건강음식점 시행·모니터링

*우선 권장사업 : 국민건강증진계획 및 국민영양관리기본계획 내 영양플러스사업 내실화 및 확대 필요성에 의해 우선 수행 및 지속적 확대 권장

출처 : 보건복지부·한국건강증진개발원. 2021년 지역사회통합건강증진사업 안내(영양), 2021.

영양플러스사업(임산부 및 영유아 보충영양관리사업)은 영양취약집단인 저소득계층의 임산부 및 영유아에게 보충식품을 제공하고 영양교육을 실시하는 보건소의 대표적인 영양개선사업이다. 2005년 3개 보건소에서 시범운영한 후 2008년 전국 의 보건소로 확대되었으며, 영양개선 효과가 매우 큰 것으로 평가되었다.

최근에는 보건소의 건강증진사업과 모바일 헬스케어 플랫폼의 융합을 통해 맞춤형 건강관리서비스를 제공하는 보건소 모바일 헬스케어 사업이 도입되었다. 만성질환 위험요인을 1개 이상 갖고 있는 성인을 대상으로 영양, 운동, 건강관리에 대하여 개인에게 맞는 목표와 관리방법을 설정하고, 24주간 매주 상담과 교육을 모바일을 통해 받으며, 이때 대상자의 건강상태 및 활동에 대한 데이터가 모바일을 통해 보건소 전문가에게 전송되는 시스템이다.

3) 영양권장량·영양소 섭취기준 제정

영양권장량은 건강한 대다수 국민의 영양요구량을 충족시키기 위하여 기존의 영양지식을 참고로 영양학자가 권장하는 각 영양소의 섭취 수준으로, 1941년 미국에 서 처음 제정된 이후 여러 나라에서 그 나라 국민의 신체적 특성과 식생활에 적합하도록 제정하여 사용하고 있다. 우리나라에서는 국민보건과 체위의 향상, 식량생산과 공급 및 식생활 개선에 도움이 되고자 1962년 FAO 한국지부에서 한국 영양학자들과 함께 한국인 영양권장량을 처음으로 제정하였다. 그 당시 권장량이 설정된 영양소는 에너지, 단백질, 비타민 A, 티아민, 리보플라빈, 니아신, 비타민 C, 비타민 D, 칼슘, 철이었다. 그 후 국민의 체위, 식생활 및 영양지식의 변화에 따라 1967년, 1975년, 1980년, 1985년, 1989년, 1995년, 2000년에 7차례의 개정이 이루어졌다.

그러나 영양권장량이 처음 제정되었을 당시와는 건강문제 또는 영양문제가 크게 달라짐에 따라 영양권장량의 개념을 확대할 필요가 생기면서 2005년에는 각 영양소별로 영양소 섭취기준, 즉 평균필요량, 권장섭취량, 충분섭취량, 상한섭취량을 제정하게 되었으며, 5년마다 개정하여 발표하고 있다. 한국인 영양소 섭취기준이란 질병이 없는 대다수의 한국사람들이 건강을 최적상태로 유지하고 질병을 예방하는 데 도움이 되도록 필요한 영양소 섭취 수준을 제시하는 기준으로, 개인 또는 지역사회 인구집단의 식이 섭취의 적절성을 평가하거나 식사계획, 식생활지침 개발, 영양정책 수립 등에 활용된다.

4) 국민건강영양조사

국민건강영양조사는 1969년부터 1995년까지 매년 실시되었던 국민영양조사와 1983년부터 시작된 국민건강 및 보건의식행태조사를 통합하고, 국민영양조사에 포함되어 있던 건강조사를 건강검진조사로 확대하여 함께 실시하는 전국 규모의 건강 및 영양조사이다. 국민건강영양조사는 1995년 제정된 「국민건강증진법」에 근거하여 제1기(1998년), 제2기(2001년), 제3기(2005년)까지는 3년 주기로 2~3개월의 단기 조사체계로 실시하였으나, 제4기(2007~2009년)부터는 질병관리본부(2020년 9월 질병관리청으로 승격됨)에서 수행하는 연중 조사체계로 개편되었다**그림 2-3**.

국민건강영양조사는 건강설문조사, 검진조사, 그리고 영양조사의 세 부분으로 나뉘어 있다. 영양조사는 식생활조사(식행태, 식이보충제 이용, 수유실태 등), 식품안정성조사, 식품섭취조사의 세부분으로 구분된다. 식품섭취조사는 1995년까지는 가구별 조사로 2일간

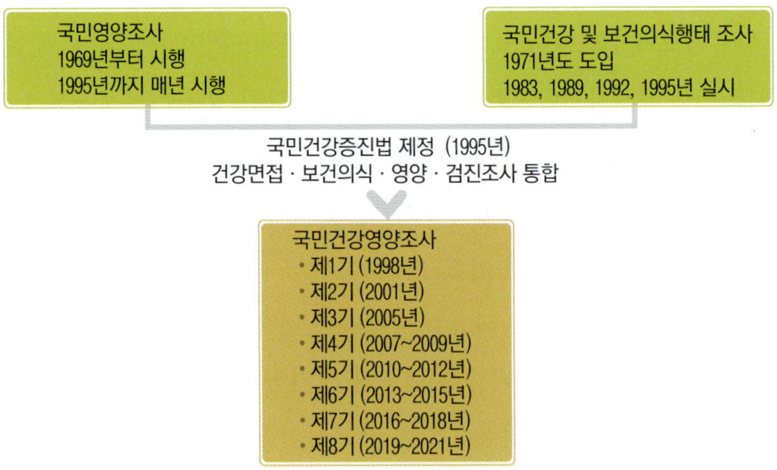

그림 2-3 국민건강영양조사의 연혁

출처 : 국민건강영양조사. http://knhanes.cdc.go.kr

가정에서 섭취한 음식의 종류와 양을 저울로 측량하여 기록하였으나, 1998년부터는 개인별 조사로 바뀌어 24시간 회상법으로 조사 전 날 섭취한 음식의 종류와 양을 조사한다.

국민건강영양조사의 목적은 국민의 건강 수준, 건강 관련 의식 및 행태, 식품 및 영양 섭취 실태에 대한 국가 및 시도 단위의 대표성과 신뢰성 있는 통계를 산출하는 것이며, 통계자료는 영양정책 및 보건정책에 필요한 기초자료로 활용되고 있다.

5) 식생활지침

식생활지침은 질병예방과 건강증진을 위해 실천할 수 있는 올바른 식생활 실천방안을 제시한 것으로, 주요 건강문제와 식생활의 관련성에 대한 과학적 근거를 기반으로 제정한다. 우리나라에서는 1985년 한국식량경제학술협의회에서 '한국인의 건강을 위한 식생활지침', 1986년 한국영양학회에서 '한국인을 위한 식생활지침', 식생활개선범국민운동본부에서 '국민식생활개선지침'을 제정하여 발표한 바 있다. 국가 차원에서는 1990년 보건사회부(현 보건복지부)에서 최초로 '국민식생활지침'을 발표하였으며, 2003년에는 한국인을 위한 식생활목표를 제정하고 식생활지침 및 실천지침을 생애단계별로 발표하였다.

이후 건강문제, 영양상태, 신체활동, 식생활습관 등의 변화가 나타나면서 개정의 필요성이 대두됨에 따라 2008년 한국 성인을 위한 식생활목표와 지침을 발표하였으며, 2009년에는 임신·수유부, 영유아, 어린이, 청소년 대상의 식생활지침, 2011년에는 어르신 대상의 식생활지침을 발표하였다. 2008년에 발표된 성인을 위한 식생활지침을 보면 표 2-8과 같이 2003년의 지침과 비슷하지만 대상별로 시간, 기간, 횟수 등 세부 사항을 보다 구체적으로 표현하였으며, 나트륨 증가 및 지방의 에너지 기여도 증가에 따라 소금과 기름진 음식 섭취 감소를 위한 조리법, 식생활행태 등의 실천사항을 강조하였다. 또한 신체활동 감소에 따라 시간, 방법 등을 구체화하여 적절하게 움직일 수 있는 신체활동을 강조하였다. 이처럼 국민의 건강증진을 위해 제정된 식생활지침은 대국민 사업과 연구 및 교육에 활용하고 있다.

표 2-8 한국인을 위한 식생활지침

국민식생활지침 (1990)	1. 여러 가지 식품을 골고루 먹읍시다. 2. 정상체중을 유지할 수 있도록 알맞게 먹읍시다. 3. 음식은 되도록 싱겁게 먹읍시다. 4. 과음을 삼갑시다. 5. 식사를 규칙적으로 즐겁게 먹읍시다.
한국인을 위한 식생활지침 (2003)	1. 곡류, 채소·과일류, 어육류, 유제품 등 다양한 식품을 섭취하자. 2. 짠 음식을 피하고 싱겁게 먹자. 3. 건강체중을 위해 활동량을 늘리고, 알맞게 섭취하자. 4. 식사는 즐겁게 하고, 아침을 꼭 먹자. 5. 술을 마실 때는 그 양을 대폭 제한하자. 6. 음식은 위생적으로, 필요한 만큼 준비하자. 7. 밥을 주식으로 하는 우리 식생활을 즐기자.
한국인을 위한 식생활지침 (성인, 2008)	1. 각 식품군을 매일 골고루 먹자. 2. 활동량을 늘리고 건강체중을 유지하자. 3. 청결한 음식을 알맞게 먹자. 4. 짠 음식을 피하고 싱겁게 먹자. 5. 지방이 많은 고기나 튀긴 음식을 적게 먹자. 6. 술을 마실 때는 그 양을 제한하자.
국민 공통 식생활지침 (2016)	1. 쌀·잡곡, 채소, 과일, 우유·유제품, 육류, 생선, 달걀, 콩류 등 다양한 식품을 섭취하자 2. 아침밥을 꼭 먹자 3. 과식을 피하고 활동량을 늘리자 4. 덜 짜게, 덜 달게, 덜 기름지게 먹자 5. 단 음료 대신 물을 충분히 마시자 6. 술자리를 피하자 7. 음식은 위생적으로, 필요한 만큼만 마련하자 8. 우리 식재료를 활용한 식생활을 즐기자 9. 가족과 함께 하는 식사 횟수를 늘리자
한국인을 위한 식생활지침 (2021)	1. 매일 신선한 채소, 과일과 함께 곡류, 고기·생선·달걀·콩류, 우유·유제품을 균형있게 먹자 2. 덜 짜게, 덜 달게, 덜 기름지게 먹자 3. 물을 충분히 마시자 4. 과식을 피하고, 활동량을 늘려서 건강체중을 유지하자 5. 아침식사를 꼭 하자 6. 음식은 위생적으로, 필요한 만큼만 마련하자 7. 음식을 먹을 땐 각자 덜어 먹기를 실천하자 8. 술은 절제하자 9. 우리 지역 식재료와 환경을 생각하는 식생활을 즐기자

2016년에는 「국민영양관리법」에 근거하여 정부 부처에 분산되어 있는 지침을 종합하여 보건복지부, 농림축산식품부, 식품의약품안전처에서 공동으로 '국민 공통 식생활지침'을 제정·발표하였으며, 2021년 '한국인을 위한 식생활지침'으로 개정하였다.

6) 학교급식

학교급식은 성장기 학생에게 영양적으로 균형 있는 식사를 제공하고 급식을 통하여 올바른 식습관을 갖도록 함으로써 궁극적으로 국민 식생활 개선 및 건강증진에 기여한다. 우리나라의 학교급식은 1953년 국제연합아동기금UNICEF, 미국원조구호기구CARE 등의 원조로 빵 무상급식을 실시한 것에서 시작되었다표 2-9. 1973년부터는 국고부담으로 부분급식을 시작하면서 자립하게 되었으나, 1977년 급식 빵 식중독 사건으로 빵 급식제도를 폐지하였다. 1981년 「학교급식법」과 동법 시행령을 제정하여 교내에 급식시설을 갖추고 우리 식문화에 맞는 식사를 제공하도록 하였다.

학교급식에 대한 요구가 높아지면서 1992년부터 학교급식을 정책적으로 추진하여 1998년 거의 모든 초등학교에서 급식을 실시하게 되었다. 그 후 학업부담이 많은 고등학생의 급식문제가 대두되었고 1998~1999년의 2개년간 정부가 예산을 지원하여 고등학교 전면 급식을 시행하게 되었다. 초등학교와 고등학교 급식이 실시된 후 초-중-고 연계 급식을 위하여 중학교 급식도 2002년까지 전면 확대되었다. 이처럼 급식이 양적으로 팽창되면서 위탁급식제도가 도입되는 등 급식형태가 다양화되었다.

표 2-9 학교급식의 연혁

연도	구분	주요 내용
1953~1972	구호급식기	• UNICEF, CARE의 원조로 빵 무상급식 실시
1973~1977	자립급식기	• 국고에 의한 부분급식(빵과 우유) • 1977년 급식 빵 식중독 사건으로 빵 급식제도 폐지
1978~1983	제도확립기	• 영양사가 학교급식업무 관장 • 1981년 학교급식법, 동법 시행령 제정
1984~1990	관리체제전환기	• 학교급식 담당업무 부서의 혼란(문교부 → 체육부 → 교육부)

(계속)

연도	구분	주요 내용
1991~2002	양적 팽창기	• 학교급식 확대 요구 증대 • 1992년 장애아동 복지증진을 위해 특수학교 급식 전면 실시 • 1993년 학교급식후원회제도 도입으로 재원조달 및 급식확대사업 추진기반 조성 • 1996년 위탁급식제도 도입으로 급식형태 다양화 • 1998년 초등학교 급식 전면 실시(1993년 25.0% → 99.9%) • 1999년 2학기부터 고등학교 급식 전면 실시(1998년 13.0% → 99.0%) • 2000년 HACCP 시스템 적용 시작 • 2002년 중학교 급식 전면 실시(1998년 10.5% → 99.0%) • 2002년 초·중·고, 특수학교 급식확대사업 종료
2003~현재	질적 내실화	• 학교급식개선 종합대책(2003~2007) 수립·추진 • 2006년 학교급식법 전부개정 • 2007년 학교급식법 시행령, 시행규칙 전부개정 • 학교급식개선 종합대책(2007~2011) 수립·추진 • 2011년 일부 무상급식 실시 • 2011년 초등학교에서 무상급식 실시 시작 • 2022년 기준 일부 지자체의 경우 친환경 무상급식 전면 시행(초·중·고, 유치원)

그러나 2003년 3월 서울시내 위탁급식 중·고등학교 13개교에서 1,557명의 집단 식중독 사고가 발생하여 학교급식개선 종합대책(2003~2007년)을 수립·추진하게 되었으며, 학교급식 정책방향을 '양 중심의 확대정책'에서 '질 중심의 내실화정책'으로 전환하기 위해 「학교급식법」 개정안이 마련되었다. 그 이후인 2006년 6월 수도권 지역 위탁급식학교 46개교에서 3,613명의 대형 식중독 사고가 발생하여 직영급식 원칙, 학교급식지원센터 운영, 영양·위생·안전기준 강화 등을 골자로 한 「학교급식법」의 전부개정이 이루어졌고, 2007년 동법 시행령과 시행규칙이 전부 개정되어 시행되었다. 이처럼 급격하게 변화된 급식환경에 맞춰 2007년부터 학교급식개선 종합대책(2007~2011년)을 수립하여 학교급식의 안전성을 확보하고 영양관리·식생활지도를 강화하며, 우수식재료 사용을 확대하는 등 학교급식 운영 시스템 전반을 종합적으로 개선하고자 노력하였다.

2. 지역사회 영양 개선을 위한 전문인력 : 영양사

영양사는 건강증진 및 질병예방을 위해 급식관리 및 영양 서비스를 수행하는 전문인이다. 2010년 제정된 「국민영양관리법」 제4조에 '영양사는 지속적으로 영양지식과 기술의 습득으로 전문능력을 향상시켜 국민영양개선 및 건강증진을 위하여 노력하여야 한다'는 책임을 명시하고 있다.

영양사는 효율적이고 경제적인 급식 서비스를 제공하기 위해 영양, 식단, 위생, 구매, 생산, 원가 등에 대한 급식경영 업무를 담당하며, 그 외에 질환별 영양관리, 영양판정, 영양교육 및 상담, 영양지원 등 영양 서비스를 제공하는 자로서 영양사, 영양교사, 임상영양사, 보건영양사 등으로 분류할 수 있다. 2020년 기준으로 42,000여명의 영양사가 활동하고 있으며, 78% 이상이 집단급식소에 근무하고 있다.

1) 영양사의 탄생

우리나라에서 영양사라는 명칭은 1950년대 후반에 가정학과 출신의 이학사가 병원에서 급식책임자로 일하게 되면서부터 사용되었다. 전문적인 영양사 양성의 필요성을 인식한 교수들을 중심으로 1961년에 발족된 한국영양사양성연합회에서는 영양사 면허제도를 건의하였다. 1962년 「식품위생법」이 제정되면서 제2조에 '영양사는 영양사 면허를 받아 영양의 지도를 하는 것을 업으로 하는 자를 말한다'라고 정의되었으며, 영양사 면허제도와 집단급식소에서의 영양사 배치가 명시되었다표 2-10. 1963년 보건사회부령으로 「영양사에 관한 규칙」이 제정되어 영양사의 자격조건이 규정되었고, 1964년부터 영양사 면허증이 발급되었다. 1969년에는 대한영양사협회가 창립되어 영양사의 권익 옹호와 전문성 증진을 위한 활동과 더불어 국민건강증진과 국민의 올바른 식문화 창조를 위한 활동을 지속적으로 전개해 나가고 있다.

표 2-10 영양사의 정의와 영양사 배치를 규정한 식품위생법 조문

법령	조문
식품위생법 [시행 1962. 4. 21] [법률 제1007호, 1962. 1. 20, 제정]	**제2조(정의)** ⑩ 본 법에서 영양사라 함은 영양사 면허를 받아 영양의 지도를 하는 것을 업으로 하는 자를 말한다. **제28조(영양사)** 각 령이 정하는 집단급식소에는 영양사를 두어야 한다. 단 집단급식소의 경영자 자신이 영양사가 되어 직접 영양의 지도에 종사하는 집단급식소에 있어서는 예외로 한다.
식품위생법 시행령 [시행 1962. 6. 12] [각령 제811호, 1962. 6. 12, 제정]	**제15조(영양사를 두어야 할 집단급식소)** 법 제28조의 규정에 의하여 영양사를 두어야 할 집단급식소는 계속적으로 1회 100인 이상에게 식사를 공급하는 시설로 한다.
식품위생법 시행령 [시행 2000. 7. 27] [대통령령 제16922호, 2000. 7. 27, 일부개정]	**제19조(영양사를 두어야 할 집단급식소 등)** ① 법 제35조의 규정에 의하여 영양사를 두어야 하는 집단급식소는 다음 각 호의 자가 설립·운영하는 상시 1회 50인 이상에게 식사를 제공하는 집단급식소로 한다. 1. 국가·지방자치단체 2. 학교·병원·사회복지시설 3. 정부투자기관관리기본법 제2조의 규정에 의한 정부투자기관 4. 지방공기업법에 의한 지방공사 및 지방공단 5. 특별법에 의하여 설립된 법인
식품위생법 [시행 2013.11.23] [법률 제11819호, 2013.5.22, 일부개정]	**제52조(영양사)** ① 집단급식소 운영자는 영양사를 두어야 한다. 다만, 다음 각 호의 어느 하나에 해당하는 경우에는 영양사를 두지 아니하여도 된다. 1. 집단급식소 운영자 자신이 영양사로서 직접 영양 지도를 하는 경우 2. 1회 급식인원 100명 미만의 산업체인 경우 3. 제51조 제1항에 따른 조리사가 영양사의 면허를 받은 경우 ② 집단급식소에 근무하는 영양사는 다음 각 호의 직무를 수행한다. 1. 집단급식소에서의 식단 작성, 검식 및 배식관리 2. 구매식품의 검수 및 관리 3. 급식시설의 위생적 관리 4. 집단급식소의 운영일지 작성 5. 종업원에 대한 영양 지도 및 식품위생교육

한국표준직업분류(2017년, 7차 개정)에서 영양사는 대분류 '전문가 및 관련 종사자', 중분류 '보건·사회복지 및 종교 관련직' 아래에 세분류로 되어 있고, 영양사는 임상영양사, 일반영양사, 영양교사의 3개 세세분류로 구성되어 있다. 또한 2019년 「보건의료인력지원법」이 제정되면서 영양사는 보건의료인력에 포함되었다.

2010년 제정된 국민영양관리법에는 영양사의 업무, 면허 등이 규정되어 있다. 영양사의 업무, 면허 등이 이 법에 포함되었다. 영양사의 업무는 제17조에 건강증진 및 환자를

위한 영양·식생활 교육 및 상담, 식품영양정보의 제공, 식단작성, 검식 및 배식관리, 구매식품의 검수 및 관리, 급식시설의 위생적 관리, 집단급식소의 운영일지 작성, 종업원에 대한 영양지도 및 위생교육으로 규정되어 있다.

2) 산업체

1962년 식품위생법상 집단급식소에 영양사 배치가 법제화되면서 영양사 채용 수요가 늘어나기 시작하였다. 1962년에는 「식품위생법 시행령」에 영양사를 두어야 할 집단급식소를 1회 100인 이상에게 식사를 공급하는 시설로 규정하였으나, 1966년에는 1회 50인 이상에게 식사를 공급하는 시설로 개정하였다. 1986년에는 상시 1회 급식인원 300인 미만인 중소기업의 집단급식소에는 공동으로 영양사를 둘 수 있도록 하였으며, 1989년에는 상시 1회 급식인원 200인 미만인 중소기업으로 개정하였다. 그러나 2000년에는 영양사를 두어야 할 집단급식소에서 산업체가 제외됨으로써 산업체 영양사 의무고용이 자율화되었다. 2013년 다시 1회 급식인원 100명 미만의 산업체인 경우 영양사를 두지 않아도 된다는 조항이 신설되면서 100명 이상의 산업체에서는 영양사를 고용하도록 되었다. 산업체 영양사는 급식관리 및 품질관리, 피급식자 및 종업원에 대한 영양교육 및 상담의 역할을 하고 있다.

3) 학교

1981년 「학교급식법」이 제정되면서 학교급식에 관한 업무를 전담하게 하기 위하여 영양에 관한 전문지식이 있는 직원을 둘 수 있도록 함으로써 영양사가 배치되기 시작하였으며, 학교급식영양사는 영양사 면허를 획득하고 식품위생직 공무원시험을 거쳐 선발되었다. 학교급식 영양사의 업무는 급식관리, 영양 및 식생활 개선에 관한 학생지도와 학부모 상담 및 교육, 효율적인 학교급식을 실행하기 위한 교직원 교육, 교육자료 개발 등이다. 급식관리 외에 학생이 올바른 식습관을 형성할 수 있도록 지도하는 영양사의 역할이 매우 중요하지만, 교사가 아닌 신분으로는학생을 교육하는 데 제한이 따르므로 이를 개선하기 위해 영양교사제도의 도입이필요하게 되었다.

이에 따라 2003년 「초·중등교육법」과 「학교급식법」이 개정되어 영양교사제도가 법제화되었다. 2006년 교육공무원임용령 일부개정령이 공포되어 영양교사 채용 근거가 마련되었고, 2020년 영양교사 6,022명과 영양사 4,669명이 각급 학교에 배치되었다. 영양교사의 자격기준은 표 2-11과 같다.

표 2-11 영양교사의 자격기준

영양교사(1급)	영양교사(2급) 자격증을 가진 자로서 3년 이상의 영양교사의 경력을 가지고 자격연수를 받은 자
영양교사(2급)	1. 대학·산업대학의 식품학 또는 영양학 관련 학과 졸업자로서 재학 중 소정의 교직학점을 취득하고 영양사 면허증을 가진 자 2. 영양사 면허증을 가지고 교육대학원 또는 교육과학기술부장관이 지정하는 대학원의 교육과에서 영양교육과정을 이수하고 석사학위를 받은 자

출처 : 초·중등교육법[시행 2008. 6. 22] [법률 제8917호, 2008. 3. 21, 일부개정]
[별표 2] 교사자격기준(제21조 제2항 관련)

4) 병원

1982년 「의료법 시행규칙」에 입원시설을 갖춘 종합병원·병원·치과병원 또는 한방병원에 1인 이상의 영양사를 두도록 명시되면서 병원에서 영양사의 활동이 늘게 되었다. 2010년에는 「국민영양관리법」이 제정되어 임상영양사 자격이 법적으로 인정되었으며, 「국민영양관리법 시행규칙」에는 임상영양사의 업무, 자격기준, 교육과정 등이 규정되어 있다. 임상영양사는 2년 이상의 임상영양사 교육과정을 수료하고 보건소·보건지소, 의료기관, 집단급식소, 보육정보센터, 어린이급식관리지원센터 등에서 1년 이상 영양사로서의 실무 경력을 충족한 사람으로 임상영양사 자격시험에 합격해야 한다. 임상영양사는 질병의 예방과 관리를 위하여 질병별로 전문화된 업무를 수행하며, 영양문제 수집·분석 및 영양요구량 산정 등의 영양판정, 영양상담 및 교육, 영양관리상태 점검을 위한 영양모니터링 및 평가, 영양불량상태 개선을 위한 영양관리, 임상영양 자문 및 연구, 그 밖에 임상영양과 관련된 업무를 담당한다.

5) 보건소

1995년 「국민건강증진법」이 제정되면서 국가 및 지방자치단체의 영양개선사업의 실시가 의무화되어 보건소에서의 영양사 활동의 기틀이 마련되었고, 같은 해 24개 보건소에 영양사를 채용하여 보건소에서 영양사가 활동하게 되었다. 영양사가 배치된 보건소는 2002년 50개소에서 2018년 254개소로 증가하였으며, 종사하는 영양사는 2018년 기준 405명이다. 보건영양사는 지역 주민의 영양상태를 판정하고 문제점을 개선해 나가기 위한 계획을 세우고 주민을 대상으로 영양교육 및 상담 역할을 수행한다.

6) 어린이집 및 유치원

1991년 「영유아보육법」이 제정되면서 「영유아보육법 시행규칙」에 50인 이상을 보육하는 시설에 영양사를 배치하도록 명시하였다. 1992년에는 100인 이상의 보육시설로 개정되었으며, 2005년 개정 시에는 100인 이상의 보육시설에 영양사 1명을 두는 것을 원칙으로 하되 같은 시·군·구의 5개 이내 어린이집이 공동으로 영양사를 둘 수 있다고 하였다. 2021년에는 영유아 100명 이상을 보육하는 어린이집의 경우에 영양사 1명을 두는 것을 원칙으로 하지만, 100명 이상 200명 미만을 보육하는 어린이집의 경우 2개 이내 어린이집이 공동으로 영양사를 둘 수 있다고 하였다표 2-12.

2005년 「유아교육법 시행규칙」이 제정되었고, 유치원도 어린이집과 비슷하게 1회 급식유아가 100인 이상인 유치원에는 영양사 1인을 두어야 하며, 동일 교육청의 관할구역에 소재하는 5개 이내의 유치원은 공동으로 영양사를 둘 수 있도록 하였다. 2020년 개정된 「학교급식법」에 유치원이 학교급식의 대상으로 추가되었으며, 사립유치원 중 원아 수 100명 미만의 유치원은 제외되었다. 즉, 국·공립유치원 및 원아 수 100명 이상의 사립유치원을 학교급식 대상으로 포함하여 유아 급식의 안전을 한층 강화하고자 하였다. 2021년 개정된 「학교급식법 시행령」에는 학교급식 대상이 되는 유치원 중 학교급식 시설과 설비를 갖춘 유치원에는 영양교사 1명 이상이 배치되도록 하였고, 200명 미만의 유치원의 경우, 2개의 유치원마다 영양교사 1명을 공동으로 배치할 수 있게 하였다. 어린이집이나 유치원에서의 영양사는 급식관리, 영양 및 식생활 개선에 관한 유아지도와 학부모 교육 등으로 유아가 올바른 식습관을 형성할 수 있도록 지도하는 역할을 담당한다.

2008년 「어린이 식생활안전관리 특별법」이 제정되면서 영양사 고용의무가 없는 100인 미만의 어린이집이나 유치원 등에서 제공되는 급식의 위생 및 영양관리를 지원하는 어린이급식관리지원센터가 설치될 수 있는 법적 근거가 마련되었다. 어린이급식관리지원센터는 2011년 12개소를 시작으로 2021년 1월 기준 전국에 227개소가 설치되어 있다. 어린이급식관리지원센터에 근무하는 영양사는 관할 구역에 있는 어린이 대상 급식소에 위생·안전 및 영양관리를 지원하고 있으며, 유아 대상 교육도 실시하고 있다.

표 2-12 어린이집 영양사의 배치기준이 명시된 법과 조문

법령	조문
영유아보육법 시행규칙 [시행 1991. 8. 8.] [보건사회부령 제876호, 1991. 8. 8, 제정]	**[별표 3]** 보육시설 종사자의 수와 자격기준 1. 라. 영양사 1인. 다만, 영유아 50인 이상을 보육하는 시설의 경우에 한하되, 동일 시·군·구(구의 경우는 서울특별시 및 직할시에 한한다. 이하 같다)안의 보육시설의 경우에는 공동으로 영양사를 둘 수 있다.
영유아보육법 시행규칙 [시행 1992. 10. 20.] [보건사회부령 제895호, 1992. 10. 20, 일부개정]	**[별표 3]** 보육시설 종사자의 수와 자격기준 1. 라. 영양사 1인. 다만, 영유아 100인 이상을 보육하는 시설의 경우에 한하되, 동일 시·군·구(구의 경우는 서울특별시 및 직할시에 한한다. 이하 같다)안의 보육시설의 경우에는 공동으로 영양사를 둘 수 있다.
영유아보육법 시행규칙 [시행 2005. 1. 30.] [여성부령 제14호, 2005. 1. 29, 전부개정]	**[별표 2]** 보육시설 종사자의 배치기준 1. 라. 영양사 영유아 100명 이상을 보육하는 어린이집의 경우에 영양사 1명을 두는 것을 원칙으로 하되, 어린이집 단독으로 영양사를 두는 것이 곤란한 경우에는 같은 시 · 군 · 구의 5개 이내 어린이집이 공동으로 영양사를 둘 수 있다.
영유아보육법 시행규칙 [시행 2021. 3. 30.] [보건복지부령 제788호, 2021. 3. 30, 일부개정]	**[별표 2]** 보육교직원의 배치기준 1. 라. 영양사 영유아 100명 이상을 보육하는 어린이집의 경우에 영양사 1명을 두는 것을 원칙으로 하며, 영유아 100명 이상 200명 미만을 보육하는 어린이집이 단독으로 영양사를 두는 것이 곤란한 경우에는 같거나 인접한 시 · 군 · 구의 2개 이내 어린이집이 공동으로 영양사를 둘 수 있다.

7) 기타 시설

2002년 전국 14개 군병원, 노인복지시설, 아동복지시설에 영양사가 배치되었으며, 2004년에는 교정시설 및 소년보호시설에 영양사 배치가 확정되어 급식 및 영양관리 업무를 담당하고 있다. 2019년에는 서울시 소방서를 시작으로 소방관 대상의 급식을 담당하는 영양사 배치가 확대되고 있다.

3. 지역사회 보건교육 담당자 : 보건교육사

보건교육사제도는 건강에 대한 국민의 관심이 증대됨에 따라 보건교육에 대하여 보다 체계적이고 전문적인 지식을 갖춘 전문가를 양성하기 위하여 2003년 9월「국민건강증진법」을 개정함으로써 신설하였고, 이의 시행은 2009년 1월 1일부터로 명시하였다.

보건교육사는 국민건강증진 및 보건교육에 관한 전문지식을 가진 자로서,「국민건강증진법 시행령」제17조에 규정된 보건교육의 내용을 중심으로 보건교육 프로그램의 기획·운영·평가 등을 수행하는 전문인력이다. 즉 국민건강증진사업 및 보건교육사업 수행인력의 자질 및 전문성을 향상시키고 궁극적으로 국민의 건강증진을 위한 질적 수준을 향상하고자 국가자격증제도를 도입한 것이다. 보건교육사 자격증은 보건복지부장관이 발급하며, 등급별 자격기준은 **그림 2-4**와 같다.

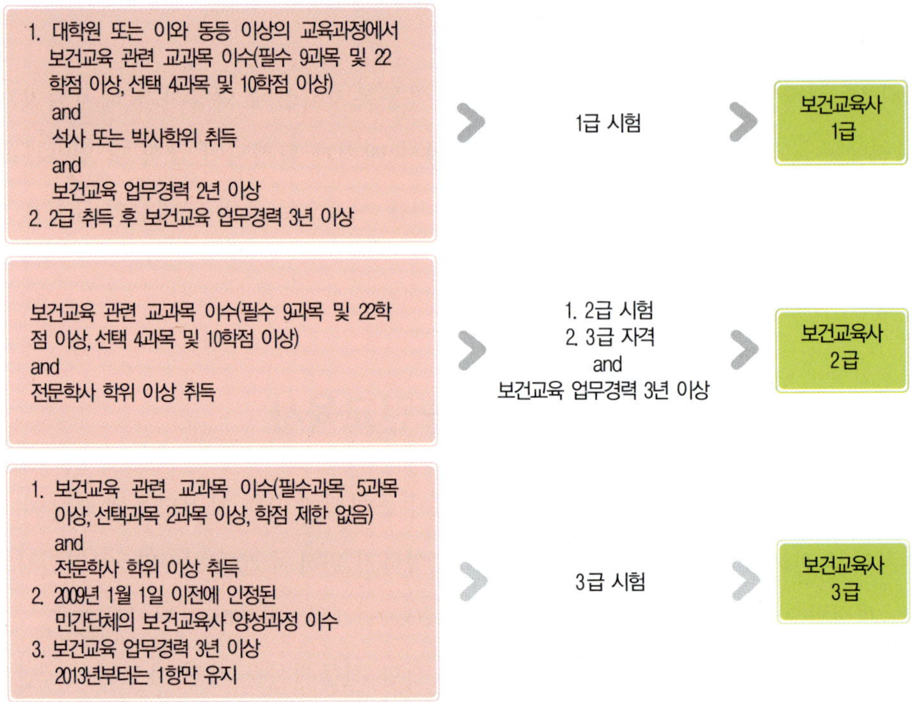

그림 2-4 보건교육사 등급별 자격기준

출처 : 건강증진법 시행령 및 시행규칙

4. 지역사회영양의 미래

지난 반세기 동안 우리나라는 정치, 경제, 사회 등 모든 분야에서 급속도로 발전하면서 식생활도 급격히 변화하고 있다. 1960년대까지만 하더라도 경제난과 식량난으로 국제기구와 다른 나라의 도움을 받아 왔으나 이제는 우리가 다른 나라에 도움을 주게 되었다. 인구사회적 측면에서는 노인인구의 비율이 급증하고 있으며, 무자녀 가정과 독신 가구가 증가하면서 전자가족이라는 용어도 등장하였다. 또한 서구문화의 유입으로 식생활이 다양해졌으며, 식품가공산업, 외식산업과 건강기능식품산업이 급성장하고 있다. 이처럼 풍성하고 다양한 식생활로 국민의 영양상태가 향상되었으나, 이와 함께 부정적인 영향도 나타나고 있다. 따라서 앞으로는 이러한 문제들을 해결해 나가는 정책이 필요하다.

첫째, 쌀 소비는 감소하고 수입농산물, 수입식품의 소비가 증가함에 따라 식량 자급률이 감소하고 있다. 해외 식량 의존도가 높아지면 우리 국민의 먹을거리가 국제 정세 및 다른 나라의 생산력에 영향을 받게 된다. 세계화와 시장개방은 피할 수 없는 흐름이지만 정책적으로 식량 자급률을 높여 안정된 식생활을 확보할 수 있어야 한다.

둘째, 서구의 식사, 패스트푸드 등은 우리의 전통식사에 비해 에너지 과잉과 미량영양소 부족을 초래할 수 있으므로 전통식사를 유지하면서 외국의 식문화를 조화롭게 접목할 수 있도록 하는 식생활교육과 만성질환의 예방 및 관리를 위한 사업이 실시되어야 한다.

셋째, 과학기술의 발달, 식품제조·가공기술의 발달로 식품가공산업, 외식산업, 건강기능식품산업 등이 발달하면서 간편한 식생활을 즐길 수 있게 되었으나 자연식품이 아닌 가공된 식품의 섭취가 증가하게 되었고, 이와 함께 소비자는 식품의 안전성에 관심을 갖게 되었다. 따라서 정부는 이에 대한 관리를 철저히 하고, 영양정보를 제공함으로써 국민이 안심하고 균형 있는 영양섭취를 할 수 있도록 해야 한다.

또한 우리나라는 남북통일이라는 국가적 숙제를 안고 있는 나라로서 국내의 영양취약계층뿐 아니라 식량문제가 심각한 북한 주민의 영양상태를 개선하기 위한 영양사업에 관심을 가져야 하며, 남북통일 이후의 식량문제에 대처할 수 있어야 한다. 이처럼 식생활정책은 식량의 생산, 수급, 그리고 소비의 측면에서 국민의 영양상태와 건강을 고려하여 통합적으로 이루어져야 하며, 이를 위해서는 식생활정책을 담당할 전담 행정부서가 마련되어야 한다. 정부가 이러한 정책들을 일관성 있게 추진하고 지역사회에서 다양한 교육과 활동이 이루어질 때 국민의 영양개선과 건강증진의 목표가 달성될 수 있을 것이다.

요약

- 우리나라에서 국민의 영양상태에 관심을 갖고 이를 개선하기 위한 정부 차원의 노력을 시작한 것은 1960년대 이후부터라고 할 수 있다. 1960년대 우리나라의 식품생산은 곡류에 편중되어 있어 국민은 곡류에 의존한 식생활을 할 수밖에 없었으며, 도시에 비해 농촌의 영양불량이 심각하였다. 1968년부터 1986년까지 시행된 응용영양사업 결과 지역 주민의 식품 및 영양섭취량, 체위 및 건강상태가 사업실시 전에 비해 크게 향상되었으며, 아동의 경우에도 시범마을 아동의 체위가 비교마을의 아동보다 월등한 것으로 나타나 매우 성공적인 사업으로 평가되었다.
- 1994년부터 시작된 보건소에서의 영양사업은 건강증진사업과 연계되면서 각 보건소에서 활발하게 진행되고 있다. 2005년부터 실시된 영양플러스사업은 영양취약집단인 저소득계층의 임산부 및 영유아에게 보충식품을 제공하고 영양교육을 실시하는 보건소의 대표적인 영양개선사업으로서 효과가 매우 큰 것으로 평가되었다.
- 영양사는 지역사회 주민 또는 국민의 영양개선과 건강증진을 위한 영양사업을 담당하는 전문인력으로서 2010년 제정된 「국민영양관리법」 제4조에 '영양사는 지속적으로 영양지식과 기술의 습득으로 전문능력을 향상시켜 국민영양개선 및 건강증진을 위하여 노력하여야 한다'는 책임이 명시되어 있다.
- 보건교육사는 국민건강증진 및 보건교육에 관한 전문지식을 가진 자로서, 보건교육 프로그램의 기획 · 운영 · 평가 등을 수행하는 전문인력이다. 국민건강증진사업 및 보건교육사업 수행인력의 자질 및 전문성을 향상시키고 궁극적으로 국민의 건강증진을 위한 질적 수준을 향상하고자 국가자격증 제도를 도입한 것이다.
- 반세기 전과 비교하였을 때 우리 국민의 영양상태가 매우 향상되었으나 이와 함께 세계화, 시장개방, 서구문화의 유입, 식품가공기술의 발달 등으로 다른 문제들이 나타나고 있다. 뿐만 아니라 우리나라는 같은 민족인 북한 주민의 영양상태와 남북통일 이후의 식량문제도 고려해야 한다. 식량의 생산, 수급, 그리고 소비의 측면에서 국민의 영양상태와 건강을 고려하여 통합적으로 식생활정책이 이루어져야 하며, 이를 위해서는 식생활정책을 담당할 전담 행정부서가 마련되어야 한다.

연구문제

1. 응용영양사업의 배경과 내용 및 결과를 알아보자.
2. 국민의 영양개선을 위하여 지금까지 어떤 정책이 있었는지 설명해 보자.
3. 보건소에서 지역사회 주민의 영양개선을 위해 일하려면 어떤 능력을 갖춰야 하는지 생각해 보자.

PART 2

지역사회영양 프로그램의 개발과 평가

CHAPTER 3

건강행동 이론과 모델

최근 지역사회를 대상으로 건강증진을 위한 영양사업이 확대됨에 따라 더 체계적인 사업의 필요성이 대두하면서 지역사회영양사업을 기획 · 실천 · 평가하는 단계에서 인간의 행동변화를 추구하는 사회 · 심리학적 이론과 모델을 응용하게 되었다. 지역사회영양사업에 이러한 건강행동 이론을 적용하는 목적은 첫째, 궁극적으로 건강 실천을 위한 행동변화를 추구하고, 둘째, 이론에 근거하여 개발된 프로그램은 그 효과를 정확히 설명할 수 있으며, 셋째, 프로그램을 지속적으로 재현하기 쉽기 때문이다. 따라서 본 장에서는 건강행동이론과 모델에 대해 알아본다.

학/습/목/표

1. 보건 및 영양사업 프로그램을 개발하며 실행 · 평가하는 데 이론적 뒷받침이 될 수 있는 건강행동 이론과 모델의 종류를 나열할 수 있다.
2. 건강행동 이론과 모델의 내용을 설명할 수 있다.
3. 기획하는 프로그램에 적절한 이론이나 모델을 선택할 수 있다.

1. 건강행동 이론과 모델의 종류

건강행동 이론과 모델에는 여러 종류가 있으며 그 특성과 적용대상에 따라 개인의 개별적 행동변화, 인간과 인간 간의, 즉 개인 간의 상호관계를 통한 행동변화, 그리고 지역사회나 그룹행위를 통한 행동변화를 추구하는 이론과 모델로 나눌 수 있다. 보통 개개인을 대상으로 하는 개별적 행동변화나 개인 간의 상호관계를 통한 행동변화를 추구하고자 하는 계획안은 보건행동 이론으로 구분하고, 지역사회나 그룹행동을 통한 행동변화 모델은 보건교육기획 모델로 구분한다. 각 범주에 속한 이론이나 모델의 종류와 이들이 영양사업을 성공적으로 수행하기 위해 프로그램 기획단계에서부터 응용되어 프로그램의 궁극적 목표인 대상자들의 생활습관에 변화를 일으키는 과정을 **그림 3-1**에 정리하였다.

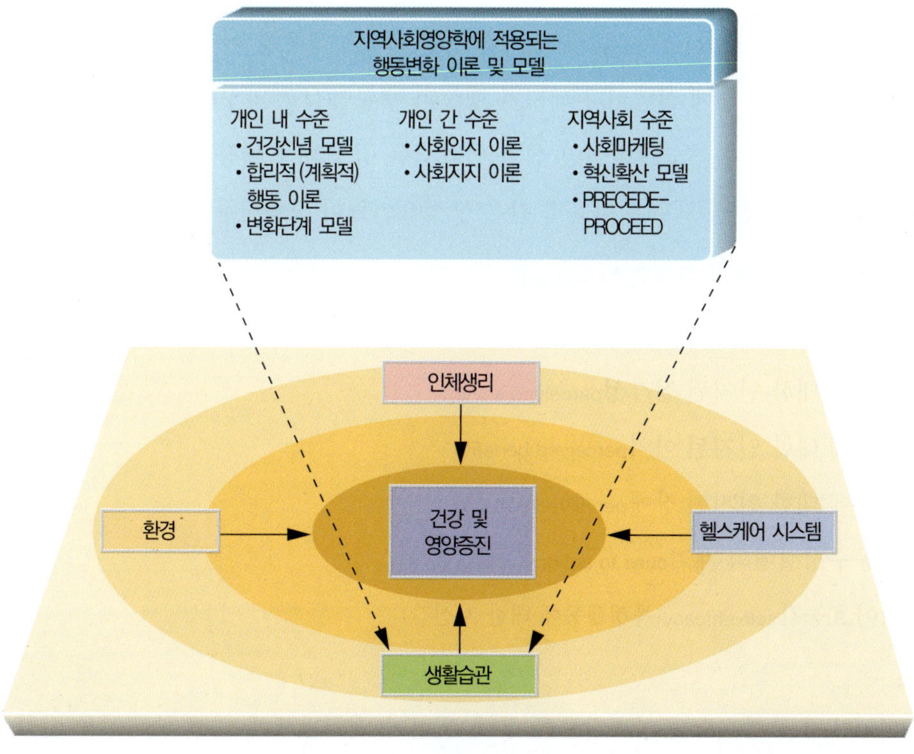

그림 3-1 건강 및 영양증진에 관련된 요소 간 관계와 지역사회의 건강행동 변화

출처 : Owen 등, Nutrition in the community

이론과 모델의 차이

이론은 인간의 행동을 묘사 · 설명하고 예측하며, 통제하는 개념이 상호 관련된 일체의 계획안이라 정의되고 있다(Kerlinger, 1986). 즉, 건강행동 이론은 사람들이 바람직한 행동을 하지 않는 배경을 설명하므로 중재나 개입을 통한 행동의 변화를 예측할 수 있게 논리적으로 도와준다.

모델은 이론의 하위개념으로 보건교육 프로그램 또는 평가단계가 어떻게 진행되는지를 순차적으로 또는 시각적으로 펼쳐서 보여 주는 효과를 제공한다. 이론과 달리 모델은 기획과정을 근본적으로 설명하기보다는 전체적인 과정을 제시하고 보여 주고자 만들어졌다(Chaplin & Krawiec, 1979).

2. 건강행동 이론 : 개인 내 수준

1) 건강신념 모델

건강신념 모델HBM, Health Belief Model이란 인간의 건강행동은 이성적 사고에 근거해 이루어진다는 가정 아래에 신념이나 태도가 행동과 생활양식을 바꾸는 데 필수적인 동기를 부여한다는 이론이다. 즉, 개별적인 신념의 확립을 강조하여 행동변화를 추구하는 모델이다. 따라서 건강신념 모델은 다음과 같은 구성요인들이 상호작용을 한다.

건강신념 모델의 6가지 구성요소constructs

- 질병에 대한 인지된 민감성perceived susceptibility
- 질병에 대한 인지된 심각성perceived severity
- 실행에 대한 인지된 이익perceived benefits
- 실행에 대한 인지된 장애perceived barriers
- 행동수정실행의 계기cues to action
- 자아효능감self-efficacy(특정행동에 대한 자신감)

위의 6가지 구성요소는 상호작용을 통해 개인이 질병발생에 대한 중대성을 인식하고 질병을 건강 위협threat요소로 인지하여 스스로 예방행동을 할 수 있게 한다**그림 3-2**.

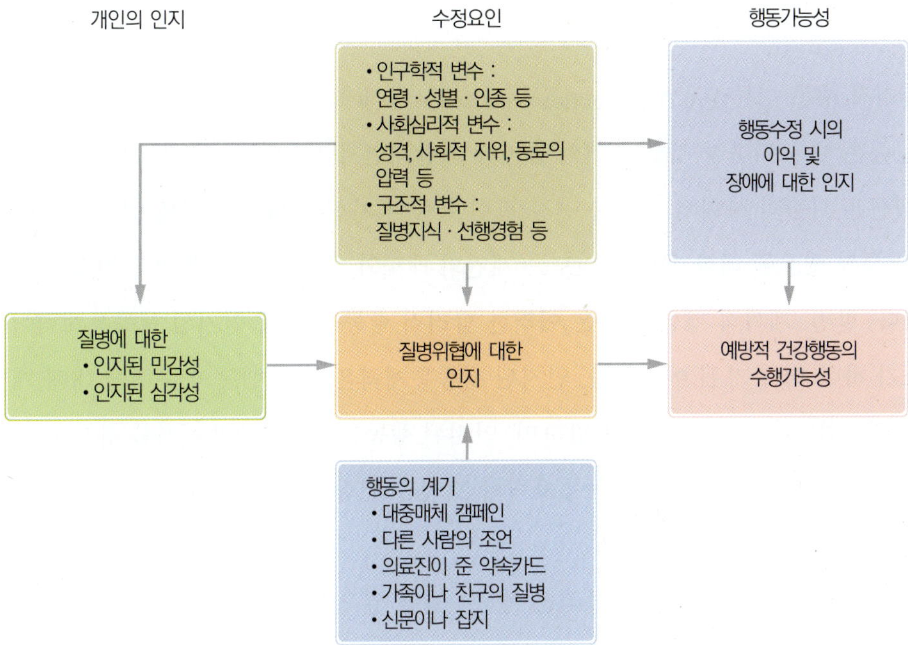

그림 3-2 건강신념 모델의 구성요인과 질병예방을 위한 개인의 건강행동 예측 모형

건강신념 모델을 적용하여 행동변화를 유도하기 위한 프로그램을 진행하고자 할 때는 건강 혹은 질병에 대한 지식, 신념, 태도가 얼마나 효율적으로 행동변화를 유발할지를 고려해야 한다. 즉, 알코올 중독자의 경우 술을 끊음으로써 기대되는 건강회복 등의 인지된 이익에 비하여 술을 끊음으로써 야기되는 문제에 대한 두려움, 예를 들어 함께 술을 마시던 친구를 잃을 것에 대한 두려움이나 상실감 등의 인지된 장애가 개인에게 어떻게 작용하여 행동에 반영될지를 고려하여 프로그램을 진행해야 한다. 즉, 인지된 장애에 비하여 이익이 훨씬 크다는 사실을 깨달아야 행동변화가 일어나므로 인지된 장애에 대한 두려움을 없앨 수 있는 대안 제시가 중요하다.

건강신념 모델의 장점은 설명이 쉽다는 점, 널리 응용되어 온 모델로 다양하게 갱신되었으며 다양한 문화에서 적용할 수 있다는 점 등을 들 수 있다. 반면, 단점은 사회경제적 배경이 다른 개개인의 동기유발이 필요하지만 쉽지 않다는 점, 생활습관과 행동을 바꾸려 할 때 그에 따르는 금지된 행동, 제한된 행동 등 개인의 행동변화에 따른 문제점 등이 있다.

2) 합리적 행동 이론과 계획적 행동 이론

합리적 행동 이론TRA, Theory of Reasoned Action과 계획적 행동 이론TPB, Theory of Planned Behavior은 매우 비슷한 것으로 거의 동시에 개발되면서 상호 보완된 이론이다. 합리적 행동 이론은 사람의 사회적 행위나 건강 관련 행동이 자신의 의지에 의해 결정된다는 이론으로, 특정 행동에 대한 개인의 의도는 개인의 태도와 주관적 규범에 의해 결정된다는 주장이다. 한편, 계획적 행동 이론은 이러한 합리적 행동 이론에 인지된 행동통제력이라는 요소가 하나 더 추가된 이론이다. 인지된 행동통제력은 특정 행동의 수행에 대해 개인이 인지하는 쉽거나 어려운 정도를 말하며, 인지된 행동통제력이 행동변화를 유도하거나 방해한다는 이론이다. 인지된 행동통제력의 개념은 건강신념 모델에서의 인지된 이익 및 장애와 비슷한 개념이다.

합리적(계획적) 행동 이론의 목적은 행동수정을 일으키는 개인의 동기를 예측·이해하고 행동수정을 유발하기 위해 어떠한 전략을 어떻게 세워야 할지에 관한 방법의 모색이라 할 수 있다. 표 3-1의 구성요소들을 측정함으로써 행동변화에 영향을 미치는 사회적 영향이나 개인의 신념 등을 알 수 있고 이러한 요소들을 분석함으로써 행동변화를 유도하는 프로그램의 성공 여부를 예측할 수 있다.

합리적(계획적) 행동 이론의 장점은 인간행동을 설명하는 데 효과적이라는 점과 행동을 결정하는 요소들을 파악할 수 있다는 점, 그리고 어떠한 행동이나 행동의도에 중점을 두어 프로그램을 수행할지를 알 수 있다는 점 등이 있다그림 3-3. 반면, 단점은 스스로에 대한 평가가 정확하지 않다는 점, 인지된 행동통제력에 대한 정의가 정확하지 않고 다른 사람에 의해 영향을 받을 수 있는 행동에 대한 고려가 없다는 점 등을 들 수 있다.

즉, 흡연이라는 행위에 대한 인간행동의 변화패턴을 살펴보면 다음과 같은 두 가지의 행동변화패턴이 있다. 첫째, 건강을 해치는 행동에 대하여 모든 건강행동 이론의 목적대로 자신의 행동을 변화시켜 금연을 실천하는 성공적인 경우가 있다. 둘째, 사람에 따라서 행동보다는 자신의 인식을 변화시켜서(즉, '흡연이 실제로 건강에 그렇게 해롭지는 않다'라고 믿으려 함) 새로운 인지('아무개의 경우를 보면 평생 담배를 피우고도 건강하게 오래 살았어')를 하게 되는 경우도 있다.

표 3-1 합리적(계획적) 행동 이론의 구성요소

구성요소	내용	구체적인 예
행동에 대한 태도attitude	긍정적 태도는 긍정적 행동을, 부정적 태도는 부정적 행동을 유발한다.	'금연을 하면 폐암에 걸릴 확률이 줄어들 거야'라는 생각과 '폐암으로 죽기는 정말 싫어'라는 생각은 궁극적으로 금연행동을 유발한다.
주관적 규범subjective norm	다른 사람들이 (나의 건강) 행동에 대해 어떻게 생각할 것인가(사회적 영향)에 대한 개인의 믿음	'부모님께서는 내가 담배를 끊길 간절히 원하신다'라고 생각하는 경우 '부모님의 생각이 내겐 정말 중요해'라고 생각하는 사람과 '부모님께서 어떻게 생각하든 나와 무슨 상관이야?'라고 생각하는 사람의 행동은 달라진다. 즉, 다른 사람(이 경우 부모)이 어떻게 생각하느냐가 자신에게 미치는 중요도에 따라 행동이 달라진다.
인지된 행동통제력 perceived behavioral control	특정 행동을 수행하는 데 대해 개인이 인지하는 쉽거나 어려운 정도	
행동의도intention	개인의 행동의도는 자신의 행동에 대한 태도와 그 행동에 대한 사회적 분위기, 즉 개인의 주관적 규범에 의해 결정된다.	'나는 정말로 담배를 끊고 싶다'라는 생각은 긍정적인 태도와 사회 분위기에 의해 영향을 받는다.

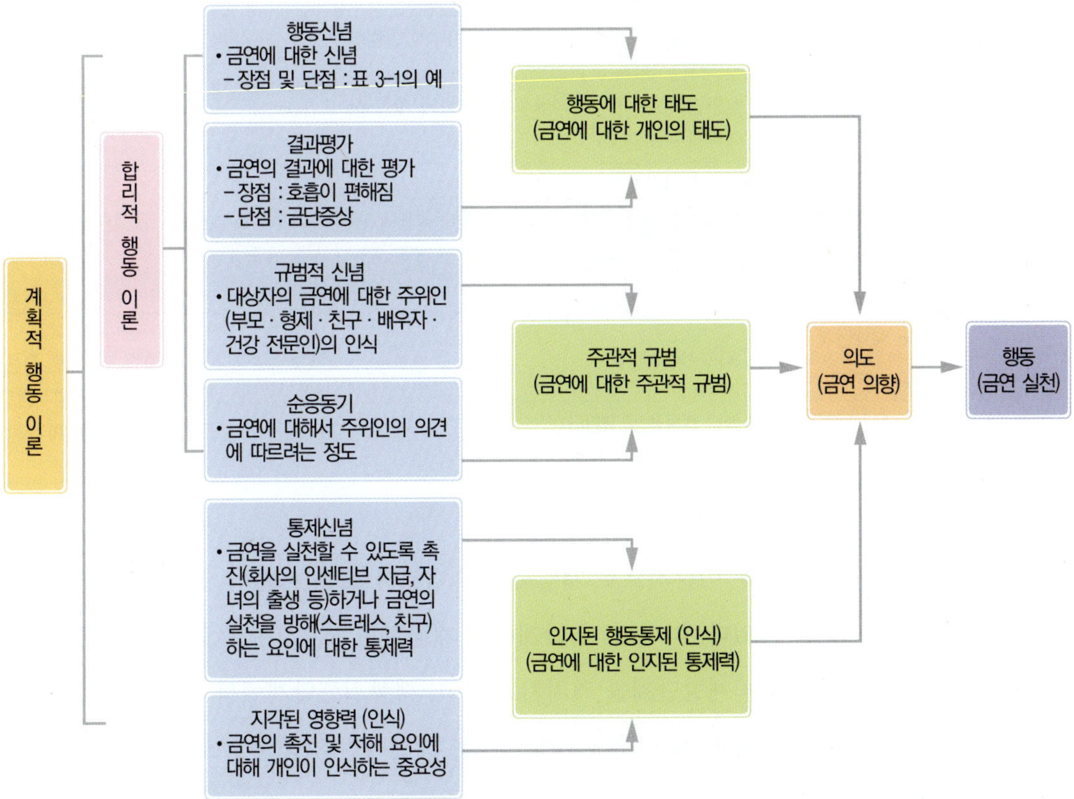

그림 3-3 합리적(계획적) 행동 이론의 구성요소와 상호관계에 의한 행동변화 및 금연의 적용 예

3) 변화단계 모델

변화단계 모델stages of change model이란 행동의 변화는 한 번에 끝나지 않고 단계적으로 일어난다고 본다. 따라서 행동의 변화를 위한 목표를 설정하고 단계적으로 행동변화를 유도해 나가기 위한 모델이다. 즉, 각 단계에 필요한 구체적인 기술들을 활용하여 개인의 발전과 자긍심을 제공해 행동변화를 유도하고자 개발된 모델이다. 대상자의 행동변화는 5단계로 구분할 수 있다표 3-2.

표 3-2 행동변화의 단계에 따른 행동 특징과 성인병 예방을 위한 프로그램의 단계별 적용 예

단계	행동 특징	프로그램의 단계별 적용 예
고려전단계 pre-contemplation	행동변화에 대해 생각하지 않는다. • 성인병의 위험, 즉 고지방식사를 계속할 경우 건강에 이상이 생길 수 있음을 인식하지 못한다.	성인병의 위험성에 대한 인식 증진이 목표 : 그룹 수준(모두에게 일률적으로 적용)
고려단계 contemplation	행동변화를 고려하고 있으나 6개월 이내에 실행하려는 의지는 없다. • 성인병의 문제를 인식하나 행동변화에 대한 장애요인도 느낀다.	구체적 실천방안을 제시하여 행동실행을 유도
준비단계 preparation	변화할 준비가 되어 있다. • 실제로 본인의 의사에 의해 일부 행동 시도(고지방식품 섭취 줄이기, 영양교육 프로그램 등록, 저지방식품 검색 등)	소그룹별로 맞춤형 프로그램을 적용하여 행동실행 유도
실행단계 action	행동변화를 실천한다.	개별 수준에 따른 맞춤형 프로그램 적용 • 영양교육, 고지방식품을 저지방식품으로 대체, 저지방 조리법 이용, 식단 짜기 등
유지단계 maintenance	변화된 행동을 유지한다. • U-Health, SNS 적용	

행동변화과정은 이론적으로 개념화된 모델로서 모든 사람이 일률적으로 단계별로 변화하지 않을 수 있다. 따라서 각 단계에서 개념화된 모델그림 3-4로서 후퇴하거나 퇴보하여 다시 시작하는 재발단계를 거치기도 하고, 행동실행단계에서 유지단계로 넘어가기도 하므로그림 3-5 행동단계 이후의 대상자들은 개별적인 맞춤형 프로그램을 진행하는 것이 바람직하다.

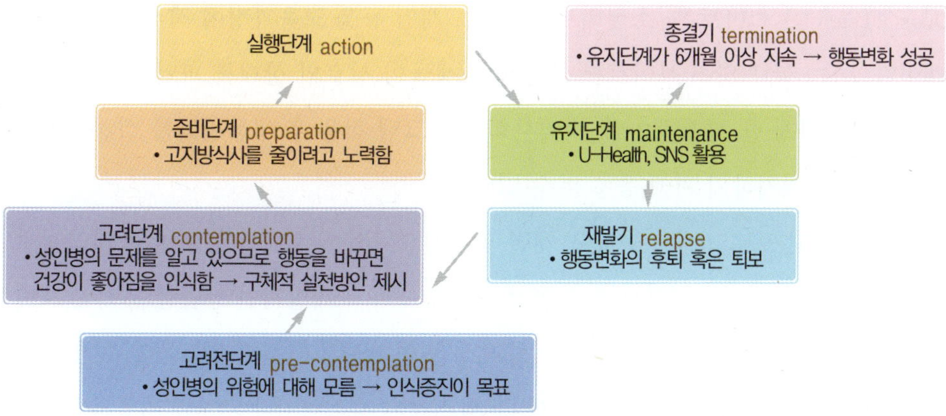

그림 3-4 행동변화 단계와 단계별 행동 특성 및 전략

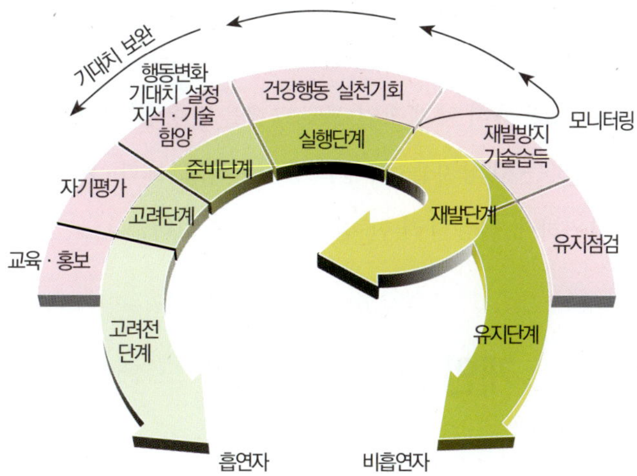

그림 3-5 행동변화의 단계별 모델을 이용한 금연 프로그램의 개념 모형도

출처 : 보건소 건강증진센터 담당자 교육 교재

행동변화의 습관화와 유지를 위한 전략으로 행동실행단계 대상자들에게는 새로운 개념으로 현대인에게 소개되고 있는 U-헬스케어 시스템ubiquitous health care system을 적용할 수 있다. 즉, 전문가가 온라인이나 스마트폰 등을 이용한 쌍방향 미디어를 통하여 행동변화를 실천한 대상자를 계속 지지하거나 조언하여 변화된 행동을 실천, 유지할 수 있도록 돕는 것이다. 실제로 스마트폰을 이용한 교육 전문가 시스템인 뉴욕시의 '퀘스트투

런Quest 2 Learn'은 스마트폰, 소셜네트워크SNS, 게임 등을 교육과정에 적극적으로 반영한 사례이다. 이는 학내 SNS 사이트를 개설해 학생들이 서로의 상태를 파악하고 학교와 직접 소통할 수 있게 한 시스템으로, 지역사회 프로그램 적용 후 행동변화를 실천한 대상자를 지속적으로 지지하기 위해 응용할 수 있다.

가장 효율적인 프로그램의 특징은 개별 맞춤형으로서 행동변화 단계별로 개인에게 강한 성취감을 느끼게 하고 영양사 혹은 프로그램 진행자의 개별적인 상담을 통해 단계별 행동변화가 점차 나타나고 있는 것에 대한 중요성을 인지시켜 실천의지를 높일 수 있게 한다는 점이다. 그러나 실제로 새로운 개념의 U-헬스케어 시스템이나 SNS를 이용하지 않고는 전문가가 프로그램 참여자를 일일이 개별적으로 관리한다는 것은 매우 어려운 일이다. 그러므로 변화하는 미디어를 잘 활용하는 것이 프로그램 성공을 위해 매우 중요하다.

행동변화단계 모델의 장점은 서로 다른 단계의 각 개인의 동기를 파악하고 사회·심리적으로 통합된 전략을 이용하여 체계적인 프로그램을 운용할 수 있다는 것이다. 반면, 단점은 고려전단계에 속하는 대상자들이 너무 광범위하고 사회·환경적 요인을 고려하지 않은 점 및 너무 광범위하게 적용하려 한 점 등을 들 수 있다.

3. 건강행동 이론 : 개인 간 수준

1) 사회인지 이론

사회인지 이론social cognitive theory은 인간의 건강행동이 이성적 사고에 근거해서 이루어진다고 가정하여, 신념 혹은 태도가 행동이나 생활양식을 바꾸는 데 필수적인 동기부여를 하므로 개인적(인지적) 요인과 환경적 요인이 상호작용을 하면서 변화된 행동이 유도된다는 이론이다. 현재까지 제안된 인간행동 변화를 추구하는 이론이나 모델 중 가장 많이 이용되는 이론이다. 본 이론의 목적은 끊임없는 사회·심리적 상호작용으로 건강행동 변화를 유도하고 지식이나 태도보다 행동변화에 초점을 두는 것이다.

사회인지 이론은 인간행동을 인간과 행동과 환경 간의 동적인dynamic, 삼자 간triadic,

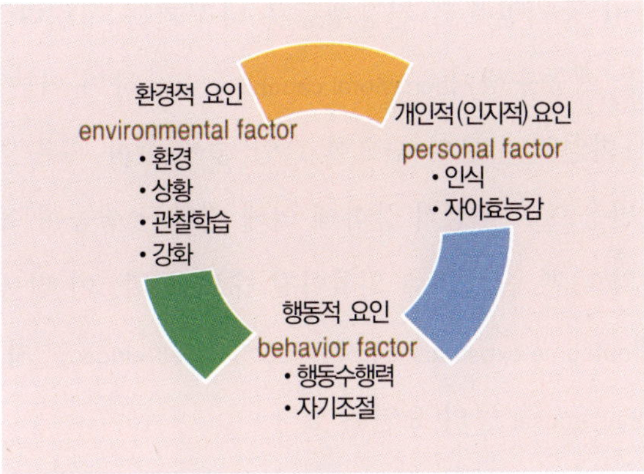

그림 3-6 사회인지 이론의 상호결정을 이루는 요소들

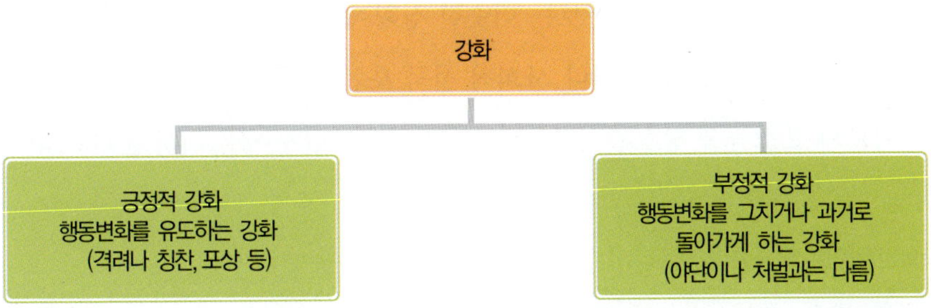

그림 3-7 강화의 종류

상호 간 상호작용reciprocal interaction으로 보고 있으며, 이러한 관계에서 인지의 중요성을 강조한다**그림 3-6**.

(1) 사회인지 이론의 요소

사회인지 이론의 요소로는 인간, 인간행동과 환경요인 간의 끊임없는 상호작용을 의미하는 상호결정reciprocal determinism, 환경environments과 상황situations, 다른 사람의 행동을 관찰하고 그들이 받는 강화·격려를 통해 학습되는 행동을 의미하는 관찰학습observational learning 등이 있다.

관찰학습은 대리경험 혹은 모방경험이라고 불리기도 하며, 실제로 행동을 수행하지 않고 새로운 행동에 대한 인식과 방법을 습득할 수 있다는 특징이 있다. 행동변화에 필요한 지식과 기술 없이 동기만으로 건강행동을 바꾸기는 어렵다. 행동변화를 선택하게 하는 지식과 기술을 행동수행력behavioral capability이라 하며 이는 사회인지 이론의 요인 중 하나이다. 이 사회인지 이론의 주요한 요인 중에 강화 혹은 격려reinforcement가 있다. 인간행동에 대한 반응으로 긍정적 강화에 의해 변화된 행동이 유지되거나 혹은 부정적 강화에 의해 과거의 나쁜 습관으로 되돌아갈 수도 있다. 이 밖에도 결과기대outcome expectations, 가치기대outcome expectancies, 자아효능감self-efficacy, 자기조절self-control, 감정각성managing emotional arousal 등의 요인이 있다.

자아효능감은 어떤 행동을 수행할 때 개인이나 집단이 수행능력에 대해 어느 정도 자신감을 느끼고 있는지를 의미하며, 동기가 부여되어 있어도 자신감이 없으면 행동변화를 이루기 어렵다. 자아효능감에 대한 정보는 비슷한 상황에서 겪은 선행경험이나 비슷한 상황의 다른 사람을 관찰함으로써 얻거나 사회적 설득 또는 타인에 의해서 얻게 된다. 이러한 사회인지 이론의 요소들을 상호결정을 이루는 요소별로 나누어 정리하면 표 3-3과 같다.

표 3-3 사회인지 이론 요소들

개인적 변수	행동적 변수	환경적 변수	모든 변수의 상호작용
• 결과기대outcome expectation • 가치기대ontcome expectancies • 자아효능감self-efficacy • 감정각성managing emotional arousal	• 행동수행력behavioral capability • 자기조절seif control	• 환경environment • 상황situation • 관찰학습observationa learning • 강화reinforcement	• 상호결정론reciprocal determinism

(2) 사회인지 이론의 장단점

사회인지 이론의 장점은 개인의 수행능력 증진과 행동변화를 위한 자기 신념을 강조한다는 점과 적용범위가 매우 넓다는 점이다. 반면, 단점은 구성요소가 너무 많아 적용이 복잡하다는 점과 이로 인하여 주로 자아효능감 등의 한두 가지 요소만을 적용한다는 점이다.

2) 사회지지 이론과 사회조직 이론

사회지지 이론social support theory은 한 개인이 타인으로부터 얻을 수 있는 사회적 지지를 이용하여 자신의 자발적인 선택에 의해 행동변화를 실천하는 이론이다. 사회조직 이론social networks에서 사회지지는 조직 내의 많은 관계에서 제공되므로 두 이론은 한 가지로 설명한다.

개인이 얻을 수 있는 사회적 지지는 다음과 같다.

- 정서적 지지emotional support : 감정, 사랑, 신뢰, 친절, 격려 등
- 도구에 의한 지지instrumental support : 유형의 도움, 서비스 등
- 정보에 의한 지지informational support : 조언, 제안, 문제 해결 등
- 평가적 지지appraisal support : 건설적 평가, 확인 등

사회조직 이론이란 한 개인을 중심으로 사회적 관계망을 통해 이루어진 조직이 얼마나 구조적·상호적으로 질적·양적인 사회적 지지를 제공하는가에 따라 개인이 자발적으로 행동변화를 실천한다는 이론이다. 한 개인을 중심으로 한 사회조직은 주변 상호관계 내에서 사회적 지지와 그 밖의 요소들이 한 번에 한 가지 관계 이상의 기능을 하면서 이루어진다. 따라서 사회적 지지는 사회적 조직 내의 한 요소로 볼 수도 있다. 사회적 조직은 대상자를 중심으로 얼마나 잘 연결(관계)되어 있는가와, 전체적으로는 서로 얼마나 잘 관계하고 있는가에 의해 성공 여부가 결정된다.

(1) 사회조직의 구성요소

- 상호성reciprocity : 주어진 관계 내에서 주고받는 지지와 자원
- 강도, 세기intensity : 정서적 친밀도
- 복잡성complexity : 각종 기능을 제공하는 관계
- 동질성homogeneity : 조직원 간의 사회적 배경의 유사성
- 지역적 분포geographic dispersion : 거주지의 멀고 가까운 정도
- 밀도density : 각 구성원 간 친밀도의 개념 포함

(2) 사회조직 내 구성요소 간의 관계

① 사회적 지지와 정신적·육체적·사회적 건강

지지는 한 개인에게 자긍심을 갖게 함으로써 스트레스를 줄이고 복지와 건강의 증진을 가져온다.

② 개인적 대처방안 자원과 사회적 지지

지지를 통해 불안과 불확신을 줄이거나 목표를 더 쉽게 달성하게 됨으로써 개인의 자기통제력이 증가한다.

그림 3-8 개인을 중심으로 한 사회조직

그림 3-9 사회조직 구성요소 간의 관계

③ 조직 혹은 지역사회의 자원과 사회적 지지

지역사회 내에서 형성된 조직관계나 지역사회의 자원을 통해 문제해결방법을 얻을 수 있다.

④ 건강행동의 변화

사회적 조직 내에서의 개인적인 상호관계, 즉 서로 주고받는 사회적 지지에 의해 건강행동의 변화를 유도할 수 있다.

(3) 사회조직이나 지지 이론의 적용

프로그램을 수행하기 전에 대상자의 사회적 조직관계를 파악하여 그 관계에 의해 얻어지는 긍정적 효과를 이용하여 적용한다. 즉 누가who, 무엇을what, 누구에게whom, 언제when 제공할 수 있는지를 파악해야 한다.

① 누가who

지지자는 신뢰, 친밀감, 격려 등을 이용해야 하며 개인별로 타인과의 관계가 다르므로 적절한 지지자를 활용한다. 또한 성공적인 지지를 제공하기 위해 서로 다른 관계에서 서로 다른 지지형태를 선택한다. 프로그램의 성공은 누가 지지자가 되느냐에 따라 결정된다. 즉 '사회적으로 비슷한 환경의 사람 혹은 전문가'의 여부가 결정되어야 한다.

② 무엇을what

대상자(지지수혜자)의 사회적 지지에 대한 인식이 프로그램의 성공 여부를 결정한다. 개인의 인식을 결정하는 요인으로는 지지자와 대상자와의 선행경험, 사회적 요인, 역할기대 및 개별적 선호도 등을 들 수 있다.

③ 언제when

대상자의 나이 또는 발달단계에 따라 성공 여부가 결정될 수 있는데, 스트레스가 많이 동반되는 프로그램이거나 대상자가 인생 전환기(사춘기, 갱년기 등)인 경우 더욱 적극적인 사회적 지지가 요구된다.

(4) 사회조직 이론의 적용방법

① 기존 조직관계 활용

그 조직 내에서 통하는 규범을 이용한다.

② 새로운 조직 형성

기존 조직을 활용할 수 없는 경우나 특수한 행동변화에 대한 프로그램일 경우 활용하는 방법이다.

③ 기존 지지자를 이용한 조직의 활용

조직관계를 파악한 후 지지자를 선정하고, 훈련 후 활용한다.

④ 지역사회 활용

지역사회의 문제해결능력을 증진시킨다.

⑤ 사회적 조직 활용

무엇을 어떻게 변화시키면 사회적 조직 내에서 격려와 지지를 받을 수 있을지를 인지시킨다.

4. 건강행동 이론 : 지역사회나 그룹 수준

1) 사회마케팅

사회마케팅social marketing이란 마케팅 개념을 도입하여 대상 지역사회에 사회적 개념이나 대중을 위한 사회적 서비스, 즉 건강증진 혹은 영양사업의 서비스를 받아들이도록 프로그램을 계획·실시하는 마케팅 계획을 의미한다. 원래 마케팅 개념이란 물건을 판매하는 행위 혹은 판매를 촉진하는 판촉행위를 의미한다. 사회마케팅에서 팔고자 하는 물건, 즉 사람들로 하여금 받아들이게끔 하고자 하는 물건은 아이디어, 행동변화, 서비스 등이다. 건강서비스를 제공하는 공급자 중심 서비스에서 수요자 중심 서비스에 바탕을 둔 전략으로 이동하기 위하여 사회마케팅 개념이 도입되었다. 따라서 사회마케팅은 대상 인구집단(수요자)이 사회적 아이디어를 수용하도록 영향력을 미치기 위해 상업마케팅 commercial marketing의 기술을 이용하여 대상 인구집단의 행동을 변화시키는 데 그 목적이 있다. 소비자 요구분석을 통하여 자발적 교환행동을 유도하기 위한 사회마케팅 모델은 보건이나 영양교육에 국한되는 개념을 넘어서 최근에는 대중교통수단, 투표자 등록, 입양, 태양에너지 사용 등 사회 여러 분야에서 두루 적용되고 있다(Goldman, 2003).

사회마케팅은 크게 환경분석, 시장세분화와 목표체계 결정, 전략수립, 프로그램 운영 및 관리 단계로 전개되며표 3-4 마케팅 프로그램 실시 후 점검과 평가를 거치게 된다.

표 3-4 사회마케팅의 과정

단계	영역	내용
1단계 : 계획	문제파악과 환경분석	• 문제의 쟁점화 • 환경적 요인 : SWOT 분석[1] • 이용 가능한 자원 파악 : 예산, 스태프와 컨설턴트, 시간, 장비, 시설, 접근성
	대상인구 특성에 따른 시장세분화	세분화의 정의 • 1차적 대상 : 직접 보건행동의 변화를 일으키는 대상인구 • 2차적 대상 : 1차 대상그룹의 행동에 영향을 미치는 인구
2단계 : 전략개발	목표체계 결정	• 세분화에 따른 대상 선정 • 목적과 목표 설정 • 자원 할당
3단계 : 마케팅믹스	전략 수립	마케팅믹스의 4P 결정 • 제품 : 프로그램, 정책 결정 • 가격 : 행위 및 행동변화의 비용 산정 • 장소 : 제품의 전달장소 결정 • 판촉 : 메시지의 제작 및 전파경로 설정
4단계 : 사전조사	마케팅믹스 사전조사	• 사전조사 • 결과분석 • 사전조사 결과에 근거한 마케팅믹스 수정
5단계 : 마케팅믹스 수행	프로그램 운영	• 수행 전략 개발 : 업무, 시간, 인력 등 • 모니터링
6단계 : 평가	프로그램 관리	• 평가지표와 측정법 개발 : 만족도, 충실도, 요구 수준, 조직기관들의 자원·조건·시설·정책 등, 지역사회의 변화 정도, 정책과 법규 변화 • 평가기획 • 평가수행 : 피드백을 통한 프로그램 관리

1) SWOT 분석이란 강점strengths, 약점weaknesses, 기회opportunities, 위협threatening의 영문 첫 글자를 모아 명명한 것으로 서비스나 프로그램의 현재 상황, 장단점, 외부 환경의 문제점, 기회, 위협 등을 판단하는 일이다.

출처 : Weinreich. Hands-on social marketing: A step-by-step guide, 1999

사회마케팅과 상업마케팅의 구분

사고파는 물건	사회마케팅	상업마케팅
	사회적 서비스	상품
구입(받아들이는) 수단	행동변화	돈 혹은 상품교환을 위한 물질
마케팅을 통한 혜택	사회 전체 혹은 제3의 대상에게 돌아감 (사회적 이윤 : 건강증진 등)	마케팅 주체에게 돌아감(회사 이윤)

(1) 환경분석marketing environment

환경분석 단계에서는 정책의 목표대상과 상위 목표 및 세부 목표, 그리고 이를 달성하기 위한 전략들을 결정하는 데 필요한 정보수집 및 정책과 정책대상을 둘러싼 여러 환경을 분석한다. 이렇게 환경에 대한 상세한 판정을 위해 스왓분석SWOT analysis을 통한 상황분석을 실시한다.

(2) 시장세분화market segmentation와 목표체계 결정

환경분석이 이루어지면 시장세분화를 통해 구체적인 대상자를 선정하고 이에 맞는 정책의 상위 목표와 세부 목표를 설정한다. 구체적인 대상자의 선정을 위해 사용하는 시장세분화 기법은 소득 수준, 교육 수준, 나이, 이용가능 자원 등 다양한 기초요인과 조사를 통하여 목표대상을 세분화하고 분석하여 목표를 달성하기 위한 중점대상을 선정한다. 즉, 대상인구 특성에 따른 시장세분화의 1단계로는 누가 무엇을 사는가를 파악하고, 2단계로 그들이 그 제품(서비스, 프로그램)을 구매하는 이유, 3단계로 세분화된 시장을 탐색하고 확인한다. 이때 목표대상을 세분화하고 분류하는 데 쓰이는 기준으로는 다음과 같은 4가지 사항의 틀이 있다. 이는 최근 여러 분야에서 널리 응용되고 있으며 행동변화 모델이나 변화단계 이론에서 활용되기도 한다.

- 지리적 변수
- 인구통계학적 변수
- 심리적 변수
- 행동적 변수

표 3-5 시장세분화에 사용되는 요인

유형	변수	분류사례
인구통계학적 변수	성별	남자, 여자
	연령	영유아, 청소년, 성인, 노인
	교육 수준	초졸 미만, 초졸, 중졸, 고졸, 대졸, 대학원졸
	소득 정도	저소득층, 중산층, 고소득층
	직업	전문직, 기술직, 자영업자, 사무직, 판매원, 농업, 학생 등
	가족 수	독신, 2인, 3·4인, 5인 이상
지리적 변수	지역	서울, 경기도, 호남 등/서해안, 동부 등/산악지대 등
	인구밀도	농촌, 교외, 도시
	도시규모	특별시, 광역시, 시, 군, 읍, 면
심리적 변수	심리경향	외부 지향적, 내부 지향적, 업무 지향적, 문화 지향적
	인성	경쟁적, 사회적, 외향적, 내성적, 강제적
행동적 변수	구매횟수	정규적 구매, 특별 구매
	편익	품질, 경제성, 서비스, 안정성, 편리성
	제품 사용 경험	비사용자, 과거사용자, 잠재적 사용자, 처음사용자, 정기적 사용자
	이용 정도	비사용자, 소량, 보통, 다량
	상품충성도	없음, 낮음, 보통, 강함, 절대적
	이용 이유	선물용, 휴대용, 사무실용, 점포용, 가정용
	자아효능감	자신감, 끈기·노력, 대인관계, 상황극복
	제품에 대한 태도	열성적, 호의적, 보통, 부정적, 적대적

(3) 전략 수립social marketing strategies

목표체계가 결정되고 대상집단의 요구가 파악되면 마케팅 전략의 핵심인 4P에 따른 마케팅믹스marketing mix 전략을 구상한다. 마케팅믹스는 시장세분화에 이어 각 그룹의 요구를 만족시키고 소비자가 가지고 있는 것과 제공되는 상품(서비스) 간에 자발적인 교환이 이루어지도록 영향을 미치는 여러 요소를 합해 놓은 것을 의미한다. 전통적인 마케팅믹스인 4P는 상품product, 가격price, 장소place, 판매촉진promotion을 의미한다.

① **상품**product

사회마케팅적 의미는 핵심보건 행동target health behavior, 보건 혹은 영양교육 프로그램이나 보건의료정책 서비스 등이며, 이 외에도 소비자의 요구나 문제를 해결해 줄 수 있는 추상적인 아이디어도 포함한다. 지역사회 영양 제품의 경우 대상자의 요구에 맞는 양질의 서비스를 제공해야 한다. 즉, 시장세분화를 통하여 파악된 대상자의 문화적·언어적 수준 등 사회적 특성을 고려해야 한다.

② **가격**price

프로그램에 참여하거나 서비스를 받음으로써 야기되는 행동변화에 소요되는 비용을 산정한다. 상품의 가격은 금전이나 시간의 개념뿐 아니라 육체적·정신적인 비용도 포함한다. 즉, 정부정책에 대한 정책대상자들이 이를 따르는 데에는 금전적·비금전적인 기회비용이 소요되는데, 대상자들에게 정책 순응에 따른 이득이 무엇인지를 느끼게 하는 것이 중요하다. 예를 들면, 지역사회 보건소가 양질의 수유부 영양관리 프로그램을 제공하고 있지만 소비자는 교통비, 식사비, 베이비시터 인건비 등 프로그램에 참여하기 위한 경제적인 비용을 손실로 생각할 수 있다. 또한 정서적인 비용으로 직장여성의 경우 하루 직장을 쉬어야 하는 업무부담감, 수유방법을 익히는 과정에서 속옷을 벗어야 하는 당혹감, 개인적인 질문에 대답해야 하는 불쾌감 등이 있을 수 있다. 그러나 프로그램 참여로 얻는 이득(건강·영양증진, 올바른 수유방법, 그 밖의 실제적 이득 등)이 비용보다 많다고 느낄 때는 대상자의 참여를 쉽게 유도할 수 있다.

③ **장소**place

프로그램이나 서비스가 직접 제공되는 장소나 고객에게 효율적으로 전달하는 데 필요한 분배경로인 유통방법까지 포함한다. 이때 고객의 측면에서 접근성, 편이성, 편안함을 제공할 수 있는 장소인지 고려해야 한다. 즉, 무료급식을 제공하는 장소가 불결하거나 위험한 지역이면 이용률이 떨어질 수 있다. 분배경로란 고객이 제품이나 서비스를 선택하는 데 영향을 줄 수 있는 개인, 시설, 대리업체 등의 중간단계를 의미하며 지역사회 영양사업에서는 보건담당자, 보건기구나 조직, 대규모 시장, 소매업자 등을 들 수 있다. 분배

경로에 따라 부모, 의사, 대중매체 PD, 국회의원 등을 통하지 않고서는 고객에게 도달하지 못하는 경우도 있다. 따라서 영양 프로그램의 전개를 위해 제품 보급에 어떠한 경로 및 장소가 적합한지를 고려해야 한다.

④ 촉진promotion

사회마케팅의 제품이나 프로그램에 대해 알리고 홍보하는 방법이나 전략을 의미한다. TV나 신문 등의 미디어를 이용한 광고, 캠페인, 이벤트, 로고가 새겨진 셔츠, 머그잔, 냉장고 자석 등의 각종 인센티브, 쿠폰이나 전문가 상담 등 여러 방법을 개발해서 적용할 수 있으며 팸플릿, 리플릿, 포스터 등의 자료를 이용할 수도 있다. 무엇보다도 각 시장세분화 그룹의 특성에 맞게 기획하는 것이 중요하다.

(4) 프로그램 운영 및 관리program management

사회마케팅의 마지막 단계는 모니터링과 평가를 위한 기획개발이다. 평가란 무엇이, 어떻게 측정·평가되어야 하는가, 언제 측정될 것이며, 평가결과를 어떻게 반영하여 활용할 것인가 등 4가지로 이루어진다. 이때 목표달성에 대해서 서비스 덕분에 누가 이득을 취하고 있는지, 지식·태도·습관·행동의 변화는 일어났는지를 파악하고 앞으로 서비스의 효율적인 개선방안 등에 대한 양적·질적 평가가 결합된 종합평가가 이루어져야 한다. 또한 프로그램을 지속하며 목표를 재평가하는 일도 필수적이다.

2) 개혁확산 모델

지역사회 내에서 개혁적인 성향이 있는 몇몇 구성원이 먼저 새로운 개념의 건강 행위를 수용함으로써 다른 구성원이 그 효과를 확인하고 따라서 행동하도록 유도하는 모델이다. 개혁확산 모델diffusion of innovation은 5단계로 구성되어 있다표 3-6.

개혁적 성향의 사람들은 다른 사람의 권고 없이도 개혁을 잘 받아들이는 경향이 있으며 이들은 종종 여론을 주도하기도 한다. 그러나 대부분의 사람은 새로운 아이디어나 변화를 처음부터 받아들이지 못하고 매우 조심스럽게 관망하다가 선구자들의 성공담에 힘입어 개혁을 수용하게 된다. 반면에, 끝까지 새로운 것을 받아들이지 못하고 옛것을 고집하는 구성원들도 있다. 이들은 대개 나이가 많거나 혼자 사는 사람들로서 가장 늦게 개혁을 받아들인다. 이러한 특성 때문에 지역사회에서 개혁이 전파되는 양상은 성장곡선과 유사한 S자 곡선을 그리며 이루어진다. 보통 구성원의 10~25%가 개혁을 받아들이면 나머지 구성원들 사이에서는 비교적 빨리 개혁이 확산되지만, 끝까지 개혁을 받아들이지 못하는 몇몇 구성원들 때문에 S자 곡선이 이루어진다.

표 3-6 개혁확산 모델의 5가지 구성요소

요소	내용
지식	개혁을 인지하고 그에 대한 정보 수용
설득	개혁에 대해 반대 또는 찬성하는 태도 형성
결정	개혁을 취하거나 거부하는 행동 수행
실행	개혁을 실행에 옮김
확인	자신의 결정 또는 결정을 바꾸게 하는 강화요인 추구

3) PRECEDE-PROCEED 모델

실제로 보건사업이나 영양사업을 계획하고 수행하는 데 많이 이용되는 개념틀 conceptual framework로 최근 전략적 차원에서 많이 사용되는 Green과 Kreuter(1999)에 의해 제시된 모델이다. 이 모델을 이용하여 어떠한 영양사업 혹은 보건사업이 필요한지를 체계적으로 진단하는 요구진단과정부터 프로그램을 계획하고 실행하며 평가하는 실제적인 응용에 대하여 4장에서 자세하게 설명하고 있다.

요약

건강행동 이론과 모델의 종류

구분	종류	주요 내용
개인 내 수준	건강신념 모델	개인의 건강문제에 의한 위협의 인식, 위협을 피하는 데 따른 이득, 행동결정에 영향을 미치는 요인들에 대한 신념 확립을 강조하여 행동변화를 추구하는 모델
	합리적 행동 이론과 계획적 행동 이론	개인행동은 자신의 의지에 의해 결정된다는 이론으로 행동수정을 일으키는 개인의 동기를 예측함으로써 이에 대한 전략을 모색하고자 개발된 이론
	변화단계 모델	문제행동을 변화시키기 위한 목표를 설정하고 단계적으로 행동변화를 유도하며 개인의 동기와 발전과 자긍심을 제공하며 변화를 유도하고자 개발된 모델
개인 간 수준	사회인지 이론	인간의 건강행동은 이성적 사고에 따라 이루어진다는 가정 아래 개인적 요인, 환경적 요인, 그리고 상호관계에 의하여 행동의 변화가 유도된다는 이론
	사회지지 이론	동기를 부여하거나 경제적 도움 제공, 스트레스나 긴장감 완화로 행동변화 유도
지역사회 수준	사회마케팅	소비자의 요구를 철저히 분석하여 자발적인 교환행동이 일어나도록 프로그램을 기획, 수행, 평가하는 것
	혁신확산 모델	새로운 생각·행동, 제품이 사회 내에서 또는 한 사회에서 다른 사회로 퍼져 나가는 방법
	PRECEDE-PROCEED 모델	교육적·생태학적 접근으로 보건 프로그램의 계획부터 수행평가과정의 연속적인 단계를 제공하여 포괄적인 건강증진 계획과 실행 및 평가를 행할 수 있는 모형

연구문제

1. 프로그램의 기획단계에서 건강행동 이론이나 모델을 적용하여 기획하는 것이 중요한 이유에 대하여 생각해 보자.

2. 건강행동 이론과 모델의 차이를 구별해 보자.

3. 건강행동 이론이나 모델 가운데 개인 내 수준, 개인 간 수준, 지역사회 수준에서 건강행동의 변화를 추구하는 예를 각각 한 가지 이상 생각해 보자.

4. 사회마케팅 전략의 핵심인 4P가 무엇인지 설명하고 음식행동 변화(예 : 소금섭취 감소, 야채섭취 증진 등)를 위한 프로그램을 사회마케팅 이론을 이용하여 계획해 보자.

CHAPTER

4

요구진단

1. 지역사회 요구진단의 개념 | 2. 지역사회 요구진단의 과정 |
3. 단계별 요구진단의 내용과 방법 | 4. 지역사회 진단 관련 자료

지역사회에서 영양 프로그램을 전개하려면 우선 지역사회와 지역사회 구성원의 요구가 무엇인지 파악해야 한다. 지역사회의 요구진단은 영양 프로그램 대상 집단의 건강문제와 영양문제를 알아보고, 이에 영향을 미치는 요인과 영양 프로그램에서 다뤄야할 요인을 파악하는 과정이다. 또한 지역사회에서 활용할 수 있거나 영양 프로그램에 필요한 자원에 대해 알아보고, 기존의 영양 프로그램은 어떤 것이 있는지 파악하여 자원을 효율적으로 사용할 수 있어야 한다. 지역사회에서 요구진단을 할 때는 정성적 방법과 정량적 방법을 이용하여 자료를 수집한다. 본 장에서는 지역사회 요구진단의 개념과 목표를 알아보고 요구진단의 내용과 방법에 대해 구체적으로 살펴본다.

학/습/목/표

1. 지역사회 요구진단의 목표를 나열할 수 있다.
2. 지역사회 요구진단의 과정을 설명할 수 있다.
3. 지역사회 요구진단의 내용과 방법을 설명할 수 있다.
4. 지역사회 요구진단에 필요한 자료 수집에 대해 설명할 수 있다.

1. 지역사회 요구진단의 개념

1) 요구진단의 정의

지역사회에서 영양 프로그램을 계획하고 전개하기에 앞서, 지역사회의 영양요구가 무엇인지 파악하는 작업이 선행되어야 한다. 지역사회 요구진단community needs assessment은 지역사회의 건강문제와 영양문제가 무엇인지 알아보고 이러한 문제에 영향을 주는 요인과 대상자들이 영양 프로그램에서 요구하는 바를 찾는 과정이다.

지역사회 요구진단은 결국 지역사회를 구성하는 집단이나 개인의 영양상태, 더 나아가 건강상태를 개선하기 위해 요구되는 바가 무엇인지 알아보는 작업이다. 즉 요구진단은 특정 건강문제나 영양문제를 갖고 있는 대상과 그 문제의 원인, 이런 문제를 다루기 위한 영양 프로그램이나 보건사업의 현재 진행 여부, 문제의 개선방법, 대상집단의 요구사항 등을 파악하는 과정이다.

영양 프로그램nutrition program

프로그램은 어떤 목적을 달성하기 위해 고안된 활동의 조직화된 총체를 말한다. 영양 프로그램은 영양상태 개선을 통한 건강증진을 목적으로 하며 이를 위해 고안된 중재활동, 즉 영양교육이나 상담, 대중매체 활용 등 다양한 방법으로 계획한다. 영양 프로그램을 계획하기에 앞서 대상자들의 요구가 무엇인지 파악하는 과정이 필요하다.

2) 요구진단의 목표

지역사회 요구진단은 지역사회나 대상집단의 영양문제 및 이와 관련된 다양한 요인을 종합적으로 파악하기 위해 실시한다. 요구진단을 위해서는 우선 지역사회의 범위를 정해야 한다. 즉 일정한 지역이나 구·군·시·도 또는 나라 전체 등 특정한 행정구역에 거주하는 사람들로 볼 수도 있고, 어떤 지역의 학교, 보건소, 병원 등 특정 기관에 소속된 사람들로 정의할 수도 있다. 또한 모유수유를 원하는 사람들의 모임, 비만치료 그룹, 암환자 가족 등 어떤 목표를 위해 모인 사람들의 집단으로도 정의할 수 있다.

각 지역사회에서 요구진단의 목표는 다음과 같다.

① 지역사회의 건강문제와 영양문제를 파악한다.

② 지역사회에서 영양적으로 문제가 생기기 쉬운 집단, 즉 영양취약집단을 파악한다.

③ 지역사회나 대상집단에서 영양문제와 관련된 요인을 파악한다.

④ 기존의 영양 프로그램과 영양사업에는 어떤 것이 있으며, 이로 인해 지역사회나 대상집단의 영양요구가 충족되고 있는지 알아본다.

⑤ 지역사회 구성원들이 어떤 영양 프로그램을 원하는지 요구도를 알아본다.

⑥ 지역사회 영양사업을 계획하기 위한 기초자료를 파악하여 제공한다.

2. 지역사회 요구진단의 과정

요구진단 시에는 우선 지역사회의 건강문제, 이와 관련된 영양문제가 무엇인지 파악해야 한다. 그리고 우선순위에 따라 선택한 영양문제, 영양문제와 관련된 식행동을 점검하고, 이러한 문제들과 관련된 요인은 무엇인지 알아보는 작업이 필요하다. 즉 영양문제나 식행동에 영향을 미치는 여러 요인과 환경적 요인 등을 파악하여 이를 영양 프로그램이나 서비스에서 중점적으로 다루게 된다. 이러한 요인이 건강 지향적인 방향으로 변화할 때 대상집단이나 구성원의 영양상태가 개선될 것이다. 이러한 요인은 개인의 영양지식이나 인식, 식행동을 수행하는 능력 외에 주위인의 도움, 가정과 학교, 지역사회의 식환경 등 다양한 요인을 포함하여 고려한다. 이처럼 식행동에 영향을 미치는 요인을 알아보는 것은 영양 프로그램에서 다룰 내용을 파악하는 것이므로 요구진단에서 매우 중요한 부분이다.

요구진단에서는 질병이나 영양상태에 관한 통계자료 등 객관적인 자료 외에, 대상자들이 영양 프로그램에서 원하는 바가 무엇인지 대상자들의 주관적인 요구도felt needs에 대해서도 알아본다. 이는 대상자의 관심사를 영양 프로그램에 반영하는 것이므로 영양사업의 효과를 높이는 데 기여하게 된다. 또한 현재 지역사회에서 어떤 영양 프로그램이 실시되고 있는지, 이러한 영양 프로그램이 우리가 계획하는 것과 유사한지 등을 파악하여 인력이나 자원을 효율적으로 활용할 수 있어야 한다.

1) PRECEDE-PROCEED 모델

Green과 Kreuter(2005)가 제시한 PRECEDE-PROCEED 모델은 영양 프로그램을 포함한 건강증진 프로그램, 보건 프로그램의 요구를 보다 더 체계적으로 진단할 수 있게 제시한 것이다. 이 모델은 요구진단 외에도 영양 프로그램이나 보건 프로그램의 계획과 실행, 평가에 실제적으로 활용된다. PRECEDE-PROCEED 모델은 크게 두 부분으로 구성되어 있다. PRECEDEPredisposing, Reinforcing, Enabling Constructs in Ecological Diagnosis and Evaluation는 영양이나 보건 프로그램의 계획에 필요한 요구를 진단하는 과정으로 건강문제, 영양문제, 그리고 이와 관련된 요인을 알아보는 정보수집과정이자 요구진단과정이다. PROCEEDPolicy, Regulatory, and Organizational Constructs in Educational and Environmental Development는 PRECEDE에 근거하여 계획된 영양사업이나 보건 프로그램을 실행, 평가하는 단계이다그림 4-1.

PRECEDE-PROCEED 모델의 개념

- PRECEDE : Predisposing, Reinforcing, Enabling Constructs in Ecological Diagnosis and Evaluation의 약자이며 대상집단의 요구를 파악하는 과정이다. PRECEDE는 사회적 진단, 역학적 진단, 교육 · 생태학적 진단, 행정 · 정책적 진단 과정으로 구성된다. 대상집단의 삶의 질 문제, 건강문제 및 이와 관련된 행동과 환경 요인, 이에 영향을 미치는 요인 등 가장 큰 문제부터 시작하여 이와 관련된 세부적인 원인을 찾아내는 과정이다.
- PROCEED : Policy, Regulatory, and Organizational Constructs in Educational and Environmental Development의 약자이다. 요구진단에 따라 계획한 영양사업이나 보건 프로그램을 실행하고 평가하는 단계이다.

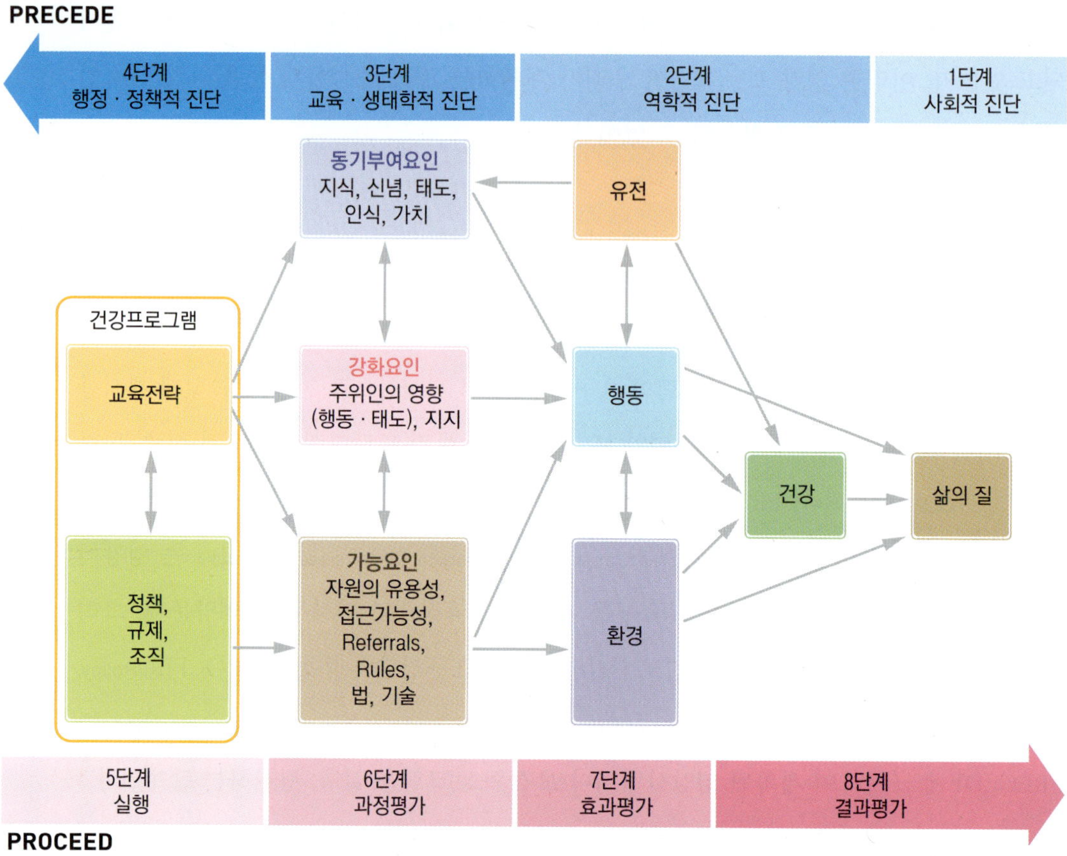

그림 4-1 PRECEDE-PROCEED 모델

출처 : Green & Kreuter. Health program planning - an educational and ecological approach, 2005

PRECEDE-PROCEED 모델을 좀 더 구체적으로 보면 8단계로 되어 있는데, 여기에서는 요구진단과정인 PRECEDE(1~4단계)를 중심으로 서술한다. PRECEDE는 영양 프로그램이나 보건 프로그램을 통해 개선할 가장 큰 문제, 즉 영양이나 보건 프로그램의 목적에서 시작하여 이 목적에 도달하기 위해 개선되어야 할 요인이 무엇인지 단계별로 파악하는 과정이다. 각 단계별 진단에서는 프로그램에서 무엇에 초점을 두어야 할지 우선순위를 정하고, 이에 따라 진단단계별 목표를 설정한다. 목표는 누가, 무엇을, 얼마나, 어떻게 할 것인지로 서술한다.

(1) 1단계

1단계는 사회적 진단social assessment으로 지역사회의 집단이나 구성원들이 '삶의 질'에서 중요하게 생각하는 것이 무엇인지 대상집단의 주관적인 관심사를 알아보는 과정이다. 교육이나 건강, 주택문제 등이 다양하게 포함될 수 있으며, 대상집단과의 인터뷰, 포커스 그룹 인터뷰, key informant 인터뷰, 설문조사 등의 방법으로 알아본다.

(2) 2단계

2단계는 역학적 진단epidemiological assessment으로, 대상집단에서 어떤 건강문제가 중요한지, 삶의 질과 관련된 건강문제가 무엇인지 찾는 과정이다. 사회적 진단이 주관적인 자료에 근거한 것인 데 비해 역학적 진단은 질병의 사망률, 발생률, 유병률 등 객관적인 통계자료를 이용하여 파악한다. 역학적 진단을 통해 건강문제가 전 단계에서 알아본'삶의 질'과 관련이 있는지 살펴볼 수 있다. 관련성이 있다면 영양 프로그램이나 보건 프로그램에 물적·인적 자원을 투입하는 근거나 정당성을 제시할 수 있다.

또한 이 단계에서는 목표로 정한 건강문제에 영향을 미치는 요인을 유전, 행동, 환경의 관점에서 알아본다. 즉 어떤 행동과 환경 요인이 건강문제와 관련 있는지 파악하여 영양 프로그램이나 보건 프로그램에서 다룰 행동이나 환경 요인을 정하는 과정이다. 건강문제는 운동이나 영양, 흡연, 음주 등 개인이나 집단의 행동에 영향을 받으며, 식품의 유용성, 급식환경, 의료시설, 운동시설 등 여러 환경 요인의 영향도 받게 되므로 행동 요인 외에 환경 요인도 알아보아야 한다.

대상집단의 건강문제가 고혈압인 경우 이와 관련된 행동은 짜게 먹는 습관이나 식행동, 운동부족, 음주 등을 들 수 있다. 영양이나 보건 프로그램에서 이와 관련된 요인을 모두 다루기 어려운 경우가 많으므로, 이 중에 영양 프로그램에서 어떤 요인을 다룰 것인지 우선순위를 정하게 된다. 우선순위를 정할 때는 건강문제와 관련하여 특정 요인의 중요성, 요인의 변화가능성을 기준으로 한다. 예를 들어, 문헌조사 결과 짜게 먹는 습관이 다른 요인에 비해 고혈압의 발병에 중요하고, 짜게 먹는 행동이 영양 프로그램을 통해 어느 정도 변화가 가능하다고 판단되면 이를 이 진단단계에서의 행동목표로 정한다. 또한 고혈압과 관련된 환경 요인에는 어떤 것이 있는지 고려한 후 유사한 방법으로 요인의 중요성, 변화가능성에 따라 환경적 목표를 세운다.

(3) 3단계

3단계는 교육·생태학적 진단으로 영양이나 보건 프로그램의 요구진단에서 가장 중요한 부분이다. 이 단계는 행동·환경적 진단에서 정한 행동과 환경적 요소에 영향을 주는 요인이 무엇인지 찾는 과정이다. 이 단계에서는 행동(예 : 짜게 먹는 행동)과 관련된 요인을 동기부여요인predisposing factors, 가능요인enabling factors, 강화요인reinforcing factors으로 구분한다.

행동이 변화되려면 우선 행동변화에 대한 정보나 지식, 태도, 자신감 등이 수반되어 행동을 하려는 동기motivation가 있어야 한다. 동기부여요인은 이렇게 행동변화에 필수적이지만 이것만으로는 불충분하며, 행동변화를 위한 구체적인 능력과 기술, 자원 등이 함께 필요하다. 행동변화가 유지되려면 보상, 칭찬, 주위인의 도움 등 강화요인이 뒤따라야 한다. 앞단계에서 정한 환경변화를 유도하려면 이러한 환경변화를 가능하게 하는 요인(자원, 기술) 등이 있어야 한다.

따라서 이 단계는 지역사회에서 대상집단이나 개인의 행동, 환경에 영향을 미치는 요인을 이 세 범주 안에서 구체적으로 찾는 과정이며, 이에 대한 내용은 '단계별 요구진단의 내용과 방법'란에 자세히 설명되어 있다. 행동은 개인의 의지나 노력만으로 변화되는 것이 아니라 가정, 학교, 병원 등 소속된 지역사회 수준에서의 환경변화가 요구되므로, 생태학적 진단을 통해 보다 넓은 의미에서 어떤 요인을 다뤄야 할지 파악한다. 교육·생태학적 진단을 통해 영양사업이나 보건사업에서 다룰 요인을 정하고 이 단계의 목표를 설정한다.

(4) 4단계

4단계는 행정·정책적 진단이며 영양 프로그램이나 보건 프로그램을 수행하는 기관, 즉 보건소나 학교, 산업체 등의 정책(건강·영양정책 등), 자원, 환경 등을 진단하는 과정이다. 즉 영양 프로그램이나 보건 프로그램을 수행하기 위한 인력이나 자원 또는 정책이 있는지, 있다면 얼마나 존재하는지, 교육이나 사업을 할 때 기관 내에서 또는 행정적으로 문제가 되는 부분은 무엇인지 진단한다.

PRECEDE를 통해 요구진단을 마치면 이에 근거하여 5단계에서 영양이나 보건 프로그램을 계획하고 실행한다. 6~8단계는 평가단계로 영양이나 보건 프로그램의 과정을 알아보는 과정평가, 단기간과 장기간에 걸친 효과평가를 실시하여 영양이나 보건 프로그램이 얼마나 효과적이고 효율적이었는지 평가하게 된다.

PRECEDE-PROCEED 모델은 1980년대부터 미국에서 영양, 흡연, 고혈압, 심장병 등 영양 프로그램을 포함한 보건 프로그램에 활용되었으며, 실제 지역사회에서의 적용을 통해 수정·보완되어 왔다. 이 모델을 사용하면 매우 체계적으로 요구진단을 할 수 있다는 장점이 있다.

PRECEDE-PROCEED 모델의 활용

- 보건 · 영양 프로그램의 요구진단뿐 아니라 체계적으로 프로그램을 계획 · 실행 · 평가할 수 있는 모델로서 실제로 널리 활용되고 있다.
- 요구진단을 할 때 가장 큰 관심사, 즉 지역사회, 대상집단의 삶의 질과 관련된 문제부터 시작하며, 이와 관련된 건강문제, 건강문제와 연관된 행동 · 환경문제를 파악한다. 그리고 이에 영향을 미치는 세부적인 요인을 알아봄으로써 단계적인 진단을 통해 프로그램에서 다룰 요인을 세부적으로 진단한다.
- 진단단계별로 각 단계에서 파악된 가장 중요한 문제가 무엇인지 우선순위를 정한다. 예를 들어 역학적 진단에서 지역사회의 건강문제가 심장병인 경우 이와 관련된 행동(예 : 흡연, 고지방식사, 운동부족 등) 중 어떤 행동이 중요한지, 변화가능성이 큰지 파악하여 프로그램에서 다룰 행동을 정한다.
- 각 단계별 진단 후에는 단계별 목표를 설정한다. 목표는 '누가, 무엇을, 얼마나, 언제까지'할 것인지로 서술한다.

2) 우선순위 설정

PRECECE-PROCEED 모델의 진단과정에서는 각 단계별로 관심사인 건강문제, 행동 및 환경문제, 이에 영향을 미치는 요인에 대해 파악한 후 어떤 건강문제, 행동이나 환경

문제, 관련 요인에 초점을 둘 것인지 우선순위를 정하게 된다. 우선순위는 여러 문제 중 어떤 것을 선택할 것인지 결정하는 것으로 이에 따라 각 진단단계의 목표가 설정된다. 우선순위를 정할 때 고려할 사항은 다음과 같다.

BOX 1 우선순위 정하기

건강문제

- 어떤 건강문제가 중요한가?(예 : 사망, 질병의 발생률 · 유병률, 결근율, 의료비, 사회적 비용 등)
- 어떤 건강문제가 프로그램에 의해 많은 효과를 거둘 수 있는가?
- 어느 집단이 영향을 받는가?(예 : 어린이, 임신부, 질병 위험군 등)

건강에 영향을 미치는 행동과 환경문제

- 건강문제의 발생에 어떤 행동과 환경이 중요한가?
- 어떤 행동과 환경적 요인이 프로그램에 의해 변화가능성이 큰가?

행동과 환경에 영향을 미치는 요인

- 특정 행동(예 : 나트륨의 과다 섭취, 칼슘의 섭취 저조 등), 환경과 관련하여 어떤 동기부여요인, 가능요인, 강화요인이 중요한가?
- 어떤 동기부여요인, 가능요인, 강화요인이 프로그램에 의해 변화가능성이 큰가?

3. 단계별 요구진단의 내용과 방법

앞서 PRECEDE-PROCEED 모델을 기반으로 요구진단에 관한 전반적인 틀을 제시하였는데, 여기서는 구체적으로 지역사회 진단의 내용과 방법을 알아본다.

지역사회 요구진단의 내용

- 대상자의 건강문제와 영양문제는? 이에 영향을 받는 집단은?
- 영양문제와 관련된 식행동에 영향을 미치는 요인은?
- 대상자들이 원하는 요구도(영양사업의 내용, 방법 등)는?
- 지역사회에서 현재 시행되는 영양 프로그램은?

1) 지역사회의 건강문제 파악

지역사회에서 요구진단을 할 때는 우선 대상집단의 건강문제가 무엇인지 자료를 수집하여 파악한다. 건강문제의 개선과 건강증진은 보건 프로그램에서 도달할 최종 목적goal이며, 영양 프로그램에서도 교육이나 서비스를 통해 영양상태를 개선함으로써 질병의 발생을 줄이고 더 나아가 건강증진에 기여해야 한다.

최근 국내의 주요 사망원인은 암, 심장질환, 뇌혈관질환 등 만성질환이다. 또한 비만이나 고혈압, 고콜레스테롤혈증 등의 유병률도 높아지고 있다. 2020년의 국민건강영양조사 결과에 의하면 만 19세 이상 성인 중 체질량지수 25 이상인 비만인은 38.4%에 달하였고 이 중 남자는 46.9%, 여자는 29.9%이었다. 고혈압은 유병률이 높은 질환으로 만 30세 이상 성인 중 34.2%가 앓고 있으며 당뇨병(공복혈당 또는 당화혈색소 기준)은 16.7%, 고콜레스테롤혈증 유병률은 27.5%, 고중성지방혈증 유병률은 16.3%이었다.

대상집단의 건강문제는 국민건강영양조사 외에 시나 도, 군, 구 등 지역사회별로 파악할 수 있다. 대상집단의 건강문제를 파악하기 위해 이러한 객관적 자료를 이용하거나 주관적 자료를 이용할 수도 있다. 통계자료, 역학자료 등은 대상집단의 건강문제를 알아보는 객관적인 자료로서 질병의 발생률이나 유병률, 질병별 사망률 등의 자료를 말한다. 이는 보건복지통계연보나 통계청 자료, 국민건강영양조사 자료 등으로 알아본다.

어떤 질병의 심각성이나 중요성을 알아보기 위해 이 같은 사망률이나 발생률을 주로 사용한다. 만성질환의 경우 한번 생기면 질병이 오래 계속되므로 유병률로도 질병의 중요성을 알아볼 수 있다. 예를 들면, 당뇨병은 직접적인 사망원인은 아니지만 일단 발병하면 계속 치료를 해야 하고 만성이 되므로 대상집단의 주요한 건강문제가 될 수 있다. 공중보건지표로 이용되는 사망률, 영아사망률, 질병별 사망률 등을 산출하는 방법은 표 4-1에 제시되어 있다. 질병별 사망률은 연앙인구 중 그 해에 특정 질병에 의한 사망자 수로 알아본 것으로서 보통 10만 명당으로 표시하며 사망원인을 알아볼 때 사용한다.

질병에 관한 통계로 발생률이나 유병률을 조사하는데, 발생률은 건강한 사람에게 질병이 생길 가능성을 측정하는 것으로 급성이나 만성 질환의 원인 연구에 적합한 지표이다

표 4-1 공중보건지표

지표	산출방법	실태
조출생률[1]	(연간 출생자 수 ÷ 연앙인구midyear population)×1,000	1,000명당 : 31.2 (1970년), 12.9 (2000년), 8.9 (2010년), 5.6 (2020년), 5.8 (2040년), 5.0 (2060년)
조사망률[1]	(연간 사망자 수÷연앙인구)×1,000	1,000명 당 : 8.0 (1970년), 5.3 (2000년), 5.8 (2010년), 6.2 (2020년), 10.8 (2040년), 17.8 (2060년)
영아사망률[2]	(연간 1세 미만 사망자 수 ÷ 연간 출생아 수)×1,000	출생 1,000명당 : 45 (1970년), 13 (1985년), 6.2 (1999년), 3.2 (2010년), 2.7 (2019년)
질병별 사망률[3]	(연간 특정 질환에 의한 사망자 수 ÷연앙인구)×100,000	인구 10만명당(2020년) : 전체 (593.9명), 암 (160.1명), 심장질환 (63.0명), 폐렴 (43.3명), 뇌혈관질환 (42.6명), 자살 (25.7명), 당뇨병 (16.5명), 알츠하이머병 (14.7명), 간질환 (13.6명), 고혈압성 질환(11.9명), 패혈증(11.9명)
연령별 사망률[3]	(연간 특정 연령별 사망자 수 ÷ 해당 집단의 연앙인구)×100,000	인 구 10만 명 당 (2020년) : 20~29세 (39.9명), 40~49세 (140.4명), 70~79세(1,895.5명)
비례사망률	(연간 특정 질환의 사망자 수 ÷ 연간 총사망자 수)×100,000 (%로 표시)	예 : 사고사 (65~74세) 3,190/ 100,000 (3.2%)

출처 : 1) 통계청. 장래인구추계, 2001, 2006, 2019
2) 보건복지부. 1999년도 영아사망조사보고서, 2002. www.kosis.kr
3) 통계청. 2020년 사망원인통계, 2021

표 4-2. 이에 비해 유병률은 일정한 시점이나 기간에 지역사회에 존재하는 환자의 비율과 조사기간 중에 지역사회의 인구 중 특정 질병에 걸린 환자의 비율을 말하며, 질병문제가 어느 정도인지 알아보거나 중요성을 예측할 때 사용한다.

표 4-2 발생률과 유병률의 비교

구분	내용
발생률 incidence	• 건강한 사람에게 질병이 생길 가능성 측정 • $\frac{\text{일정 기간 새로 특정 질병이 생긴 수}_{\text{new cases}}}{\text{기간 중 질병에 걸릴 위험이 있는 사람 수}_{\text{population at risk}}}$ • 0 < 발생률 < 1 • 인구 1,000명당 또는 100,000명당으로도 표시 • 이용 : 급성·만성 질환의 원인 연구에 적합한 지표
유병률 prevalence	• 일정 시점, 기간 중 존재하는 환자의 비율 • $\frac{\text{특정 질병에 걸려 있는 사람 수}_{\text{all cases}}}{\text{집단 내 인구수}}$ • 0 < 발생률 < 1 • 인구 1,000명당 또는 100,000명당으로도 표시 • 이용 : 질병문제가 어느 정도인지 알아볼 때, 중요성을 예측할 때, 시설이나 서비스를 계획할 때 등

연습문제

1. A시에서 한 해에 3,000명의 아기가 태어났다. 이 중 만 1세가 되기 전에 사망한 영아는 40명이었다. A시의 영아사망률은?

• 영아사망률 = (연간 1세 미만 사망자 수÷연간 출생아 수) × 1,000
= (40÷3,000) × 1,000
= 1,000명당 13.4명

2. 인구 1,500,000명인 B지역에서 한 해에 총사망자는 5,000명, 이 중 심장병으로 사망한 사람은 600명이었다. 50~64세의 인구는 200,000명, 50~64세의 사망자는 700명이었다.

1) 심장병 사망률은?

• 심장병 사망률 = (연간 특정 질환에 의한 사망자 수÷연앙인구) × 100,000
= (600÷1,500,000)×100,000
= 10만 명당 40명

2) 50~64세의 사망률은?

• 50~64세 사망률 = (연간 특정 연령별 사망자 수÷해당 집단의 연앙인구) × 100,000
= (700÷200,000)×100,000
= 10만 명당 350명

3) 심장병의 비례사망률은?

• 심장병 비례사망률 = (연간 심장병 사망자 수÷연간 총사망자 수) × 100,000
= (600÷5,000)×100,000
= 12,000/100,000 (또는 12.0%)

주관적인 방법으로는 대상자와의 인터뷰, 설문조사 등을 실시하여 건강문제를 파악한다. 즉 포커스 그룹 인터뷰 등의 집단 인터뷰, 설문조사를 실시하여 지역사회 대상자들이 생각하는 자신들의 건강문제가 무엇인지 알아볼 수 있다. 이처럼 통계자료 등의 객관적인 자료와 주관적인 자료를 비교하여 지역사회 구성원들의 건강문제를 파악한다.

건강문제 파악하기

• 객관적 방법 : 질병 관련 통계자료, 역학조사 결과, 질병별 사망률 · 발생률 · 유병률 등 자료 활용
• 주관적 방법 : 인터뷰(포커스 그룹 인터뷰 등), 설문조사

연습문제

1. B지역에서 10,000명을 대상으로 조사한 결과 당시 고혈압 환자는 500명이었고, 향후 1년간 고혈압에 새로 걸린 사람은 200명이었다. 1년간 고혈압의 발생률은?

• $\text{발생률} = \dfrac{\text{일정 기간 새로 특정 질병이 생긴 수}_{\text{new cases}}}{\text{기간 중 질병에 걸릴 위험이 있는 사람 수}_{\text{population at risk}}}$

$= \dfrac{200}{(10{,}000 - 500)} = \dfrac{200}{9{,}500}$

$= 0.021$ (또는 1,000명당 21명)

2. 위 문제에서 고혈압의 유병률은?

• $\text{유병률} = \dfrac{\text{특정 질병에 걸려 있는 사람 수}_{\text{all cases}}}{\text{집단 내 인구수}}$

$= \dfrac{700}{10{,}000} = 0.070$ (또는 1,000명당 70명)

3. 1년간 100,000명을 조사했을 때 당뇨병 환자는 2,000명이었다. 어떤 방법으로 질병 현황을 조사할 수 있는가?

• 당뇨병의 유병률을 파악할 수 있다.

• $\text{유병률} = \dfrac{2{,}000}{100{,}000} = 0.020$ (또는 1,000명당 20명)

2) 지역사회의 영양문제와 관련 식행동, 환경 파악

건강문제를 파악한 후에는 그 건강문제와 관련된 영양문제 및 식행동이 무엇인지 알아본다. 최근 주요한 사망원인이 되거나 많이 발생하는 질병은 암, 뇌혈관계질환, 심장질환, 고혈압, 당뇨병, 비만 등이며 이러한 질병은 영양문제, 식사요인과 관련되어 있다. 따라서 다음 단계에서는 지역사회의 건강문제와 관련된 영양문제 및 식행동이 무엇인지 알아보아야 한다.

대상자의 영양문제를 파악하려면 영양판정에서 사용하는 방법, 즉 식사섭취실태분석, 혈액과 소변 내의 영양소 및 지표를 이용한 생화학적 분석, 신체계측, 임상자료 등을 이용한다. 이 중 손쉽게 할 수 있고 많이 이용되는 자료가 식사섭취실태분석이다. 즉 대상집단의 식품 섭취실태나 영양소 섭취실태를 조사하여 영양문제를 파악한다. 예를 들면 24시간 회상법, 식사기록법, 식품섭취빈도조사법 등을 이용하여 대상집단의 영양문제가 무엇인지, 즉 에너지나 지방의 과다 섭취 또는 채소의 섭취 부족 여부 등을 파악할 수 있다.

생화학적 분석으로는 체조직이나 혈액 내의 특정 영양소, 영양소의 상태를 나타내는 지표(예 : 혈청 콜레스테롤, 혈당 등)를 측정하여 정보를 얻는다. 신체계측 방법으로 체중, 신장, 허리둘레, 엉덩이둘레, 체지방 등 신체구성 성분을 분석하여 영양문제가 무엇인지도 알아본다. 최근 비만이 증가함에 따라 체지방률, 체질량지수 등의 신체계측지표가 많이 활용된다. 영양불량에 의한 임상증상은 서서히 나타나기 때문에 임상증상만으로는 영양상태를 판정하기 어려우므로 다른 방법을 보완하여 활용한다.

영양 프로그램(영양교육, 중재 프로그램, 기타 영양 서비스 등)의 대상집단이나 지역사회에서 건강문제와 영양문제를 파악한 다음에는 이와 관련된 행동(식행동 등)을 구체화한다. 영양 프로그램이나 보건 프로그램에서는 개인이나 집단의 행동(건강행동, 식행동 등)을 건강에 도움이 되게 수정하고, 이들을 둘러싼 환경(가정·학교·지역사회의 식환경 등)을 보다 건강 지향적으로 변화시켜 영양이나 건강상태를 개선한다. 따라서 영양 프로그램에서는 이 단계에서 파악한 영양문제를 구체화하여 프로그램에서 다룰 식행동과 바뀌야 할 환경적 요인을 구체화한다.

예를 들어 심장병과 관련된 영양문제는 고콜레스테롤혈증이며 이에 관한 식행동은 지질 섭취의 증가, 칼로리의 과다 섭취 등을 들 수 있고, 이와 관련된 환경적 요인은 가정이나 회사 등 지역사회의 고지방식품 제공 등이다. 빈혈이 건강문제인 경우 철 섭취 부족, 육류나 어류의 섭취 부족 등이 영양 프로그램에서 다룰 행동이 될 수 있다.

표 4-3 특정 집단의 영양문제 파악방법

항목	방법
식사섭취실태조사	24시간 회상법, 식품섭취빈도조사, 식사일지, 식습관 및 식행동 평가
생화학적 분석	혈액, 소변의 영양소, 영양소지표 조사
신체계측	체중, 신장, 허리둘레, 엉덩이둘레, 체지방률 등
임상증상	신체관찰

3) 식행동과 환경에 영향을 미치는 요인 파악

이 단계에서는 전 단계에서 파악한 식행동과 환경에 영향을 미치는 요인이 무엇인지 파악한다. 실제로 영양 프로그램에서는 이 단계에서 파악한 요인에 초점을 두고 이러한 요인을 어떻게 수정하여 건강이나 영양상태를 증진시킬 것인지 다루게 된다.

영양교육이나 보건교육으로 효과를 볼 수 있는 것은 식행동, 신체활동, 절주, 금연 등 행동이나 생활양식이며, 교육의 목적은 이러한 행동을 건강 지향적인 방향으로 바꾸는 것이다. 그러나 개인의 이러한 생활양식의 변화를 유도하고 장기간 변화를 지속하는 것은 쉬운 일이 아니며 어느 정도 한계가 있기 때문에, 교육 외에 환경적인 변화, 정책적인 변화가 요구된다. 환경적인 변화는 지역사회나 지방자치단체, 국가 수준에서 영양의 중요성을 인식하고 이와 관련된 정책을 마련하며, 영양 프로그램이 보다 원활하게 전개되고 활성화되게끔 여건을 조성하는 등 다양한 방법으로 가능하다.

PRECEDE-PROCEED 모델에서 교육·생태학적 진단을 활용하면 식행동이나 환경에 영향을 미치는 요인이 무엇인지 파악하고 이 가운데 영양 프로그램에서 다룰 요인이 무엇인지 우선순위를 정할 수 있다. 교육·생태학적 진단에서는 식행동에 영향을 미치는 요인을 동기부여요인, 가능요인, 강화요인으로 분류한다. 환경에 영향을 미치는 요인으로는 가능요인을 들 수 있다.

(1) 식행동 관련 요인

① 동기부여요인predisposing factor

이는 식행동이나 건강 관련 행동을 변화시키는 데 필요한 동기를 부여하는 요인으로 개인의 영양지식, 영양이나 건강 관련 인식(신념), 개인의 태도, 자아효능감self-efficacy 등의 인지적 요인이 이에 해당된다. 지식은 과학적인 근거에 의해 옳고 그름이 분명한 사실을 말하는 데 비해, 인식(신념)은 질병이나 행동에 대한 개인의 인식을 말한다. 이에는 질병에 걸릴 가능성에 대한 인식(예 : 지방의 과다 섭취 시 심장병에 걸릴 수 있다는 인식)이나 질병의 심각성에 대한 인식, 건강행동 시의 장점이나 단점, 어려운 점에 대한 인식을 포함한다. 이러한 인식은 개인에 따라 느끼는 정도가 다르므로 이를 파악하여 장점은 부각

시키고 단점이나 장애요인을 낮출 수 있도록 프로그램을 계획해야 한다. 자아효능감은 행동을 수행할 수 있다는 자신감을 말하며, 자아효능감이 높을수록 식행동이나 건강행동을 수정하려는 의지가 높아진다. 따라서 그만큼 노력을 많이 하게 되어 식행동이 수정될 수 있다.

동기부여요인은 균형식, 에너지 섭취 줄이기, 채소와 과일 충분히 먹기 등 건전한 식행동을 습득하고 유지하려는 데 동기를 부여하는 요인으로 행동변화에 꼭 필요한 요소이다. 그러나 이 요인만으로 행동변화가 일어난다고 보기는 어려우며, 행동변화를 위해서는 이외에 행동을 가능하게 하는 기술이나 능력, 다른 사람의 도움 등 다른 요인이 필요하다.

BOX 2 고혈압 관리를 위한 '식염 섭취 줄이기'의 동기부여요인

고혈압과 영양 관련 지식

- 고혈압 : 정의, 판정, 합병증 등
- 고혈압 위험인자
- 1일 적정 식염 섭취량
- 나트륨이 많은 음식과 적은 음식에 대한 지식

건강과 영양 관련 인식

- 나트륨 과다 섭취 시 고혈압에 걸릴 가능성에 대한 인식
- 고혈압의 심각성에 대한 인식
- 싱겁게 먹을 때 장점에 대한 인식(예 : 고혈압 예방, 건강 향상)
- 싱겁게 먹을 때 단점에 대한 인식(예 : 음식 맛이 없음, 외식할 때 음식 선택의 폭이 적음, 다른 식구와 다르게 먹어야 함)

식사를 바꾸려는 태도

식염 섭취를 줄이려는 자아효능감 : 전반적 자신감, 구체적 행동에 대한 자신감

② 가능요인enabling factor

행동이 변화되려면 의지나 동기만으로는 어렵고 실제로 행동을 할 수 있는 능력이나 기술, 이에 필요한 자원이 수반되어야 한다. 가능요인에는 행동을 수행하는 데 필요한 기

술skill과 능력 같은 내적 요인과, 자원(물적·인적 자원)이나 시설과 같은 외적 요인이 있다. 실제의 행동변화를 위해서는 저지방식품 선택, 영양표시 읽기 등의 식품선택 기술이나 조리능력 등 행동수행능력을 갖춰야 하고, 식품 구매를 위한 경제적 여건, 영양상담센터나 운동시설 등의 자원이 수반되어야 한다.

BOX 3 '식염 섭취 줄이기'의 가능요인

능력

- 나트륨 함량이 낮은 식품과 음식을 선택 · 구매하는 능력
- 1일 권장 식염 섭취 범위 내에서 식단을 작성하는 능력
- 조리능력 : 짠맛을 대신하는 식품, 소스 활용 등
- 저염 간식 : 선택하는 능력과 조리기술

자원

- 가정, 지역사회에서 나트륨 함량이 낮은 식사 제공 가능 여부
- 나트륨 함량을 줄인 식품, 저염식품의 유용성, 이용가능성, 가격 등
- 싱겁게 먹기에 관한 실제적 정보 제공 : 학교, 병원, 보건소 등
- 인터넷, 대중매체에서 영양정보의 접근성, 이용가능성

③ 강화요인reinforcing factors

강화요인은 행동이 계속 유지되도록 행동을 강화하는 요인을 말한다. 건전한 방향으로 식행동이나 운동, 금연 등의 행동을 유도하는 것도 쉽지 않지만 습득한 행동을 유지하는 것 또한 상당히 어렵다. 따라서 행동이 지속적으로 일어날 수 있게 강화되어야 한다. 행동강화요인은 부모나 가족, 동료, 친구 등 주위 사람들의 영향이나 지지를 말한다.

BOX 3 '식염 섭취 줄이기'의 강화요인

- 주위 사람의 칭찬이나 지지(예 : 부모, 친구, 동료, 영양사 등)
- 가족이나 친구 등 같이 식사하는 사람의 식행동, 영향 등
- 조리자의 저염식에 관한 도움(조리기술 등)

(2) 환경에 영향을 미치는 요인

영양상태에 영향을 미치는 요인으로, 식행동에 영향을 미치는 요인 외에 가정이나 학교, 보건소 등 지역사회에서 식행동 변화를 유도하기 위해 환경을 어떻게 바꿀 것인지도 고려한다. 예를 들면 '초등학생의 칼슘 섭취 늘리기'에 관한 요구진단을 할 때, 칼슘의 섭취 부족이 영양지식의 부족, 칼슘 섭취를 늘리는 능력 부재, 친구나 부모의 지지 부족 등의 요인임을 고려하는 것 외에 학교급식이나 학교 주변, 가정에서의 식환경에서 우유나 유제품이 충분히 제공되는지도 고려해 보아야 한다. 만약 학교나 가정에서 우유나 치즈 등의 유제품이 제공되지 않거나 유제품을 이용한 메뉴가 부족하다면 가정이나 학교에서 어린이의 칼슘 섭취를 늘릴 수 있는 방향으로 식환경을 변화시켜야 한다. 따라서 가정이나 학교에서의 식환경 변화, 즉 건강행동에 도움이 되는 식품의 공급이 가능한지, 실제로 이용가능성이 높은지 등 자원이나 가능요인에 관한 진단이 필요하다. 또한 급식메뉴에 칼슘이나 다른 영양소 함량을 일정량 이상(예 : 1일 권장섭취량의 1/3 충족)으로 규정하는 등 규제를 통해 식환경의 변화를 유도할 수 있다.

(3) 식행동과 환경에 영향을 미치는 요인의 파악 방법

식행동이나 환경에 영향을 주는 요인에 대해 구체적으로 진단한다. 즉 관심의 대상이 되는 식행동에 대해 이와 관련된 요인을 PRECEDE-PROCEED 모델에서 제시된 동기부여요인, 가능요인, 강화요인의 개념에 적용하여 이 세 부류의 요인에 대해 구체적으로 나열한다.

이러한 요인을 구체적으로 파악하려면 영양학 관련 서적 등 문헌을 이용하거나 브레인스토밍으로 요인을 나열한다. 브레인스토밍은 요구진단이나 영양 프로그램을 계획하는 몇몇 사람(영양사, 전문가 등)이 모여서 주제(예 : 골다공증과 관련된 동기부여요인, 행동가능요인, 행동강화요인)에 대해 생각나는 대로 발언하는 것이다. 요인을 구체적으로 나열한 후에 각 요인이 행동변화를 유도하는 데 얼마나 중요한지, 영양 프로그램을 통해 이러한 요인이 얼마나 변화될 수 있는지, 즉 요인의 중요성과 변화가능성을 고려하여 영양 프로그램에서 다룰 요인을 선택한다.

이때 유의할 점은 한 종류의 요인만 선택하거나 치우칠 것이 아니라, 동기부여요인, 행동가능요인, 행동강화요인 중 일부를 포함시켜 영양 프로그램에서 세 종류의 요인을 다룰 수 있게 해야 한다는 것이다. 행동의 변화는 동기부여만으로 되는 것이 아니라, 실제로 할 수 있는 능력이 있어야 하고 변화된 행동이 계속 일어나도록 주위 사람의 지지나 도움이 필요하기 때문이다. 또한 개인의 행동변화뿐 아니라 환경적 요인도 어떤 부분이 중요한지, 변화 가능한지에 대한 진단을 병행해야 한다.

식행동과 환경에 영향을 미치는 요인 알아보기

- 특정 식행동(예 : 에너지 과다 섭취)과 관련된 동기부여요인, 가능요인, 강화요인 나열하기 : 문헌 이용, 브레인스토밍 등의 방법 활용
- 프로그램에서 다룰 요인의 우선순위 정하기 : 각 요인이 특정 식행동 또는 환경 변화에 얼마나 중요한지, 프로그램을 통해 변화가능성이 있는지 알아보기
- 프로그램에서 다룰 요인 선택하기 : 동기부여요인, 가능요인, 강화요인이 모두 포함되게 선택

4) 대상자들이 원하는 요구도 파악

이 외에 지역사회 진단의 방법으로, 대상자들이 지역사회의 영양 프로그램에서 원하는 요구에 대해 알아본다. 지역사회 영양사업 대상자들의 관심사와 원하는 바가 무엇인지 파악하여 이를 영양 프로그램에 반영한다면 대상자들이 보다 적극적으로 참여하고 영양사업의 효과도 높을 것으로 기대된다.

대상자들의 요구도를 알아보기 위해 이들이 원하는 영양사업의 주제나 내용, 방법 등을 포커스 그룹 인터뷰나 key informant 인터뷰, 설문조사 등의 방법으로 조사할 수 있다. 포커스 그룹 인터뷰는 8~12명 정도를 한 집단으로 하여 그룹 인터뷰를 하는 것으로 인터뷰 중재자moderator가 준비한 가이드에 따라 집단 인터뷰를 실시하여 참가자들의 의견을 알아보는 방법이다. Key informant 인터뷰는 대상집단 중 주요 인물(예 : 리더)을 대상으로 인터뷰를 실시하는 방법이다.

포커스 그룹 인터뷰focus group interview

포커스 그룹 인터뷰의 목적은 특정 주제에 관한 참여자들의 견해를 알아보는 것이며, 진행자가 8~12명 정도를 한 집단으로 하여 인터뷰한다. 참여자 간의 상호작용을 통해 다양한 의견을 청취할 수 있는 장점이 있으며, 한두 사람의 의견에 지배되지 않도록 진행자가 조절해야 한다. 미리 작성한 개방형 질문을 이용하여 인터뷰를 진행한다.

포커스 그룹 인터뷰의 이용

- 영양사업의 요구진단: 원하는 영양사업의 주제, 내용, 방법 등
- 영양사업의 과정평가 : 영양사업에서 좋았던 점, 개선할 점 등
- 영양사업의 효과평가

설문조사survey

설문조사는 조사 대상자들에게 설문지를 이용하여 필요한 정보와 자료를 수집하는 방법이다. 설문조사를 할 때 자기기입식self-report을 많이 이용하며, 이 외에 우편이나 인터넷, 모바일 조사로도 가능하다. 설문지는 조사의 목적과 내용에 따라 기존의 설문지를 이용하거나 자체 개발할 수 있으며, 타당성과 신뢰성이 있어야 한다.

설문지 작성의 단계

- 조사 목적, 연구 질문research question에 따라 조사할 변수와 정보가 무엇인지 정한다.
- 자료수집방법을 정한다(자기기입, 우편조사 등).
- 기존의 설문지와 문헌에 근거하여 변수별로 조사할 내용과 문항을 정한다.
- 설문지를 작성한다(instruction, 조사 항목 등).
- 사전조사pre-test를 한다(문항의 타당성, 신뢰성, 대상자의 이해도 등).
- 설문 항목을 수정, 보완 후 설문지를 완성한다.

출처 : 전국대학보건관리학교육협의회. 보건교육사를 위한 보건 프로그램 개발 및 평가, 2009

5) 기존 영양 프로그램과 관련 프로그램 파악

현재 지역사회에서 시행되는 영양 프로그램이나 관련 프로그램에는 어떤 것이 있는지 알아본다. 예를 들어 비만 어린이를 위한 프로그램을 계획하려고 하는데, 인근의 보건소나 학교 등에 유사한 프로그램이 있다면 굳이 그 프로그램을 계획할 필요성이 있는지 짚어 보아야 한다. 이는 영양 프로그램이나 프로그램에 참여하는 인력, 경비 등 인적·물적 자원

을 중복하여 사용하는 결과를 가져오기 때문이다. 이미 유사한 프로그램이 있다면, 이를 보건소나 유관 기관과 협조하여 같이 참여하거나 활용하는 것도 한 방법이 될 수 있다.

4. 지역사회 진단 관련 자료

지역사회의 요구진단에 필요한 자료는 1차와 2차 자료로 구분할 수 있다. 1차 자료는 설문조사나 인터뷰, 식사섭취실태조사나 생화학적 검사, 신체계측 등을 통해 연구자나 조사자가 대상자들로부터 직접 수집하는 자료이다. 이에 비해 2차 자료는 국가나 시·군·구 단위에서 이미 수집된 자료나 통계자료 등을 말하며 영양학이나 지역사회영양 관련 학술지의 문헌 등을 이용하여 구할 수 있다. 1차 자료를 새롭게 수집할 수도 있지만 주어진 시간과 경비, 인력을 고려하여 지역사회에 2차 자료가 있다면 이를 활용하여 지역사회 구성원의 건강이나 영양문제, 관련 요인 등을 파악할 수 있다. 지역사회 요구진단에 활용할 수 있는 자료는 **그림 4-2~그림 4-4**에 제시되어 있다.

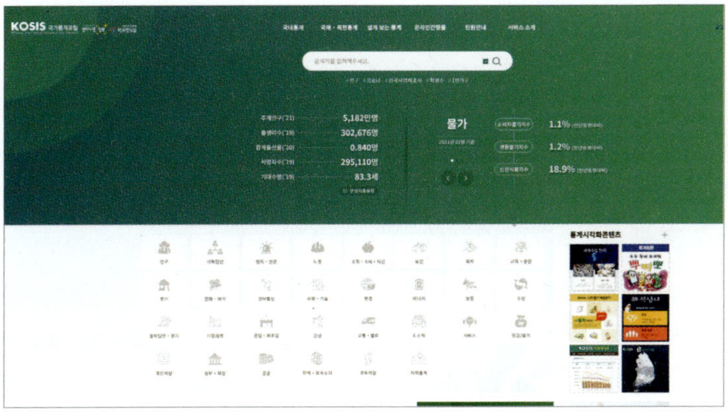

그림 4-2 통계청 국가통계포털(http://kosis.kr)

그림 4-3 보건복지부(https://www.mohw.go.kr)

그림 4-4 국민건강영양조사(https://knhanes.cdc.go.kr/knhanes)

요약

- 지역사회영양 프로그램을 전개하려면 지역사회나 지역사회 집단의 요구진단, 이에 근거한 목표 및 사업 계획, 실행, 평가의 단계를 거친다. 이 중 지역사회의 요구진단은 대상 집단의 건강이나 영양문제가 무엇인지, 특정 건강문제나 영양문제가 심각한 대상은 어느 집단인지, 건강이나 영양문제와 관련된 요인은 무엇인지 등을 파악하고 우선순위를 정하는 과정이다.
- 요구진단에서 건강문제는 사망률, 발생률, 유병률 등 질병과 관련된 통계자료, 대상자와의 인터뷰 등 객관적 · 주관적인 방법으로 알아볼 수 있다. 보건 및 영양 프로그램에서 다룰 건강문제가 파악된 후에는 이와 관련된 영양문제나 식행동이 무엇인지 조사한다. 영양문제는 영양판정에서 사용되는 방법, 즉 24시간 회상법이나 식품섭취빈도조사 등 식사섭취실태조사, 생화학적 검사, 신체계측, 임상조사, 그리고 간단한 질문지를 이용한 식행동조사나 스크리닝screening 등의 방법으로 파악한다.
- 건강문제, 영양문제가 파악된 후에는 이를 유발하는 요인이 무엇인지를 종합적으로 점검해야 하며, 이때 사용될 수 있는 것이 PRECEDE-PROCEED 모델의 교육 · 생태학적 진단이다. 이러한 진단과정을 통해 식행동이나 관련 환경에 영향을 미치는 요인, 즉 동기부여요인, 가능요인, 강화요인을 파악하며, 각 요인의 중요성과 변화가능성을 고려하여 프로그램에서 다룰 요인을 정한다. 또한 지역사회에서 영양사업의 대상자들이 원하는 요구도, 즉 felt needs에 대해 인터뷰나 설문조사 등을 통해 알아본다. 이 외에도 지역사회에서 시행되는 기존의 영양프로그램이나 영양 서비스에 대해 알아보아 인적 · 물적 자원의 중복을 피한다.
- 지역사회 진단에서 이에 필요한 자료를 직접 수집할 수 있으며, 2차 자료를 활용할 수도 있다. 건강이나 영양에 관한 정보(통계청, 보건복지부 등)를 파악하여 관련 통계자료를 구한다.

연구문제

1. A시에서 중년 성인의 건강문제가 무엇인지 파악하기 위해 어떤 방법을 이용할 것인지 생각해 보자.
2. 청소년의 '채소 섭취 저조' 행동에 영향을 미치는 요인에는 어떤 것들이 있는지 생각해 보자.
3. 초등학생들의 '골고루 먹기' 행동을 유도하는 환경 요인에는 어떤 것들이 있는지 생각해 보자.
4. 노인의 영양문제 개선을 위해 포커스 그룹 인터뷰를 계획할 때 어떤 질문(개방형 질문)을 할 것인지 생각해 보자.

COMMUNITY NUTRITION

CHAPTER 5

목표 설정과 프로그램 설계

1. 목적과 목표 | 2. 영양 프로그램의 설계

지역사회에서 요구진단을 마친 후에는 지역사회 구성원의 건강과 영양문제, 이에 영향을 미치는 요인을 개선하기 위한 영양 프로그램을 계획한다. 요구진단 결과에 따라 우선순위를 정하고 지역사회영양 프로그램의 목적과 목표를 설정하며, 이를 달성하기 위한 영양 프로그램의 구체적인 내용과 방법, 활동 등을 계획한다. 또한 지역사회 영양 프로그램을 어떻게 평가할 것인지에 대해서도 미리 계획해야 한다. 지역사회에서 영양사업을 실시하기 위해서는 요구진단, 우선순위 설정, 목적과 목표 설정, 영양 프로그램의 계획 · 실행 · 평가라는 일련의 과정을 거친다. 본 장에서는 지역사회영양 프로그램의 목적과 목표 설정에 대해 알아보고, 영양 프로그램을 어떻게 계획하는지 그 내용과 과정에 대해 살펴본다.

학 / 습 / 목 / 표

1. 목적과 목표를 구분할 수 있다.
2. 지역사회영양 프로그램의 목적과 목표를 서술할 수 있다.
3. 지역사회영양 프로그램의 계획과정을 설명할 수 있다.
4. 지역사회영양 프로그램을 계획할 수 있다.

1. 목적과 목표

1) 정의

지역사회의 요구진단 결과, 영양 프로그램에서 다룰 건강문제와 영양문제가 무엇인지 파악할 수 있고, 이에 따라 영양 프로그램의 목적과 목표를 설정하게 된다. 목적goal은 원하는 변화나 결과, 성과에 대해 광범위하게 서술하는 것으로 영양 프로그램에 관한 방향을 제시한다. 반면 목표objective는 보다 구체적인 것으로 영양 프로그램에 의해 영양지식, 인식, 행동 등에서 어떤 변화가 있어야 하는지, 어느 정도의 수준으로 할 것인지 등에 관해 서술한다.

2) 목적

목적은 영양문제의 개선을 통해 영양과 건강상태 개선, 건강증진을 위한 것으로 포괄적이고 장기간에 걸쳐 도달할 수 있는 것으로 설정한다. 예를 들면 '_____까지 A 지역사회에서 심장병의 유병률을 현재의 80% 수준으로 낮춘다', '영양사업 후 1년까지 B시의 성인 비만을 20%로 낮춘다' 등 비교적 광범위하게 정하고 장기간에 걸쳐 도달할 수 있는 것으로 서술한다.

3) 목표

목표는 지역사회영양 프로그램을 수행한 후 기대되는 결과나 효과에 대해 서술하는 것으로, 측정 가능한 형태로 정한다. 목표는 프로그램을 통해 대상집단에서 어떤 측면의 어떠한 변화를 기대하는지 서술한다. 구체적으로 영양교육이나 영양중재 프로그램을 통해 영양의 지식, 인식, 기술·능력, 행동 등에서 어떤 변화를 기대하는지 서술한다.

목표를 설정할 때 '누가, 무엇을, 얼마나, 언제까지' 이룰 것인지 구체적이고 분명하게 서술한다. 그리고 대상자들이 영양 프로그램에 참여한 후 도달할 수 있는 정도, 즉 너무 높거나 낮지 않게 실현 가능한 정도로 설정해야 한다. 또한 목표는 영양 프로그램 후 그 효과를 판정할 수 있도록 측정할 수 있게 서술해야 한다. 그리고 대상자들이 영양 프로그램의 여러 목표를 달성했을 때 전체 목적에 도달할 수 있게 서로 연관성이 있어야 하며, 체계적이고 논리적이어야 한다. 영양 프로그램의 주된 목표는 영양 프로그램 후 대상자들에게서 어떤 변화가 유도되어야 하는지에 관한 결과목표, 효과목표이며 이 외에 프로그램 진행과정에서 수행되어야 할 목표(과정목표, 구조목표 등)에 대해서도 정한다.

목표 설정 시의 유의점

- 구체적이고 분명한가?
- 한 목표에 한 가지만 서술되어 있는가?
- 측정이 가능한가?
- 대상자들이 실현 가능한가? : 지식, 인식, 태도, 능력, 행동변화 측면
- 논리적 · 체계적인가? : 교육 목적이나 목표의 달성이 행동의 변화, 건강상태의 변화를 유발하는지 여부

(1) 결과목표outcome objectives와 효과목표impact objectives

앞서 요구진단에서 제시한 PRECEDE-PROCEED 모델에서 PRECEDE의 각 진단과정의 마지막 부분은 진단에 따른 목표를 정하는 것이다. 예를 들면 역학적 진단에서는 대상집단에서 주요한 건강문제가 무엇인지 찾는 과정이고, 그 결과에 따라 건강 목표, 즉 영양 프로그램이나 보건 프로그램의 전체 목적goal을 정하게 된다. 또한 역학적 진단에서는 이 건강문제(예 : 심장병 줄이기)에 영향을 미치는 행동과 환경에 대해 진단하며, 그 결과 프로그램의 초점이 될 행동(예 : 지방 섭취 줄이기)이나 환경에 대한 목표objective를 설정한다. 그다음 단계인 교육·생태학적 진단에서는 프로그램에서 다루는 건강·영양 행동(예 : 지방 섭취 줄이기)에 영향을 미치는 지식이나 태도, 인식(동기부여요인), 기술·능력, 자원(가능요인), 주위인의 도움, 식사환경(강화요인)을 어떻게 변화시킬 것인지 목표objectives를 세운다.

이러한 목표는 결과목표나 효과목표이며, 영양 프로그램에 참여한 후 대상자들이 영

양지식이나 인식, 태도, 기술·능력, 주위 환경 등에서 어떤 변화를 동반할지 정하는 것이다. 이를 통해 프로그램에서 목표로 한 식행동의 변화를 가져오게 되고 최종적으로 영양문제나 건강문제에 변화가 생기게 된다. 따라서 대상자들이 교육·생태학적 진단에서 설정한 목표를 달성하면 역학적 진단단계에서 정한 행동목표와 환경목표를 달성해야 하고, 이러한 목표의 달성은 건강 목적을 이루게 되는 등 목표와 목표 간 연관성이 있도록 목표를 설정해야 한다.

목적과 목표 설정 시 용어를 분명하게!

- 적합한 용어 : 말한다, 나열한다, 서술한다, 구분한다, 분석한다, 선택한다, 계산한다, 요약한다, 식단을 구성한다, 수행한다 등 평가할 때 측정할 수 있는 용어로 서술한다.
- 부적합한 용어 : 이해한다, 인식한다, 안다, 배운다, 느낀다 등 그 효과를 측정하기 어렵거나 측정 불가능한 용어로 서술하지 않는다.

(2) 과정목표process objectives

과정목표는 영양 프로그램을 수행하는 영양사나 보건교육사 등이 프로그램 과정에서 수행해야 할 활동에 관한 목표이다. 예를 들면 '영양교육자(영양사)는 4회의 심장병 프로그램에서 사용할 교육자료를 개발한다', '교육자는 고혈압 영양교육을 매달 1회씩 6회 실시한다' 등 프로그램 운영자들이 수행해야 할 활동이나 과정으로 서술한다.

(3) 구조목표structure objectives

구조목표는 프로그램 운영에 요구되는 예산, 인력 등의 자원, 관리 시스템, 조직 내에서 프로그램 운영과 협조 등에 관한 목표이다. 예를 들면, '프로그램 관리자는 프로그램 실시에 따른 지출 내역을 제출한다', '영양사는 영양교육을 보조하는 식품영양학 전공 대학생의 훈련을 매달 실시한다' 등으로 설정한다.

BOX 1 영양 프로그램 : 목적과 목표의 예

목적(goal, 건강 관련)

- A 지역사회의 성인 비만율 감소
- 영양 프로그램 종료 후 1년까지 참여한 비만 성인 중 50%는 정상 체중을 유지한다.

행동목표

- 영양 프로그램 종료 후 6개월까지 참여자(비만 성인)의 70%는 본인의 체중에 맞는 에너지를 섭취한다.

교육 프로그램 목표

- 건강 · 영양지식
  - 프로그램 후 대상자의 90%는 비만과 관련된 질병에 대해 설명할 수 있다.
  - 프로그램 후 대상자의 90%는 에너지와 지방 함량이 높은 음식과 낮은 음식을 구분할 수 있다.
- 인식
  - 프로그램 후 대상자의 80%는 비만의 심각성에 대해 인식할 수 있다.
  - 프로그램 후 대상자의 80%는 에너지와 지방 섭취를 줄일 때의 장단점에 대해 설명할 수 있다.
- 기술 · 능력
  - 프로그램 후 대상자의 70%는 지방이 적게 함유된 식사를 계획할 수 있다.
  - 프로그램 후 대상자의 80%는 식품구매 시 영양표시 읽기를 실천할 수 있다.
- 자원
  - 프로그램 후 대상자 가정의 70%는 가족에게 에너지와 지방이 낮은 식사를 제공한다.
  - 지역사회(보건소, 회사 등)에서 비만에 관한 영양정보를 제공한다.
- 강화요인
  - 프로그램 후 대상자 가정에서 가족들이 비만 성인의 체중조절 노력에 대해 칭찬한다.
  - 프로그램 종료 후 대상자 가정의 70%는 저칼로리 · 저지방 식사를 제공한다.

연습문제

영양 프로그램의 목적과 목표 설정

본인이 구상하는 지역사회 영양사업의 대상과 주제를 정하고, 이에 관한 목적과 목표를 설정한다. 목적과 목표를 정할 때 '누가, 무엇을, 얼마나, 언제까지'의 요소를 포함하여 작성한다.

- 대상 :
- 주제 :
- 목적(goal, 건강 관련 프로그램의 최종 목적)
- 행동 목표
- 교육 프로그램 목표(건강 및 영양지식, 인식, 기술 · 능력, 자원, 강화요인에 관한 목표)

2. 영양 프로그램의 설계

1) 프로그램의 개요

Dignan & Carr(1992)는 보건교육과 건강증진 분야에서 프로그램이란 '어떤 특정한 결과를 위해 의도적으로 고안된 정보, 서비스의 패키지'로 정의하였다. Green & Kreuter (2005)는 프로그램을 '특정한 건강 관련 목적과 목표를 달성하기 위해 고안되고 계획된 활동의 세트'라고 하였다. 이러한 정의로 볼 때 프로그램이란 문제해결과 목표 달성을 위해 의도적으로 계획된 활동이며, 프로그램 참여자에게 긍정적인 변화와 영향을 미칠 수 있는 중재intervention라고 할 수 있다.

프로그램이 성공적이려면 프로그램의 목적과 목표를 분명하게 정하고, 이를 달성하기 위한 프로그램의 내용과 방법을 구성해야 한다. 보건 프로그램은 대상집단의 건강문제를 개선하고 건강증진을 유도하기 위한 것이며 영양, 운동, 흡연, 음주 등 생활양식의 수정을 통해 건강증진을 도모하므로 영양 프로그램은 보건 프로그램의 한 영역으로 볼 수 있다. 따라서 영양 프로그램을 계획할 때 보건 프로그램의 계획이나 설계 시 활용하는 프레임워크framework, 이론, 방법 등을 적용할 수 있다. 여기서는 보건 프로그램, 특히 영양 프로그램을 어떻게 계획할 것인지 그 내용과 방법에 대해 알아본다.

(1) 프로그램 계획의 요소

프로그램의 대상, 목적 등은 다를 수 있으나 프로그램을 계획할 때 기본적으로 여러 요소가 포함된다. 프로그램을 계획할 때 포함되는 기본적인 요소들은 표 5-1과 같다.

(2) 영양 프로그램의 종류

영양 프로램의 목적과 목표를 설정한 후에 이를 달성하기 위한 영양 프로그램을 계획한다. 영양 프로그램은 개인과 집단의 식행동 변화를 위한 영양상담과 교육뿐 아니라 영양문제 해결을 위한 보다 직접적인 중재, 예를 들면 급식이나 점심 제공, 보충식품 제공 등을 포함한다. 이 외에 캠페인을 통한 지역사회 구성원의 건강과 영양에 관한 인식 변화, 학교나 직장 등 지역사회의 식환경 변화와 영양정책 마련, 식단 전시회나 건강·영양 스크리닝과 같은 특별 이벤트, 영양 프로그램 마케팅 등 다양한 접근방법으로 영양 프로그램을 계획할 수 있다그림 5-1.

표 5-1 프로그램 계획의 기본요소

기본요소	내용
목적	• 프로그램이 이루고자 하는 것에 대한 광범위한 진술
목표	• 목적 달성을 위해 필요한 태스크tasks에 대한 구체적인 진술로 무엇을, 얼마나, 언제까지 변화시킬 것인지 서술
방법, 활동	• 변화를 일으킬 수 있는 방법, 수단 • 방법 : 개별지도, 대중매체 등의 교육 수단 • 활동 : 교육을 위한 구체적인 방법
자원, 장애요소	• 자원 : 프로그램에서 목적 달성, 변화 유도를 위해 사용되는 구체적인 자원 • 장애요소 : 프로그램 계획, 수행 등을 어렵게 만드는 요소
계획의 실행	• 프로그램을 대상집단target group에 적용하는 과정
평가 계획	• 계획한 대로 프로그램이 실행되는지 판단하는 과정

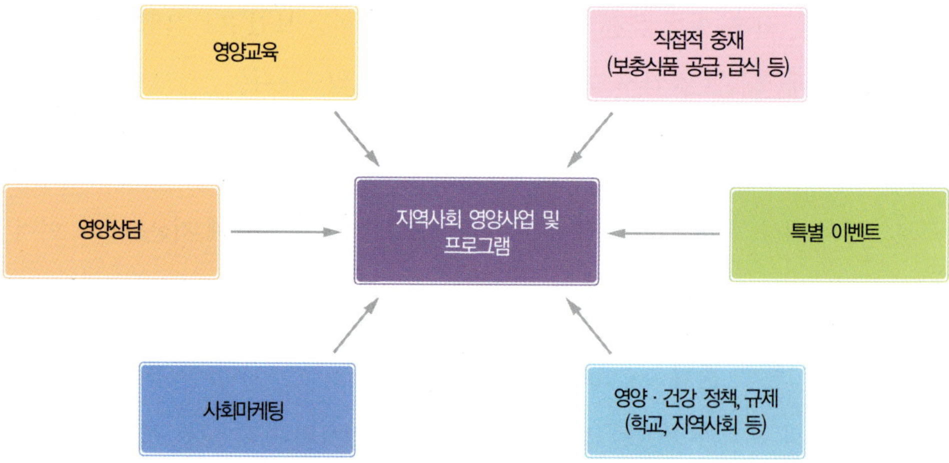

그림 5-1 영양 프로그램의 종류

2) 영양 프로그램의 설계과정

프로그램의 계획과정은 여러 단계로 구성된다. 학자에 따라 다소 다른 단계를 거치나, 공통적으로 프로그램의 목적과 목표 설정, 프로그램에 대한 구체적인 계획 마련, 자원과 장애요소 파악, 실행과 평가에 대한 계획 등의 과정으로 구성되어 있다. 영양 프로그램의 계획은 지역사회의 영양문제를 개선, 해결하기 위한 영양활동을 개발하는 과정이다. 영양과 보건 분야에서 프로그램을 계획하는 과정은 다음과 같다.

(1) 영양 프로그램의 계획

Boyle & Holben(2010)은 영양 프로그램의 계획과정을 7단계로 제시하였다그림 5-2. **1단계**는 지역사회 요구진단의 결과를 파악하는 것이며, 이를 통해 지역사회에서 원하는 바가 무엇인지, 프로그램에서 다룰 건강문제나 영양문제가 무엇인지 우선순위를 정해 선정한다. **2단계**에서는 요구진단의 결과에 따라 프로그램의 목적과 구체적인 목표를 설정한다.

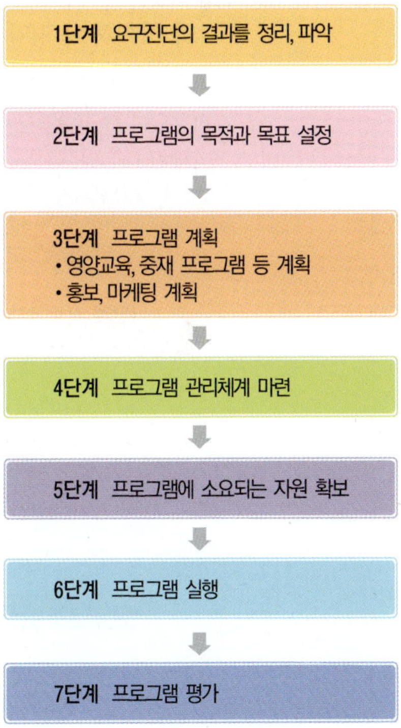

그림 5-2 영양 프로그램 계획의 단계

출처 : Boyle MA & Holben DH. Community nutrition in action, 5th ed., 2010

3단계는 프로그램을 계획하는 단계로, 목적과 목표 달성을 위해 영양교육이나 다른 영양중재 프로그램을 설계하고, 이를 지역사회 주민에게 홍보하고 마케팅을 적용하기 위한 전략을 수립하는 과정이다.

4단계는 프로그램을 어떻게 관리할 것인지 계획하는 과정이며, 주로 인적 자원이나 자료 관리에 관한 것이다. 인적 자원은 프로그램 개발이나 수행을 담당하는 사람을 말한다. 자료는 대상자의 자료, 이들의 프로그램 이용 정도, 효과나 성과에 관한 것으로 이들 자료를 수집하고 분석해야 한다. 프로그램을 계획할 때는 비용도 고려해야 하며, 인건비나 자료·장비 등의 직접경비 외에 간접경비(예 : 공간 사용료, 유지비 등)도 고려하여 계획한다.

5단계는 프로그램의 자원funding sources에 관한 것으로, 프로그램에 소요되는 자원을 어떻게 충당할 것인지 계획한다. 프로그램에 소요되는 자원으로는 인적 자원(인건비 등)과 물적 자원(프로그램 재료비, 교육자료비, 홍보 비용 등)이 있으며, 이러한 경비를 조직 내에서 해결할 것인지 외부에서 받을 것인지 자원의 소스를 확보한다.

6단계는 프로그램을 실행하는 과정으로, 영양 프로그램을 계획한 대로 실제로 수행하는 단계이다. 프로그램의 실행단계에서 예상치 못한 일이 발생하기도 하고 계획을 수정할 필요도 생길 수 있다. 이러한 일이 발생할 경우 계획을 다소 수정, 보완하여 최대의 성과를 거두도록 유연성과 융통성을 갖고 대상집단과 목적에 맞게 영양 프로그램을 수행해야 한다.

7단계는 영양 프로그램을 평가하는 과정으로, 프로그램의 요소가 계획한 대로 진행되었는지, 프로그램의 목적과 목표가 달성되었는지, 효과가 있었는지 등을 평가한다. 영양 프로그램의 계획이나 실행만큼 평가 부분도 중요하며, 평가 디자인·내용·방법 등도 미리 계획하여 영양 프로그램을 평가해야 한다.

(2) 보건교육 프로그램의 계획

Dignan & Carr(1992)는 보건교육 프로그램을 계획할 때 그림 5-3과 같은 단계를 거친다

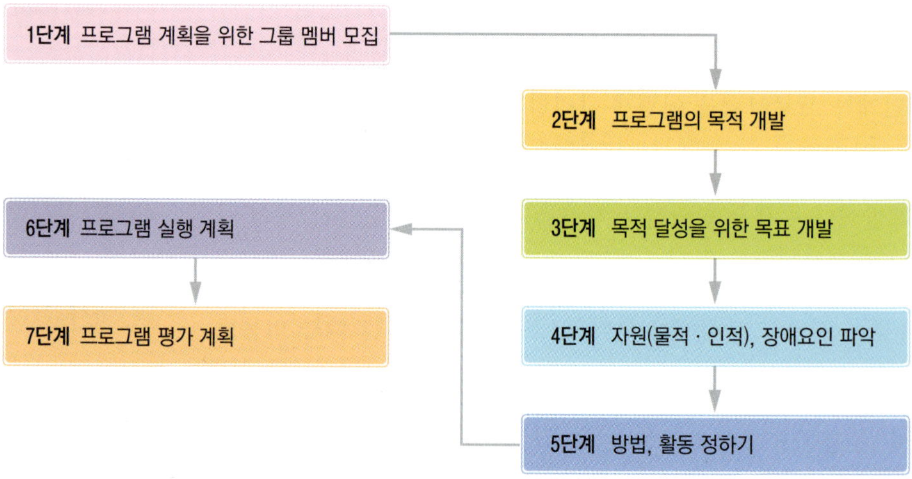

그림 5-3 프로그램 계획단계

고 제시하였다. 이는 보건교육 프로그램뿐 아니라 영양교육 프로그램을 계획할 때에도 적용할 수 있으며, Boyle & Holben(2010)의 계획단계와 유사하다.

3) 영양 프로그램의 대상과 단계

영양중재intervention 프로그램은 대상집단의 영양과 건강증진을 목표로 행동변화에 초점을 두며, 이를 위해 중재 전략을 사용한다. 중재 전략은 중재 프로그램의 목적과 목표를 이루기 위한 다양한 접근방법을 말하며, 앞서 제시한 영양교육이나 상담, 직접적 서비스 제공, 식환경 변화 등을 포함한다.

영양 프로그램에서 대상은 개인, 지역사회의 집단, 그리고 사회 전반에 걸친 시스템으로 구분할 수 있고, 대상집단에 따라 다른 전략을 활용할 수 있다. 또한 중재 프로그램은 영양상태 향상과 건강증진을 위한 인식 변화에서부터 보다 적극적인 행동변화와 이를 위한 기술 습득, 건전한 행동 유지를 위한 주위 환경(가정, 지역사회 등)의 변화 등 여러 단계로 구분할 수 있다. 이렇듯 대상집단에 따라서, 중재 프로그램의 단계에 따라서 다른 전략을 사용할 수 있으며, 그 예는 표 5-2에 제시되어 있다.

표 5-2 영양중재 프로그램의 단계와 전략의 예

대상	1단계: 인식 형성	2단계: 행동·생활양식 변화	3단계: 지지환경 조성
개인	• 건강을 위한 모임 • 건강·영양 스크리닝 • 자료 : 팸플릿, 포스터, table tents, 브로슈어 • 인터넷 사이트 • 특별 이벤트	• 개별 상담 • 소그룹 모임	• 직장 : 카페테리아 프로그램 • peer leadership
지역사회	• 미디어 홍보 • 인터넷 사이트 • 특별 이벤트	• 학교 : 피트니스 프로그램 • 건강증진 프로그램	• 지역사회 정책 : 지역 농산물 이용 촉진 • point-of-purchase labeling • 건강증진 프로그램 시행 직장의 세금(절세) 혜택
시스템	• 식품표시, 영양표시 • 법규	• 인센티브 제공(예 : 직원의 헬스클럽 등록 시) • 지역사회 : 건강복지위원회 형성	• 의료보험 : 영양상담 비용 지급 • 학교의 영양정책 • 법규

McLeroy 등(1988)은 식행동 변화, 체중조절, 운동, 금연 등 건강증진 프로그램에서 개인, 행동뿐 아니라 환경적 요소를 고려한 생태학적 접근을 강조하였다. 즉 행동은 개인의 내적 요소뿐 아니라 개인 간 요소, 기관, 지역사회 등 여러 요인에 의해 결정되며, 이에 따라 행동변화를 위해서는 개인뿐 아니라 보다 광범위한 요인을 변화시키는 데 중점을 두어야 한다고 하였다.

생태학적 모델의 고려 수준

- 개인 내 수준 : 개인의 지식, 태도, 행동, 기술 등 개인의 내적 요소
- 개인 간 수준 : 공식 · 비공식적인 소셜 네트워크social network, 사회적 지지 시스템(가족 · 친구 · 직장 동료 등)
- 조직 수준 : 사회 조직, 기관
- 지역사회 수준
- 공공정책 : 시 · 군 · 구 수준의 관련 정책, 법규

표 5-3 생태학적 모델 : 대상 수준별 중재 전략

수준		중재 전략
개인 내		• 교육 • 행동변화 훈련 • 서비스 제공(예방접종, 검진, 진료, 재활, 방문보건 등) • 인센티브 제공
개인 간		• 기존 네트워크 활용 • 새 네트워크 활용 - buddy system - 후원자 활용 - 사회적 친목 모임 - self-help group 활용 • 자생적 지도자natural helper 활용
지역사회	조직	• 조직개발 이론, 조직관계 이론 적용
	지역사회	• 이벤트 • 사회마케팅social marketing • 매체 홍보 • 지역사회 역량 강화
	정책	• 옹호advocacy • 정책 개발

생태학적 관점에 의하면 보건 및 건강증진 프로그램을 계획할 때 대상 수준level에 따라 개인, 개인 간, 지역사회 등 여러 부류에서 중재방법을 구상할 수 있다표 5-3. 또한 개인 내, 개인 간 등 어느 한두 가지의 수준보다는 여러 수준에 초점을 둔 프로그램을 개발하여 다각적인 변화를 모색하고 행동변화를 유도해야 한다.

4) 영양 프로그램의 설계

그림 5-1에 제시된 것처럼 지역사회의 영양 프로그램은 영양교육이나 상담, 급식이나 보충식품 공급 등 보다 직접적인 중재 외에 특별 이벤트, 사회마케팅social marketing을 통한 프로그램이나 product(예 : 건강·식행동 등)의 홍보와 보급, 영양과 건강 정책 수립 및 이를 통한 식환경 개선과 변화 등을 포함한다.

(1) 영양교육과 영양상담

영양교육과 상담은 영양 프로그램에서 주요한 구성요소이다. 대상집단(어린이·청소년·성인·노인 등), 교육 주제(일반 영양·비만·당뇨병 등), 교육이 실시되는 장소(학교·보건소·직장 등)를 고려하여 영양교육과 상담을 계획한다. 우선 요구진단에 따라 교육 목표와 목적을 설정하고 영양 프로그램에서 영양교육이나 상담을 어느 정도의 기간과 횟수로 실시할 것인지 정한다.

① 영양교육안

영양교육을 효과적, 효율적으로 수행하려면 대상집단과 교육 주제에 맞게 영양교육안lesson plan을 계획한다. 영양교육안에는 전체 교육의 목적, 각 교육별 목표를 제시해야 하며, 이러한 교육 목표에 따라 이를 달성하기 위한 교육 내용과 방법, 교육자료, 해당 내용의 교육시간 등을 명시해야 한다. 교육자료는 기존에 개발된 자료가 대상자에게 적합한 경우 이를 활용하며, 그렇지 않은 경우 새로 개발하여 사용한다. 또한 영양교육을 계획할 때 인력, 예산 등 관리 부분에 대한 계획도 마련한다.

각 세션session별 영양교육은 대상자의 수준에 맞게 3개 이내의 교육 목표를 다루도록 구성한다. 교육내용(예 : 비만 판정법, 당뇨병 진단기준 등)은 최근의 문헌과 자료에 근거하여 정확하고 타당성이 있어야 하며 쉬운 것에서 어려운 것으로, 일반적인 것에서 전문적인 내용으로 전개되도록 구성한다. 또한 영양정보 제공, 식행동 변화를 위한 기술 훈련, 주위 사람들의 도움과 지지 등 다양한 요인을 다루어야 한다.

영양교육을 할 때 중요한 부분은 대상자의 능동적인 참여를 유도하는 것이다. 이를 위해 다양한 교육방법을 활용한다. 즉 강의 외에 소그룹 토의, 시연, 실습, 게임 등을 이용한다. 또한 질의응답, 식습관이나 비만도 평가, 식사계획, 퀴즈 등 대상자에 따라 적합한 방법을 활용하며 흥미를 유도하는 방법을 적용하여 구성한다.

② 영양교육의 예

보건소에서 당뇨병이 있는 노인을 대상으로 영양교육을 계획한 예는 다음과 같다표 5-4.

- 대상 : 보건소를 이용하는 고혈압 환자
- 영양교육의 목적
  - 고혈압의 유병률 낮추기
  - 고혈압 관리를 위한 식행동 수정
- 영양교육의 개요
- 영양교육의 방법
  - 4회의 영양교육 실시(50분/회)
  - 영양교육 전후의 효과 평가 : 영양지식, 식행동, 혈압, 신체계측치 변화 등
  - 대학에서 교육자료(소책자·리플릿 등)를 개발하고, 이를 노인 대상 영양교육시 적극 활용
  - 개인의 참여를 유도하는 교육 실시
  - 교육자료 : 소책자, 리플릿, 파워포인트 자료, 식품모형 등

표 5-4 고혈압 노인을 위한 영양교육

단계	내용
1. 계획, 기초조사	• 대학에서 프로그램 개발, 보건소에서 시행 • 프로그램 홍보 • 대상 : 보건소에 오는 고혈압 노인 • 고혈압 관련 영양지식, 식행동, 혈압, 신체계측 측정
2. 영양교육	▸ 고혈압에 대하여 • 정의, 증상, 합병증 • 위험요인 • 고혈압 관리 가이드라인 ▸ 체중조절로 고혈압 예방하기 • 비만 여부 알아보기 • 에너지와 지방 섭취 줄이기 • 신체활동 늘리기 ▸ 고혈압과 영양 관리 • 나트륨 섭취 줄이기 • 칼륨 · 칼슘 · 식이섬유소 섭취 늘리기 • 식단 예 ▸ 생활습관 변화 • 음주와 고혈압 • 흡연과 고혈압 • 스트레스 관리
3. 효과평가	• 고혈압 관련 영양지식, 식행동, 혈압, 신체계측 변화 평가 • 영양교육 프로그램, 교육자료에 대한 평가

표 5-5 **영양교육안의 예**

- 대상 : 고혈압 노인
- 주제 : 체중조절로 고혈압 예방하기
- 학습목표 : 1) 자신의 비만 정도를 판정할 수 있다.
  2) 에너지와 지방 섭취를 줄이는 방법을 5가지 이상 나열할 수 있다.
  3) 비만 관리를 위해 수정해야 할 식행동 2가지를 실천한다.

		내용	방법	교육자료	시간
도입		• 지난주 학습내용 확인 • 당일 교육 : 비만도 판정, 에너지와 지방 섭취 줄이기, 적합한 운동	• 지난주 학습내용을 간단히 질문, 확인하고 당일 교육내용을 소개한다.		3
전개	1.	1. 비만 : 고혈압의 위험요인 2. 비만도 판정 • 신장별 표준체중 산출 : 신장 150cm 미만, 150~159cm, 160cm 이상 등 구분 • 비만도 = (실제체중 ÷ 표준체중) × 100 마름 : 90% 미만 정상 : 90~110% 미만 체중과다 : 110~120% 미만 비만 : 120% 이상 3. 복부비만 • 허리둘레 : 남자 90cm 이상, 여자 80cm 이상 • 복부비만 : 고혈압, 심장병, 당뇨병 가능성 증가	• 비만이 고혈압의 위험요인임을 설명, 인식하게 한다. • 비만도 판정방법을 설명한다. 표준체중의 예를 몇 가지 제시하여 이해를 돕는다. • 복부비만 판정법을 설명한다. • 두 명씩 짝을 지어 비만도를 알아본다. 교육 보조자가 비만 판정도 산출 시 도와준다.	PPT 자료, 책자, 기록지	15
	2.	1. 에너지와 지방 섭취 줄이는 방법 1) 기름진 음식 적게 먹기 • 육류, 어류 중 기름진 부위 피하기 • 조리 방법 : 찜, 구이 활용 • 채소 : 기름 소스보다 마늘 소스 사용 • 채소 국, 미역국으로 식이섬유 섭취 • 우유 : 저지방 우유 사용 및 섭취 2) 에너지 섭취 줄이기 • 체중조절 시 1일 300kcal 정도 적게 먹기 • 적게 먹기 : 튀김, 전, 삼겹살, 갈비, 스낵, 케이크 등 • 괜찮은 음식·간식 : 국수·냉면, 고구마·감자·옥수수, 생선구이·찜, 콩·두부 음식, 생채소, 과일, 떡 등	• 에너지 섭취를 줄이기 위해 지방 섭취를 줄여야 함을 강조한다. • 에너지와 지방 섭취를 줄이기 위한 방법을 구체적으로 설명한다. • 실생활에서 쉽게 실천할 수 있는 방법으로 제시한다. • 실제로 실천해 본 방법에 대해 질의, 응답한다. • 에너지와 지방 섭취를 줄이기 위한 실천방법을 3가지 선택하여 기록한다.	PPT 자료, 책자, 기록지	15
	3.	1. 체중 조절방법 • 목표체중 정하기 • 자신의 식습관 살펴보기 : 비만이 되기 쉬운 식행동 여부 점검(예 : 아침 결식, 빨리 먹기, 한 번에 많이 먹기, 저녁 과식, 육식 선호, 기름진 음식 선호 등) • 현재의 식습관, 수정할 식습관 등 기록하기 2. 체중조절, 식행동 수정 약속	• 체중조절의 단계를 설명한다. • 유인물로 비만을 유발하기 쉬운 식행동을 하는지 체크하게 한다. • 현재 식습관, 수정할 식습관을 파악하게 한다. • 향후 2주간 수정할 식행동을 선택, 기록한다.	PPT 자료, 책자, 기록지	10
요약·종결		• 자신의 비만도 확인 • 에너지·지방 섭취 줄이기, 운동 실천방법 다짐 • 다음 교육 주제, 시간 알리기	• 교육내용에 대해 간단히 정리한다. • 각자 실천방법에 대해 지키기로 약속한다.	약속용지	7

표 5-6 영양교육안의 예

- 대상 : 고혈압 노인
- 주제 : 올바른 식습관으로 혈압과 건강 지키기
- 학습목표 : 1) 싱겁게 먹는 방법을 5가지 이상 설명할 수 있다.
  2) 칼륨, 칼슘, 식이섬유가 풍부한 음식을 3가지 이상 말할 수 있다.

		내용	방법	교육자료	시간
도입		• 지난주 학습내용 확인 • 당일 교육 : 고혈압과 식습관 – 싱겁게 먹기, 채소와 과일·해조류, 유제품 충분히 먹기	• 지난주 학습내용을 간단히 질문, 확인하고 당일 교육내용을 소개한다.		3
전개	1.	1. 나트륨과 혈압 관련성 2. 1일 소금 섭취 : 권장량, 섭취 정도 • 소금 : 1일 5g 이하로 섭취하기 • 소금 1g 해당량 : 소금 1/2작은술, 간장 1작은술, 된장·고추장 1/2큰술 등 • 소금 섭취 정도 알아보기 : 김치, 된장찌개, 김치찌개, 국, 고등어조림, 오징어젓, 라면 등 섭취 빈도 파악 3. 나트륨이 많은 간식, 대체간식 • 나트륨 많은 간식 : 빵, 떡, 국수, 라면, 짠 과자, 안주, 피자 등 • 대체간식 : 감자, 고구마, 옥수수, 우유·요구르트, 과일, 채소 등 4. 소금 섭취를 줄이는 방법 • 장류는 평소 사용량의 2/3 정도 첨가 • 국, 찌개 그릇은 작은 것으로 하고 건더기 위주로 먹기 • 한 끼 정도는 국 대신 숭늉, 물로 대체 • 자반생선, 젓갈류, 통조림, 가공식품 섭취 빈도 줄이기 • 조리할 때 향채소, 과일 이용	• 나트륨과 소금, 혈압의 관계를 간단하게 설명한다. *하루에 섭취하도록 권장하는 소금량, 소금 1g에 해당하는 양념의 양을 식품모형으로 제시하여 이에 관한 이해를 돕는다. • 나트륨 함량이 많은 음식의 섭취 빈도 조사지로 각자 이런 음식을 얼마나 자주 섭취하는지 알아본다. • 노인들이 즐기는 간식 중 나트륨 함량이 높은 식품, 낮은 식품을 식품모형으로 제시하여 실생활에서 나트륨 함량이 적은 간식으로 대체하게 한다. • 실생활에서 실천할 수 있는 소금 섭취를 줄이는 방법을 제시하고 그 중 2가지 정도 선택하여 실천하게 한다.	PPT 자료, 책자, 식품모형, 기록지	20
	2.	1. 혈압조절에 도움이 되는 영양소 : 칼륨, 칼슘, 식이섬유 등 2. 칼륨 섭취 늘리기 • 과일과 채소를 충분히 먹기 • 과일 : 바나나, 참외, 토마토, 복숭아, 귤 등 • 채소 : 고춧잎, 아욱, 근대, 미나리, 시금치, 호박, 쑥갓, 상추 등 3. 칼슘 섭취 늘리기 • 우유, 유제품 충분히 먹기 • 우유가 잘 소화되지 않는 경우 방법 제시 • 콩, 두부 음식 자주 먹기 • 녹색 채소 이용 4. 식이섬유 섭취 늘리기 • 잡곡밥 먹기 • 흰빵보다 통밀빵, 보리빵 먹기 • 콩, 과일, 채소, 해조류 많이 먹기 • 육류·생선 요리 시 채소 사용	• 혈압조절에 도움이 되는 영양소를 간단히 소개한다. • 칼륨 함량이 높은 채소와 과일을 사진으로 제시한다. 그중 자주 섭취하는 식품에 대해 질의 응답한다. • 노인들이 칼슘 섭취를 늘릴 수 있는 방법을 구체적·실제적으로 제시한다. • 식이섬유를 충분히 먹기 위한 방법을 설명한다. • 칼륨, 칼슘, 식이섬유가 풍부한 식단의 예를 보여 준다.	PPT 자료, 책자, 식품사진·모형, 기록지	20
요약·종결		• 싱겁게 먹기 • 채소와 과일, 해조류, 전곡류, 유제품 충분히 먹기 실천방법 • 다음 교육 주제, 시간 알리기	• 교육내용에 대해 간단히 정리한다. • 각자 실천방법을 2가지 정도 선택하여 지키기로 약속한다.		7

(2) 직접적 중재방법 : 급식, 식품 공급

대상집단의 영양상태 개선을 위해 교육이나 상담 외에 직접적인 중재 전략을 사용할 수 있다. 즉 노인이나 청소년의 식사에서 칼슘이 부족하다면 학교나 노인복지시설에서 칼슘 보충을 위한 급식, 우유급식이나 점심급식을 실시할 수 있다. 국내의 거의 모든 보건소에서 실시되고 있는 영양플러스는 미국의 WIC 프로그램을 벤치마킹한 것으로 저소득층의 영유아, 임신부, 출산부, 수유부를 위한 영양 프로그램이다. 이 프로그램에 가입하면 대상 연령층의 식사에서 부족하기 쉬운 영양소를 중심으로 보충식품(쌀, 우유, 달걀, 당근 등)을 제공한다. 이 프로그램은 저소득층의 영양과 건강 향상을 목표로 하고 있으며 영양교육도 함께 병행 실시되고 있는데, 영양섭취와 식행동의 개선, 빈혈 개선 등 그 효과가 보고되고 있다.

(3) 사회마케팅

영양 프로그램을 계획할 때는 그 주제에 대해, 그리고 프로그램 자체에 대해 대상자나 지역사회 구성원들에게 어떻게 홍보하고 알릴 것인지 마케팅 계획을 세울 수 있다. 사회마케팅social marketing은 영양, 건강에 관한 인식, 행동 등 무형의 상품을 타깃target 이용자들에게 알리고 홍보하는 것이다. 예를 들면 '콜레스테롤 수치를 알자', '고혈압 No', 'Know your plate' 등 타깃 대상자들이 쉽게 기억할 수 있는 형태로 슬로건을 만들고 이를 사람들에게 알리는 것으로, 마케팅에서 이용하는 4P를 적용한다. 4P는 Product(상품), Price(비용), Place(장소), Promotion(홍보, 판촉)의 약자로 마케팅믹스marketing mix라고 하며, 이 4가지를 잘 활용하여 사람들에게 건강과 영양 관련 행동을 습득, 이용하게 하려는 것이다. 사회마케팅에 관한 내용은 3장에 수록되어 있으니 이를 참고하여 영양 프로그램을 계획할 때 마케팅기법을 활용한다.

(4) 식환경 변화와 영양정책

개인이나 지역사회의 환경에 변화를 유도하면 개인의 지식, 태도나 행동에 영향을 미칠 수 있다. 이러한 환경의 변화는 개인, 지역사회, 시스템 등 다른 대상에서 적용된다.

예를 들어 비만이나 심장병의 위험이 높은 개인이나 집단의 경우 가정, 직장, 지역사회(슈퍼마켓, 음식점) 등에서 칼로리가 낮고 지방 함량이 적은 식품과 메뉴를 제공하고 이러한 식생활을 계속할 수 있는 환경을 마련해 준다면 개인의 식행동을 보다 쉽게, 건전하게 바꿀 수 있다. 어린이 비만을 예방하기 위해 가정이나 학교에서 채소나 과일 섭취를 늘릴 수 있도록 식사환경을 조성하면 어린이들이 채소와 과일을 접하는 기회가 늘어난다. 그리고 이러한 식품을 먹게 되면서 점차 채소와 과일 맛에 익숙해지고 일상생활에서 채소와 과일 섭취가 늘어나게 된다.

정책은 주로 정부에서 제정하는 정책이나 법, 규제 등을 뜻하지만 학교나 공공기관 등의 규정 등도 이에 해당된다. 건강에 좋지 않은 행동을 규제하고 건강 지향적인 정책, 영양정책이나 건강정책을 마련한다면 개인이나 지역사회 구성원들의 식행동이나 건강행동이 보다 긍정적인 방향으로 변화할 수 있다. 최근 어린이의 영양과 건강문제에 관한 관심이 높아지면서 국내에서도 학교나 학교 주변의 환경을 건강 지향적인 방향으로 바꾸고 있으며 이에 관한 정책도 마련되고 있다.

식품의약품안전청에서는 2007년에 어린이 먹을거리 안전종합대책을 마련하였고 학교 주변지역을 식품안전보호구역으로 지정하여 어린이의 건강을 해치는 기호식품의 판매를 규제하고 있으며, 어린이 기호식품의 광고 규제 강화, 기호식품의 안전성 확보(당, 나트륨, 트랜스지방 저감화) 등을 추진하고 있다. 또한 고열량·저영양식품의 영양성분에 대한 기준을 마련하여 에너지나 포화지방, 당류, 나트륨 함량이 높은 식품의 교내 판매를 제한함으로써 어린이 영양관리를 도모하고 있다. 이러한 활동은 정책적인 변화를 통해 건강증진을 유도하는 것으로, 개인 차원이 아닌 시스템 차원에서 법규와 규제를 통해 이루어진다.

미국에서는 학교에서의 영양정책을 마련하여 학교급식이나 학교에서 판매되는 식품 등에 관한 기준을 정하고 있으며 자판기, 매점에서 판매되는 식품에 대해서도 영양적인 측면에서 관리를 하고 있다. 국내에서도 과일, 칼로리가 낮은 간식 등을 판매하고 영양정보를 제공하는 학교 건강매점이 운영되고 있다. 이러한 식환경의 변화를 통해 어린이나 청소년의 영양과 건강을 증진할 수 있다.

5) 영양 프로그램의 실행

영양 프로그램을 체계적으로 세밀하게 계획한 후 이를 실행에 옮긴다. 이는 영양 프로그램을 통해 계획한 목적과 목표에 도달하도록 대상집단에 프로그램의 내용과 방법을 적용하는 단계이다. 그러나 계획한 대로 프로그램을 실시한다 해도 실행과정에서 예상치 못한 문제나 장애요인이 생길 수 있다. 따라서 프로그램을 진행하면서 각 부분이 어떻게 실행되는지 면밀하게 관찰하고 프로그램의 요소나 과정에 대해 중간평가를 함으로써 프로그램을 더 좋은 방향으로 개선해 나가야 한다.

영양교육, 상담, 이벤트 참여 등 프로그램의 각 부분에 대한 대상자들의 참여율, 교육자료의 배포와 이용 정도, 대상자의 호응도 등을 알아보아 프로그램 요소 중 개선해야 할 부분을 파악하고 이를 프로그램에 적용한다. 즉 대상집단의 요구도와 호응도에 맞춰 영양 프로그램을 융통성 있게 운영한다. 이 외에 전반적인 프로그램의 관리, 즉 운영이나 교육을 담당하는 인력, 자원, 평가를 위해 필요한 자료 수집 등을 관리하는 작업도 병행한다. 영양 프로그램의 실행에 대해서는 6장에 보다 자세히 설명되어 있다.

6) 영양 프로그램의 평가계획

영양 프로그램을 실시한 후 어떻게 평가할 것인지에 대한 계획도 프로그램 시행 전에 수립해야 한다. 영양 프로그램의 대상자는 원래 계획한 대상자였는지, 영양 프로그램이 대상자의 요구와 흥미에 맞았는지, 수준에 적합했는지, 영양 프로그램이 계획한 대로 시행됐는지, 프로그램의 효과가 있었는지, 있었다면 어느 정도였는지, 교육자와 계획자 등 프로그램 관계자들의 역할이 제대로 수행됐는지, 비용은 계획 대비 적절했는지 등을 평가하도록 계획을 마련한다. 이에 관한 내용도 6장의 프로그램 평가란에 자세히 제시되어 있다.

요약

- 지역사회 영양사업을 체계적이고 효과적으로 실행하기 위해 영양 프로그램의 목적과 목표를 분명하게 설정한다. 앞서 요구진단에서 수집한 자료에 근거하여 전반적인 프로그램의 목적을 설정하고, 이를 달성하기 위한 목표를 구체적으로 세운다.
- 목표를 세울 때는 '누가, 무엇을, 얼마나, 언제까지' 이룰 것인지 서술하며 목표의 성취정도를 측정할 수 있게 구체적으로 설정한다. 목표는 인식이나 지식, 행동변화를 위한 기술과 능력, 주위 사람의 지지 등 환경적 변화 등의 측면에서, 즉 요구진단에서 파악한 요인을 변화시키도록 설정하며, 그중 어느 한 측면보다는 식행동이나 건강행동에 영향을 미치는 다양한 요인을 포함하도록 설정한다. 이러한 목표에 도달하는 경우 목적을 이룰 수 있도록 영양 프로그램의 여러 목표와 최종 목적 간 연관성이 있는지 고려하여 설정한다.
- 프로그램의 계획은 여러 단계로 구성되며, 목적과 목표의 구체적인 계획 작성, 자원과 장애요소 파악, 실행과 평가에 대한 계획 등의 과정을 거쳐 영양이나 보건 프로그램을 계획한다.
- 영양 프로그램을 계획할 때 개인의 행동변화에만 초점을 둘 것이 아니라 개인 간, 지역사회 등 여러 다른 수준을 고려하여 개인과 집단, 지역사회 등에서 전반적인 변화가 유도될 수 있게 한다. 영양 프로그램에는 영양교육이나 개별상담뿐 아니라 급식이나 점심제공, 보충식품 제공 등 직접적인 중재를 포함한다. 이 외에 개인이나 집단의 인식 변화와 행동 촉구를 위한 캠페인, 특별 이벤트, 학교나 직장 같은 지역사회의 식환경 변화, 영양정책 등 다양한 방법으로 영양 프로그램을 전개할 수 있다. 따라서 영양 프로그램을 계획할 때 중재 프로그램의 수준(개인, 개인 간, 지역사회 등)을 고려하고 대상집단에 적합한 다양한 접근방법을 활용하여 계획하며, 사회마케팅social marketing 기법을 이용하여 영양 프로그램을 많은 사람이 접하고 이용하도록 마케팅 계획도 수립한다.
- 영양 프로그램의 내용과 방법 구성에 못지않게 영양 프로그램의 평가도 중요하다. 프로그램 평가는 프로그램이 제대로 작동하는지, 효과가 있는지 알아보기 위한 것으로 영양 프로그램을 시행하기 전에 계획단계에서 미리 평가 계획을 수립해야 한다. 즉 평가 디자인, 평가를 위한 자료 수집의 내용과 방법 등을 미리 계획해서 평가가 제대로 이루어지도록 한다.

연구문제

1. 당뇨병 성인을 대상으로 한 영양 프로그램을 계획할 때 구체적인 목표와 목적을 나열해 보자.
2. 심장병 예방 프로그램에서 어떤 종류의 영양 프로그램을 적용할 것인지 생각해 보자.
3. 임신부를 대상으로 '충분한 철 섭취'에 관한 영양교육안을 작성해 보자.
4. 초등학교 고학년생을 대상으로 '올바른 식품 선택'에 관한 영양 프로그램을 계획해 보자.

CHAPTER 6

프로그램의 실행과 평가

프로그램의 성공적인 실행implementation을 위해서는 목표 달성을 위해 기획한 전략을 실현하기 위한 구체적인 실행계획implementation plan, action plan을 세워 수행방법을 명시한 실천안대로 따르는 것이 중요하다. 또한 프로그램을 계획planning하고 실행한 후에는 그 프로그램에 대한 평가evaluation가 이루어져야 한다. 최근 보건복지부에서도 프로그램 평가를 프로그램 개발의 영역에 포함시키며 중요하게 다루고 있다. 이는 프로그램의 평가에 있어 단순히 성과의 측면에만 의미를 두지 않고 계획단계에서 이루어지는 다양한 영역이 프로그램의 성공 여부를 결정하는 요인이 됨을 인식하며, 이러한 부분을 평가의 범주에 포함시켜 보다 성공적인 프로그램을 만들기 위한 노력을 하고자 하는 것이다. 따라서 본 장에서는 우선 프로그램의 성공적인 실행을 위한 실행계획의 수립방법에 대하여 살펴보고, 새로운 개념의 프로그램 평가의 정의 및 목적, 평가방법에 대하여 알아본다.

학 / 습 / 목 / 표

1. 성공적인 프로그램의 실행을 위한 실행계획의 필요성을 설명할 수 있다.
2. 실제 프로그램의 실행계획을 수립할 수 있다.
3. 프로그램의 평가를 정의하고 개념을 서술할 수 있다.
4. 평가모델의 이론을 이해하고 평가의 특징과 종류를 기술할 수 있다.
5. 평가지표의 특성을 구분할 수 있다.

1. 프로그램 실행

프로그램의 실행을 위해서는 효과적인 전략을 수립하는 것이 매우 중요하다. 그러나 단순한 전략수립만으로 프로그램의 성공적인 실행을 통한 기대효과를 얻기는 쉽지 않다. 프로그램을 함께 수행할 구성원들의 자발적인 참여, 통합적인 접근 및 전략수행을 위해 언제, 무엇을 얼마만큼 어떻게 해나가야 하는지에 대한 구체적인 계획을 세우지 않으면 그 프로그램은 성공하기 힘들다. 이 장에서는 프로그램의 실행을 위한 실행계획 수립에 대하여 알아보기로 한다.

1) 실행계획의 정의 및 필요성

실행계획이란 목표달성을 위해 기획한 전략을 실현하기 위한 구체적인 계획으로, 전략의 구체적인 내용과 수행방법을 명시한 실천방안을 의미한다. 즉, 사업기간에 추진할 계획을 업무내용 및 구성원의 역할, 실행기간에 따른 업무 및 소요예산 등으로 세분화한 것이다.

실행계획의 수립은

- 프로그램 참여자들 간의 협의 및 상호 이해
- 단계별 구체적 업무를 성공적으로 추진하기 위한 방안 모색
- 업무순서 및 우선순위 결정
- 순차적으로 수행할 업무의 고찰과 평가
- 전체 프로그램 수행기간의 예측
- 프로그램 지연 시 원인 분석
- 업무수행을 위한 자원의 적정 배분을 가능하게 한다.

이렇게 실행계획을 세워 프로그램의 실행을 위한 현실적인 시간계획을 수립함으로써 정확한 비용 계산과 신뢰 유지가 가능해지므로 효과적인 프로그램의 운영과 관리를 위해서 실행계획의 수립이 요구된다.

2) 실행계획의 내용

실행계획은 다음과 같은 내용을 포함하여 구성해야 하며, 실제 프로그램 실행 시 구체적이고 자세한 지침이 되도록 한다.

보건 프로그램의 추진체계 : 해당 프로그램의 운영주체 결정

- 기획기관 자체운영 vs. 위탁운영
- 내부와 외부 참여인력의 역할분담

각 수행단계별 업무내용 및 담당자 지정 : 업무담당자 지정과 담당자별 업무분담

- 개인별로 부여된 책임과 권한을 명확히 기술
- 필요한 경우 지침서mannual와 서식format 작성

예산과 자원의 확보 : 세부업무 실행에 필요한 예산, 소요자원과 확보방안 마련

- 예산 : 세부 업무별 예산액과 확보방안 마련
- 소요자원
  - 인력 : 직종별, 자격별, 전임, 비전임 등 구분된 필요 인력 수 파악 및 확보방안
  - 인력활용방안 : 지역사회기관, 보건의료기관, 교육기관, NGO, 종교기관, 자원봉사자 등의 인력 활용
  - 인력교육 및 훈련방안 장비·시설 : 세부 업무별로 필요한 장비와 시설의 종류 파악 및 확보방안

진행일정 : 프로그램 진행을 위한 일정을 계획하여 업무 준비

- 시작과 종료시기의 결정
- 실행책임자, 실행팀, 담당자를 결정하고 시한별 업무를 세분화

모니터링 : 프로그램이 정해진 일정에 따라 제대로 진행되는지 파악

- 업무별 기대성과와 평가기준 확립
- 프로그램의 실행계획 수립단계에서부터 평가계획을 함께 수립
- 평가결과 활용방안 마련

위기대응방안

- 실행하는 과정에서 발생할 수 있는 예상 가능한 문제점 파악
- 각 문제점에 대처할 방안을 사전에 모색
- 대안을 마련하여 위기상황에 능숙하게 대응토록 대비

3) 실행계획의 작성 및 절차

실행계획은 각 단위 세부 프로그램별로 작성된 실행계획서에 의해 세운다. 프로그램 참여구성원들의 책임감 정도에 따라 보다 체계적이고 세세한 계획서를 작성한다.

실행계획의 작성 단위 및 작성자

실행계획서의 초안은 각 단위사업의 책임자가 담당한다. 일반 업무수행자들의 실무에 대한 의견을 반영할 수 있도록 배려하고, 각 단위 프로그램 책임자가 작성한 실행계획서의 초안은 프로그램 전체 기획회의에서 검토, 수정, 보완하여 확정한다.

실행계획의 작성절차

실행계획의 작성을 위해 다음과 같은 단계를 거친다.

- 프로그램 수행에 필요한 세부 업무를 빠짐없이 정리
- 세부 업무에 필요한 인원 검토
- 필요인원의 조달방법 강구
- 세부 업무 수행에 필요한 예산 수립
- 업무 수행에 필요한 장비나 시설 검토
- 업무의 순서와 예상 소요시간을 토대로 총 소요 일수를 계산하여 일정 결정

세부 업무 정리

프로그램 실행을 위한 단계별 절차를 결정하거나 어떤 업무들이 수행되어야 하는지, 어떤 업무를 다른 업무들보다 먼저 해야 하는지 등을 결정하는 데 유용하게 사용되는 접근방법으로 의사결정나무decision tree나 업무기획매트릭스activity planning matrix가 있다.

업무기획매트릭스의 경우, 가장 중요한 업무 또는 가장 먼저 해야 하는 업무를 맨 윗

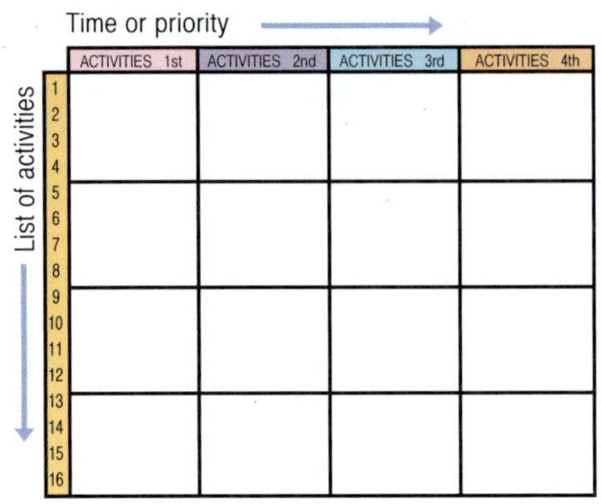

그림 6-1 단계별 업무기획매트릭스step by step activity planning matrix

부분 첫 칸에 적는다. 두 번째로 해야 할 업무와 관련된 항목들은 두 번째 칸에 적는 식으로 순서에 따라 해야 할 일들을 적어 나가면, 가장 높은 우선순위부터 순서대로 기록된다. 매트릭스의 맨 아랫부분에 적힌 업무는 각 단계 또는 각 칸의 가장 위에 적힌 업무보다 나중에 해야 하거나 상대적으로 덜 중요할 수 있다. 그러나 이것들도 프로그램의 실행을 위해서 반드시 해야만 하는 필수적인 일이라는 점을 유의해야 한다.

실행계획서 및 추진일정표 작성

실제 프로그램을 실행하는 데 필요한 지침서이자 평가기준이 되는 일정표는 현실적으로 소요시간을 예측해서 작성해야 한다. 소요시간은 담당자가 그 일에만 전념하여 완수하는 데 필요한 시간으로, 가장 현실적으로 예상시간을 산출하기 위해 담당자가 직접 산출하는 것이 효율적이다. 이를 통해 담당자의 참여의식을 고취시킬 수 있는 부가적 이점도 있다. 기획자는 각각의 업무에 예상되는 시간을 정확하게 예측하도록 노력해야 하나, 실행계획대로 항상 업무의 진행이 일치되는 것이 아니기 때문에 일정표는 융통성 있고 수정 가능하게 작성한다.

업무일정표는 종종 막대그래프와 같은 도표 형태로 표현하는 간트차트Gantt chart로 나타내는데, 각각의 해야 할 일들이 얼마나 오랫동안 지속될 것인지, 언제 업무가 시작되어야 하는지, 언제 그것이 끝나야 하는지, 프로그램 내내 이 업무가 지속될 것인지 등을 나타낼 수 있다그림 6-2A. 간트차트 외에도 일정표 작성 및 일정관리기법으로 PERTprogram

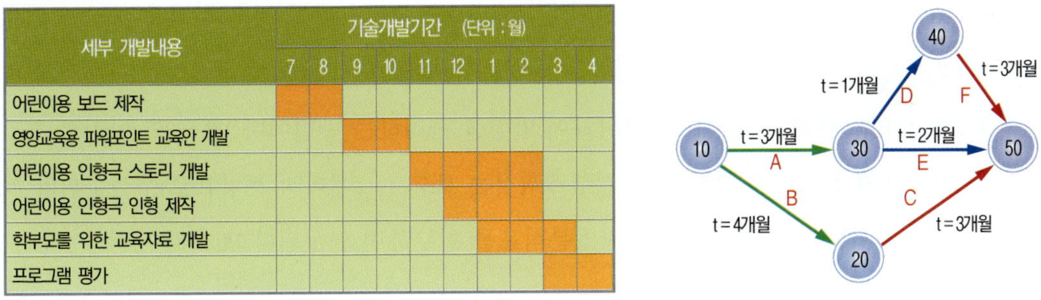

(A) Gantt chart (B) PERT chart

그림 6-2 (A) 막대형 업무일정표Gantt chart의 예와 (B) PERT 차트

○○실행계획서 (세부 사업계획서)

사업명 :
우선순위 :
책임자 :
최종검토일 :

단계	작업명과 내용	담당자	예산	장비 · 시설	일정		비고
					시작일	완료일	
준비 단계							
실행 단계							
평가 단계							

그림 6-3 실행계획서 양식

evaluation and review technique 차트가 있다. PERT는 1959년 미국 해군에 의해 도입된 네트워크 기법으로서 화살표와 결합점을 이용하여 작업의 순서와 이에 대한 기간 및 일의 양을 표시하고, 이를 수학적으로 해석하여 일정을 관리하는 방법이다그림 6-2B. 이러한 차트를 이용하여 일정표를 작성한 후 실행계획서는 보통 1, 2페이지 분량으로 우선순위와 책임자, 최종검토일 등을 명기하여 작업분석표를 첨부하면 완성된다그림 6-3.

2. 프로그램 평가

1) 프로그램 평가의 정의와 목적

프로그램의 평가는 건강유지 및 증진을 위한 지역사회 프로그램의 실행 후 미리 설정한 특정 목표에 도달하였는지의 정도를 파악하고자 체계적으로 정보를 수집·분석하여 보고하는 일련의 과정이다. 즉, 프로그램이 얼마나 효과적이었는가를 알기 위해 미리 설정한 판단의 기준이나 표준에 따라 목표치와 실제 수행한 내용을 비교하는 것이다. 세계보건기구WHO에서 정의한 평가의 개념은 "장래를 위한 선택항목을 주의 깊게 선택함으로써 현재 활동을 개선하거나 더 좋은 기획을 실시하기 위해 경험에서 체계적으로 배우고, 그 배운 교훈을 사용하는 방법"이라 하였듯이, 평가의 결과는 다음 계획에 유용하게 사용될 수 있다.

평가는 크게 목표달성의 성취 정도와 과정 자체의 효율성에 대한 두 가지 측면을 고려하여 실시한다. 과정의 평가는 대상자에게 양질의 서비스를 제공하기 위한 피드백 역할을 하며, 프로그램의 계획 및 실행단계에서 실시한다그림 6-4. 평가의 목적인 목표달성 정도, 프로그램의 가치, 프로그램의 개선 등에 따라 평가에 대한 정의, 방법, 절차, 평가도구 등이 달라진다.

보건 프로그램이나 영양사업은 보통 동시에 여러 가지 활동과 사업자원들이 투입되고, 환경이 지속적으로 변화하는 역동성을 띠므로 영향요인과 환경을 일정하게 유지하면서 결과를 평가하기 위한 통제가 어렵기 때문에 평가에 어려움이 있다. 이는 결과 분석

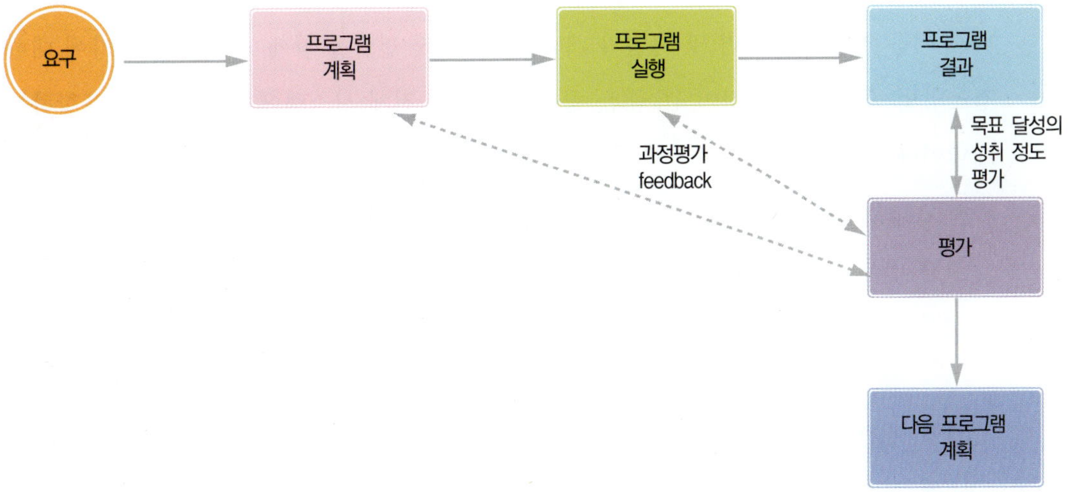

그림 6-4 프로그램 평가의 대상

시 평가하고자 하는 프로그램과 관련된 사항 외에도 여러 요인이 영향을 미칠 수 있기 때문이다. 따라서 최근에는 목표달성에 대한 평가 외에도 프로그램과 관련된 체제나 상황, 개발과정, 즉 투입, 실행, 산출에 이르기까지의 체계적인 평가를 통하여 그 효과를 평가한다. 프로그램의 평가대상의 범위에 따라 1수준의 좁은 의미인 목표달성 여부의 개념에서 점진적으로 넓은 의미의 대상으로 구분하여 접근하는 형태이다그림 6-5. 2수준의 평가는 결과와 관련된 활동의 투입에 대한 분석, 3수준은 투입과 예측한 영향과의 관계뿐 아

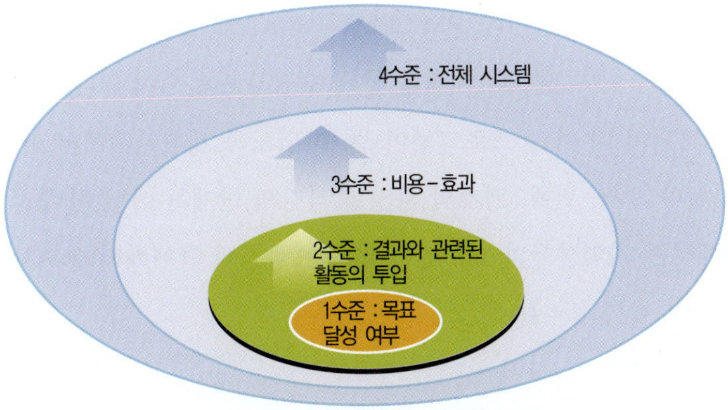

그림 6-5 평가대상에 따른 평가접근 수준

니라 비용 영향적인 측면 및 사업의 개념화, 설계 및 전달을 함께 고려한다. 평가에 대한 접근방법 중 가장 포괄적인 4수준은 평가의 대상과 전체 시스템에 대한 평가를 포함하는 개념이다.

따라서 프로그램 평가의 목적은 다음과 같이 요약할 수 있다.

첫째, 프로그램의 목표달성 정도, 산출, 결과, 효과 및 영향을 측정하며,

둘째, 프로그램 결과에 영향을 준 요소를 파악하여 향후 프로그램 계획에 유용한 정보를 제공하고,

셋째, 질관리 시스템을 확립하고 행동변화 이론 및 모델을 검증하는 기회를 제공하며,

넷째, 프로그램 수행자 및 평가자의 프로그램 계획, 실행, 평가의 기술을 향상시키고,

다섯째, 지원기관의 요구사항을 충족시키는 것이다.

2) 프로그램 평가의 유형과 종류

(1) 프로그램의 평가모델과 유형

프로그램의 평가모델 중 가장 보편적으로 사용되는 모델로는 4장에서 소개된 PRECEDE-PROCEED 모델과 로직모델logic model을 들 수 있다. 평가에 사용되는 모델이 앞장에서 소개된 이유는 프로그램 평가의 개념이 프로그램을 모두 실시한 후 결과를 평가하던 개념에서 점차 과정과 절차에 대한 평가, 프로그램 실행 중의 평가 등 넓은 의미로 그 대상이 변화되었기 때문이다. PRECEDE-PROCEED 모델과 로직모델은 모두 프로그램의 계획단계에서 이미 평가의 계획을 함께 수립하도록 되어 있다. 이러한 계획의 평가가 다시 피드백되어 더 나은 프로그램이 될 수 있도록 계획단계에서 반영되기 때문에 사실상 프로그램의 계획, 실행, 평가의 과정을 각각의 단계가 아닌 하나의 큰 모델로 보고 있다. 앞장에서는 지역사회의 요구진단 및 목표설정의 단계에서 살펴보았다면, 본 장에서는 평가의 단계에서 살펴본다.

① PRECEDE-PROCEED 모델

이 모델은 과정평가, 영향평가, 결과평가의 3단계로 구분할 수 있다. PRECEDE-PROCEED모델이라는 이름이 나타내듯이 PRECEDE는 진단단계, PROCEED는 발전단계로 실행과 평가과정을 의미한다. 따라서 이 모델은 프로그램을 실행하기에 앞서 건강행동에 영향을 미치는 동기부여(소인)요인, 강화요인, 가능요인의 파악이 중요하다는 것을 전제로 설정되었기 때문에 4장에서 요구진단을 위해 사용되는 모델로 소개되었다. 이 모델의 특성을 이용하여 진단과정의 평가와 발전·실행단계의 평가를 제시하여 프로그램 평가의 새로운 개념으로 도입하였다.

② 로직모델

로직모델logic model은 논리모델, 투입-산출 모델이라고도 불리며, 단기목적 및 장기목적의 설정, 그 중요성, 목표의 각 단계별 활동에 대한 기본 가정을 강조하는 모델이다. 이 모델은 프로그램의 구체적인 활동에서부터 단기적·장기적 영향까지의 발전을 논리적인 흐름으로 보여 주므로 자원의 투입, 프로그램 실행과정, 프로그램을 통해 제공한 서비스의 산출과 그 결과에 대한 정보를 통해 혁신할 수 있다는 가정을 바탕으로 하고 있다. 따라서 로직모델에서는 평가가 매우 중요한 개념으로, 투입에 대한 평가인 구조평가, 전환과정 및 산출과정에 대한 평가인 과정평가, 사업의 결과에 대한 평가인 결과평가로 분류할 수 있다.

(2) 프로그램 평가의 종류

프로그램의 평가는 여러 방식으로 구분할 수 있으며, 각 분류기준에 따른 종류와 내용을 표 6-1에 정리하였다.

표 6-1 프로그램 평가의 종류

분류기준	종류	내용
평가인력	내부평가	프로그램을 실시하고 있는 기구의 내부인력에 의한 평가
	외부평가	외부인력이 수행하는 평가
평가기준	절대평가	평가자의 주관적 평가에 의한 절대평가
	상대평가	여러 프로그램의 비교
평가목적	프로그램 개선	프로그램의 개선을 목적으로 한 평가
	프로그램 관리	프로그램의 관리를 목적으로 한 평가
	연구	연구를 목적으로 한 평가
평가단계	계획평가	프로그램 계획단계의 평가
	실시평가	프로그램 실행단계의 평가
	종합평가	사업을 마무리하는 단계의 평가
평가시기	구조평가	프로그램의 시행 전에 실시하는 평가
	과정평가	프로그램을 실행하는 과정 중에 실시하는 평가
	결과평가	프로그램의 완료 후에 실시하는 평가
평가결과의 수치화 여부	질적평가	수치화 불가, 명목척도와 순서척도로 평가
	양적평가	수치화 가능, 등간척도와 비율척도 등으로 평가

3) 평가설계 및 평가지표 개발

프로그램의 평가는 지역사회의 건강행동을 변화시키기 위해 어떻게 계획하고, 프로그램 실시 후 효과를 미리 설정한 목표를 기준으로 측정하여 다음 계획에 어떻게 유용하게 사용할지 검토하는 과정이다. 프로그램을 수행하면서 기획단계부터 결과를 도출하는 과정까지 지속적으로 발생하는 다양한 문제점을 파악하여 극복하고 좋은 해결방안을 모색하는 과정을 평가과정이라 하며, 평가를 효과적으로 수행하기 위해서는 평가설계를 체계적으로 마련하는 것이 중요하다. 또한 평가는 어떠한 내용을 평가할 것인지 결정짓기 위해 평가도구(평가지표)를 설정하여 실시하므로 평가설계에서 평가도구 또는 지표를 개발하는 것은 매우 중요한 과정이다.

(1) 로직모델을 이용한 평가설계

로직모델에 따라 실시하는 평가는 평가시기에 따라 구조평가, 과정평가, 결과평가의 3가지 종류가 있다. 로직모델에서 구조평가는 프로그램을 실시하기 전에 자원이 투입되는 단계를 평가하는 것이다. 즉, 투입영역은 프로그램에 직접 사용한 인력, 시설, 장비, 예산, 정보 등의 자원으로 인적, 물적, 경제적 요소를 의미한다. 이러한 자원이 얼마나 효과적으로 집행되고 사업에 영향을 미쳤는지 경제적 투자 여부를 평가하는 투입영역평가가 구조평가에 속한다.

자원이 실제 프로그램으로 실행되면서 구체적인 활동이 진행되는 시기에 실시하는 과정평가는 과정영역인 수행활동요소, 제공자요소, 대상자요소, 지역사회협력요소, 외부요소 등을 평가하는 것이다.

프로그램을 실행하고 난 뒤 결과가 산출되는 시기에 실시하는 결과평가는 프로그램이나 교육의 수료자 수, 강좌의 건수, 캠페인 횟수, 프로그램 수혜자 수 등을 포함하는 산출영역과 생산된 서비스나 물품, 프로그램을 통해 대상자나 사회가 받는 영향을 평가하는 결과영역의 평가가 포함된다. 그림 6-6은 로직모델에 따른 구조, 과정, 결과 평가에서 투입영역, 과정영역, 산출영역, 결과영역을 나타내고 있다. 프로그램 평가설계의 기준은 육하원칙의 기준에 따라 평가조직의 구성(누가), 평가시기 및 기간(언제), 평가장소(어디서), 프로그램의 평가대상과 범위(무엇을), 평가목적(왜)에 따라 어떤(어떻게) 평가방법으로, 평가결과를 다음 프로그램에 반영하는 방법(어떻게) 등을 설계해야 한다.

(2) 평가설계 시 고려사항

① 구조평가

프로그램을 실시하기 전에 평가하는 구조평가는 투입되는 자원의 적절성을 보는 평가이다. 구조평가의 영역에는 인력 및 조직구조, 물리적 자원이 포함된다표 6-2.

② 과정평가

프로그램이 실행되는 과정 중에 실시되는 평가로 프로그램 진행계획과 진행 정도를 비교함으로써 목표달성이 가능하도록 프로그램을 조정하고 목표달성을 저해하는 요인을

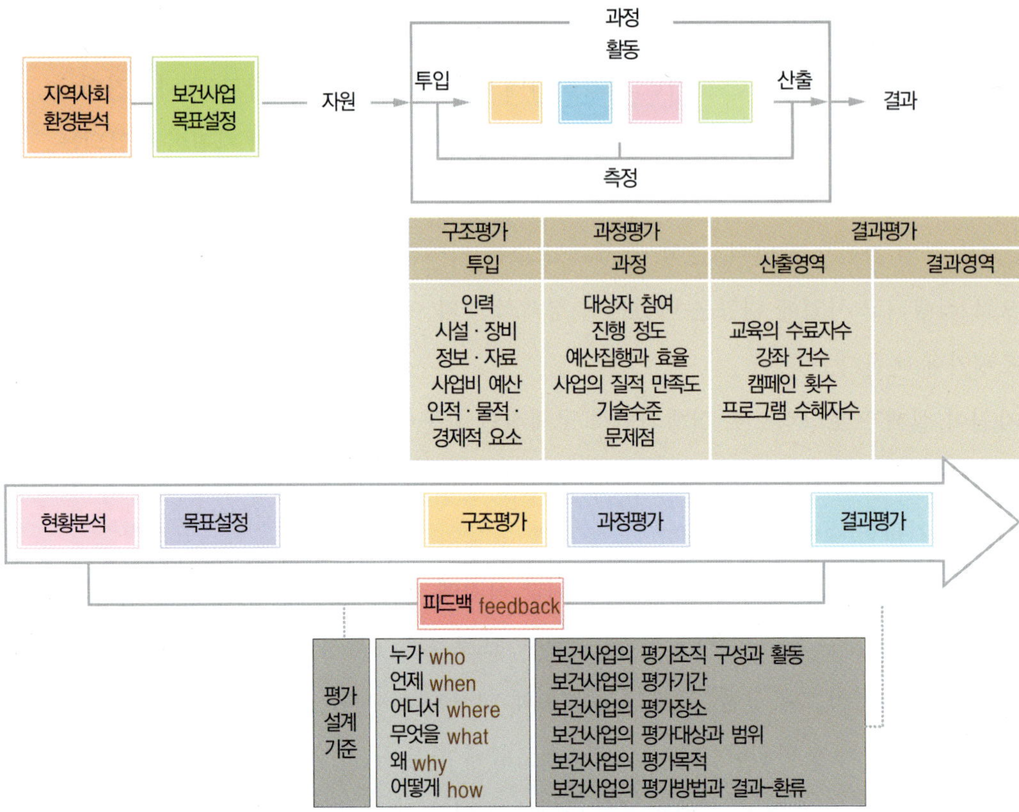

그림 6-6 로직모델을 이용한 평가설계

조기에 발견하여 시정할 수 있게 하는 평가이다. 과정평가의 내용은 자료조사 여부, 사업 주제 및 내용의 타당성, 사업담당자의 교육 및 훈련이수 여부를 평가하는 적합성 등의 내용이 포함된다. 과정평가 시 간트차트를 이용하여 프로그램 시행계획과 실제 진행 정도를 동시에 막대그래프로 나타냄으로써 진행 정도를 비교할 수도 있다. 프로그램 진행과정에서 문제가 발생하여 계획에 차질이 생기면 발견된 문제점을 해결하여 계획대로 진행시켜야 한다표 6-3.

③ 결과평가

결과평가는 프로그램을 마친 후 시행하는 평가로, 효과를 측정함으로써 프로그램의 지속적인 실시나 확대 여부를 판단하기 위해 실시한다. 결과평가의 내용에는 대상자의 행동변화 및 건강상태 변화와 대상자의 만족도가 포함된다표 6-4.

표 6-2 프로그램의 구조평가에서 평가영역 및 평가내용

평가영역		평가지표	평가내용
구조평가	인력 및 조직구조	인력활용	• 전담인력 • 지역사회 조직 및 인력 활용계획 • 지역사회 조직 및 인력 활용계획 대비 실적 • 사업수행에 참여하는 인력
		조직구조	• 조직 내 건강증진 부서의 위상
	물리적 자원	시설	• 사업수행에 필요한 시설 • 지역사회 가용시설 활용계획
		장비	• 사업에 필요한 장비 보유 • 지역사회 가용장비 활용계획
		재원	• 계획된 예산의 확보율 • 사업수행 예산의 자체 기여도 • 확보된 예산 중 실제 집행된 예산

표 6-3 프로그램의 과정평가에서 평가영역 및 평가내용

평가영역		평가지표	평가내용
과정평가	전략적 기획	사업기획조직	• 기획과 전략을 위한 전담자 혹은 전담부서의 존재 • 건강생활실천협의회가 기획과정에서 기능 수행 • 사업운영위원회의 사업기획과정 참여
		자료조사	• 해당 사업에 대한 기존 문헌 고찰 수행 • 주민의 건강 수준 조사자료의 활용
		사업내용의 적절성	• 종합적인 지역보건의료계획의 목표와의 부합성 • 사업계획서안의 내용
	사업관리	사업담당자의 적합성	• 사업담당자의 해당 사업 수행기간 • 사업담당자의 외부 교육횟수
		사업내용	• 사업 진행상황의 정기적인 확인과 문서작성 및 보관 • 다른 사업담당자들과의 업무 협조 정도 • 진행상황에 따른 사업목표 및 내용 수정가능성
		사업관리	• 사업수행과 관련된 홈페이지 활용 • 대상자의 의견 및 만족도 조사 여부

표 6-4 프로그램의 결과평가에서 평가영역 및 평가내용

평가영역		평가지표	평가내용	
결과평가	만족도	프로그램 시행자	• 프로그램 진행방법에서의 권한 • 재정지원 • 프로그램 수행을 위한 장비 • 담당자의 전문성 • 지방자치단체장의 의지	• 지원된 인력규모 • 프로그램 진행을 위한 시설 • 프로그램 진행을 위한 훈련 • 보건소장의 의지 • 프로그램에 대한 전체적인 만족도
		프로그램 대상자	• 프로그램 홍보에 대한 만족도 • 프로그램 참여의 시간적 편리성 • 프로그램 제공담당자의 전문성 • 타 기관 프로그램과의 우위성 • 프로그램 재이용 의사	• 프로그램 제공담당자의 친절도 • 프로그램 참여의 지리적 접근용이성 • 프로그램의 유용성 • 프로그램 전반에 대한 만족도 • 프로그램 권유 의사

(3) 평가지표의 개발

① 평가지표의 의의

평가란 관심사항을 기준과 비교하는 것으로, 비교를 위해서는 대상의 상태를 파악하는 지표가 필요하다. 즉 프로그램 기획자는 프로그램이'어디로 가고 있는가?', '어떻게 도달할 것인가?', '거기에 도달했다는 것을 어떻게 아는가?'등의 질문을 하게 되며 이러한 질문에 정확한 답변을 하기 위해 적절한 지표를 개발해야 한다. 따라서 수행 정도와 적절성, 효과성과 효율성 등을 평가하기 위하여, 또한 프로그램 시행 이후 산출내용과 결과를 통해 실제적으로 지역사회에 어떤 영향을 미쳤는지를 제시하기 위하여 프로그램 평가지표의 개발은 필수적이다.

② 평가지표의 개발절차

좋은 평가지표를 개발하기 위해서는 우선 프로그램의 목적을 파악하고 평가지표의 목적을 정확하게 설정한 후, 유형별로 평가를 진행할 시점을 결정한다. 논리모델을 따라 평가할 경우 구조평가, 과정평가, 결과평가 각 영역의 항목을 구성하는 것이 중요하다. 표 6-5는 보건소의 보건사업에서 평가영역별로 제시할 수 있는 평가지표의 사례를 보여 준다. 또한 실제 평가를 위해 자료를 어떻게 수집할지 자료수집 유형을 선정하여 평가문항을 결정하고 제작, 수정, 검토 후 평가지표를 최종적으로 확정한다.

표 6-5 보건소 성과평가를 위한 영역별 평가지표(안)

평가영역	평가항목	평가지표	비고
투입	인력	• 최소배치기준 충족 정도 • 보건사업별 실제 투입인력 • 보건사업별 담당자 중 교육훈련 이수자 수	
	예산	• 보건소 예산 및 인구 1인당 보건예산 • 지방자치단체 예산 중 보건소 예산 비율 • 보건사업별 예산 • 교육훈련 예산	
활동·산출	지역사회 건강 수준 모니터링	• 지역사회 건강 수준 파악 여부 • 지역사회 건강 수준 공개 여부 • 산출 가능한 지역사회 주요 건강지표 수 • 인구집단의 건강관리를 위한 등록사업 실시 여부	
	건강정보 제공 및 교육	• 건강정보 제공 여부 • 보건교육 실시 여부	
	지역사회 협력	• 지역사회 협력기관의 다양성 • 지역사회 협력기관과의 자원 공유 여부 • 지역보건의료계획 심의위원회 개최횟수 • 지역보건의료계획 심의위원회 활동내용	
	법률 및 제도 강화	• 건강문제 해결을 위한 지방자치단체 조례 제정 여부 • 건강환경 조성 여부 • 모범사례 발굴 및 포상 실시 여부	
	보건사업 평가	• 보건사업 평가 실시 여부 • 만족도조사 실시 여부 • 주민의견조사 실시 여부	
	보건의료 서비스 제공	• 취약계층에 대한 서비스 제공 정도 • 적정 서비스 제공 정도	
결과	보건사업 결과	• 위험요인 관리 • 질병관리	
	지역사회 건강 수준 변화	• 위험요인 관리 • 질병관리	

출처 : 한국보건산업진흥원 건강증진사업지원단. 보건소 업무수행성과 평가체계 개발, 2007

③ 좋은 평가지표

좋은 평가지표는 타당성, 신뢰성, 감수성, 특이성을 고려해야 한다. 특히 평가지표는 내용의 적절성 및 참신성, 질문의 명확성 및 구조화, 적절한 난이도가 있어야 한다. 또한 적극적 참여동기를 유발하고 측정오차관리가 용이하며 문항에 사용하는 용어에 일관성이 있고 윤리성 및 도덕성을 갖춰야 한다. 궁극적으로 평가지표를 통해 프로그램의 이행수준 및 효능을 평가하게 된다. 좋은 평가지표는 평가하고자 하는 상황에 대한 적용가능성applicability, 피평가자에게 받아들여지는 정도인 수용가능성acceptability, 실제로 평가에 사용될 때의 실용성practicality 및 신뢰도reliability와 타당도validity가 높은 것을 말한다.

④ 평가지표의 타당도

평가지표는 타당도가 확보되어야 하는데, 타당도란 검사가 원래 측정하고자 한 속성을 제대로 측정했는가의 정도이다. 프로그램의 평가에서는 평가지표의 타당도를 측정할 직접적인 외적 기준이 없으므로(실험적 방법과 다름) 간접적인 방법을 통해 타당도를 분석하게 되는데, 프로그램 평가지표의 타당도를 분석하기 위한 방법으로 내용타당도, 구성타당도, 준거타당도가 있다.

- 내용타당도content validity : 안면타당도face validity나 논리적 타당도logical validity 등의 종류가 있으며, 평가지표가 측정하고자 하는 내용을 잘 반영하고 있는가의 정도를 평가하는 방법이다. 보건 프로그램에서의 내용타당도는 특히 성취도 평가에서 강조되는 방법으로, 원래 프로그램이 수행해야 할 사업내용을 얼마나 적절하게 반영했는지를 나타낼 수 있는 평가지표인지를 뜻하며 내용대표성이라고도 한다. 프로그램의 목표를 분명하게 제시한 내용이 관련 전문가의 논리적 판단 수준과 일치할 때 프로그램의 성취도를 내용타당도를 통해 평가할 수 있다. 프로그램의 평가에서 내용타당도는 관련 전문가가 이론적 배경에 근거를 두고 문항을 작성하여 검토한 결과들이 일치할 때 확보할 수 있다. 내용타당도를 측정하는 척도로는 질적척도와 양적척도가 있는데, 질적척도는 배타성, 포괄성, 단일개념성이 중요한 판단기준이 된다. 반면에 양적척도는 추상적인 속성의 구체화, 체계화, 세분화를 통해 내용타당도를 측정하게 된다. 내용타당도 측정의 특성은 주관적인 성향, 전문가의 의견, 사전조사를 통해 확보된다는 점과 방법의 용이성을 들 수 있다.
- 구성(개념)타당도 : 프로그램의 평가가 본래 평가하고자 의도한 프로그램의 구성개념을 제대로 측정하고 있는지를 분석하는 방법으로 프로그램이 어느 정도 적절히 평

가되었는지를 나타낸다. 새로 개발된 평가지표를 기존의 이론적 관점에서 판단하고 요인분석을 통하여 확인하는 방법인 것이다. 즉, 요인분석을 실시하여 구성개념에 지배적 영향을 주는 요인이 분석된다면, 구성타당도가 높은 경우이다. 따라서 보건 프로그램에서 투입된 자원과 활동이 적절하게 이루어지고 있다면 결과가 우수하다는 전제하에 투입, 과정, 결과에 대한 내용이 각각 적절하게 구성되어 있는지를 판단한다. 하위개념으로 새로운 지표와 이와 다른 특성을 측정하는 기존 지표 간의 상관계수를 분석하여 상관계수가 낮을수록 구성타당도가 높다고 분석하는 분별타당도가 있다.

- 준거타당도criterion-related validity : 기준 관련 타당도라고도 하며 기존의 평가지표와 새로운 평가지표를 통한 결과의 상관관계로 나타낸다. 경험적 타당도라고도 하며 간편성과 측정의 용이성이 장점이다. 하위유형으로 예측타당도 혹은 동시타당도가 있다.

⑤ 평가지표의 신뢰도

평가지표의 신뢰도란 같은 대상에게 동일한 절차를 통한 평가를 반복적으로 적용했을 때 매번 같은 결과를 가져오는 정도를 나타낸다. 따라서 평가지표의 신뢰도는 일관성·반복성·일치성으로 나타나며, 얼마나 정확하게 오차 없이 측정하고 평가하느냐를 나타낸다. 평가지표의 신뢰도를 측정할 때 주의할 사항은 측정지표의 구체성, 항목의 수, 응답자의 수준, 태도나 일관성 환기, 기존 척도 활용, 특정 측정항목 제외, 역문항 조심, 조사도구의 문제 등이다. 표 6-6은 평가지표의 신뢰성을 측정하는 여러 가지 방법을 제시하였다. 평가지표를 개발할 때표 6-6에 제시된 적절한 방법으로 측정된 신뢰도를 검증하지 않을 경우 평가결과는 받아들여지기 어렵다. 따라서 평가지표에 대한 적절하고 과학적인 통계학적 방법을 통한 평가지표의 신뢰도를 측정계수를 제시함으로써 입증해야 한다.

표 6-6 평가지표의 신뢰도 측정방법

종류	측정계수	측정법
재검사법	안정성계수	한 개의 평가지표를 이용하여 같은 집단에 2회에 걸쳐 검사를 실시하여 전후 결과에서 얻은 점수를 기초로 상관계수를 산출하는 방법
동형검사법	동형성계수	미리 2개의 동형검사를 제작하고 같은 대상에게 검사를 실시하여 두 검사에서 얻은 점수 사이의 상관성을 산출하는 방법
반분신뢰도법	동질성계수	한 개의 평가지표로 한 집단에 검사를 실시한 후 검사결과를 적절하게 두 부분의 점수로 분할하여 분할된 결과를 독립된 검사로 간주하고 그 사이의 상관성을 계산
문항 내 합치도법	문항내적합치도	평가지표 내 각 문항을 모두 독립된 한 개의 검사단위로 생각하고 그 합치도, 동질성, 일치성을 종합하여 문항내적합치도를 산출
크론바하의 알파	크론바하의 알파계수 Cronbach's alpha	검사의 내적 일관성을 나타내는 값으로서 한 검사 내에서의 변수들 간의 평균상관관계에 근거해 검사문항들이 동질적인 요소로 구성되어 있는지를 분석하는 방법

타당도와 신뢰도

타당도는 검사가 원래 측정하고자 의도한 속성을 제대로 측정했는가의 정도를 나타내며, 신뢰도는 측정하고자 하는 것을 일관성 있게 정확하게 측정했는가의 정도를 나타내는 개념이다. 즉 동일한 검사를 동일한 대상자에게 여러 번 실시할 경우, 결과 간의 오차가 크면 신뢰성이 떨어진다. 프로그램의 목표달성 정도를 측정하고자 할 때 투입된 예산의 적절성을 질문한다면 검사의 타당도는 낮아지게 된다. 타당도와 신뢰도는 항상 일치하는 것은 아니다.

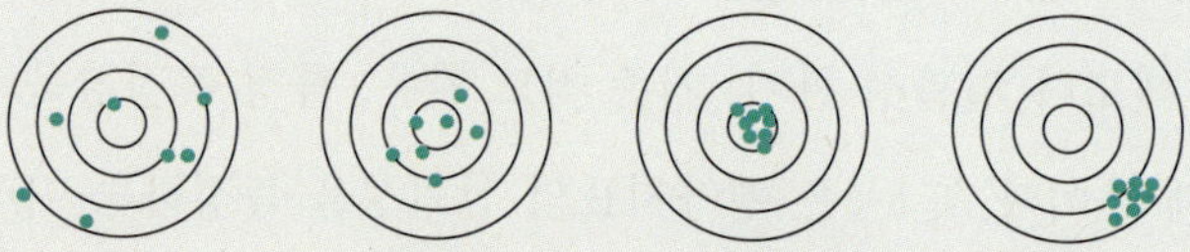

검사의 타당도	낮음	높음	매우높음	낮음
검사의 신뢰도	낮음	낮음	매우높음	매우높음

4) 프로그램 평가의 실시

프로그램 평가는 **그림 6-7**과 같은 단계로 이루어진다.

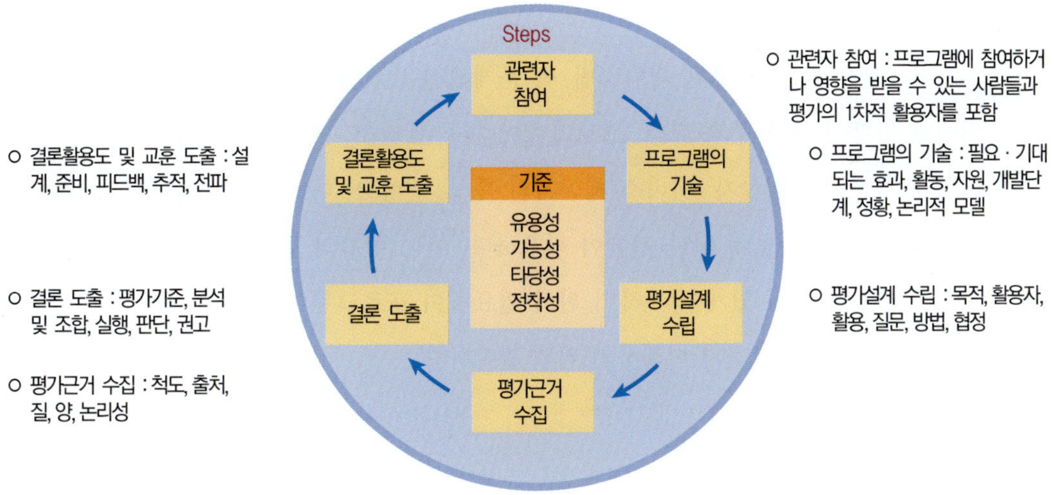

그림 6-7 미국 질병관리본부CDC의 보건사업 평가의 구조

(1) 1단계 : 이해관련자의 참여

보건 프로그램은 파트너십이나 팀워크를 기반으로 이루어지므로 이해당사자가 평가에 참여해야 프로그램의 목적, 운영, 결과에 대한 주요 요소를 설정할 수 있다. 만약 이해당사자가 참여하지 않을 경우 평가결과들은 무시될 수 있다. 프로그램 평가에 참여해야 하는 이해당사자는 표 6-7과 같다.

표 6-7 프로그램 평가에 참여하는 이해당사자

참여자	참여자 예	내용
프로그램 운영에 참여하는 사람들	후원자, 협조자, 제휴파트너, 재정담당 공무원, 행정가, 관리자, 간부 등	각 집단은 각기 다른 관점과 의제 및 이해관계를 가지며 각기 전문적 역할을 하므로 각 집단의 평가가 필요하다.
프로그램의 혜택 또는 영향을 받는 사람들	대상자, 대상자 가족, 이웃, 조직, 학술집단, 행정기관, 지지집단, 전문가 협조집단, 비판집단, 반대자, 관련 기관 및 경쟁기관 간부	프로그램 평가에 직접적 수혜자나 간접적 수혜자들을 참여시키며 지지자뿐 아니라 반대자에게도 평가가 열려 있어야 한다. 이는 평가의 신뢰도를 강화시킨다.
프로그램의 일차적 활용자	-	평가는 프로그램에 관하여 결정하거나 실행할 수 있는 위치의 사람들에게 필요한 정보를 제공하고 그들의 가치를 실현하기 위해 지속적 접촉이 가능한 구조로 설계되어야 한다.

(2) 2단계 : 프로그램의 기술

프로그램의 개요, 사용된 개입방법, 즉 문제해결을 위해 제공된 서비스, 프로그램의 영역이나 정황에 관한 주요 요소, 프로그램이 제공된 장소, 프로그램의 재원과 비용, 프로그램을 제공받은 대상자, 서비스 제공자의 특성, 실행 시 나타났던 이슈, 프로그램이 실행되고 있는 단계 등에 대한 기술이 필요하다. 이는 평가의 공정성과 정확도의 증가 및 강점과 약점을 균형 있게 평가하기 위해 필요하며 프로그램이 처한 환경에서 어떻게 작동되는지를 이해당사자가 이해하기 위해 필요하다.

(3) 3단계 : 평가설계 수립

평가를 설계할 때는 평가의 목적, 평가결과의 활용자, 활용, 평가 시 질문, 평가방법, 협정 등의 사항을 고려한다. 또한 평가는 반드시 이해당사자의 주요 관심사에 초점을 맞춰야 하며 시간과 자원이 최대한 효율적으로 사용되어야 한다. 평가목적의 명확한 표현은 평가가 수행되는 방법에 대한 조급한 의사결정을 방지하며 프로그램의 평가는 표 6-8과 같은 4가지 일반적 목적을 가진다. 평가의 활용 및 활용자는 평가결과를 받는 사람들로 평가설계에 대한 협상을 하기 때문에 평가의 초점을 잡는 과정에 참여시켜야 한다. 활용은 평가결과가 생산해 내는 모든 정보를 이용하는 것으로 활용부분에 대한 용어가 정확해야 하는데, 이는 활용부분에 대한 용어가 모호하면 많은 이해당사자에게 평가가 도움이 되지 않는 것처럼 느껴질 수 있기 때문이다.

평가를 위한 질문은 프로그램의 어떤 면이 평가되어야 하는지를 구분지어 준다. 평가질문은 이해당사자로 하여금 평가가 어떤 해답을 줘야 하는지를 드러낼 수 있다. 질문 및 비슷한 분석에 근거한 의사결정은 평가의 근거를 모으고 방법을 선정하는 데 필요하다. 평가의 방법은 사회적·행태적·의과학적 분석에 기초하여 결정된다. 방법의 종류는 표 6-9와 같고 평가방법은 평가가 어떻게 진행될 것인지에 따라 결정되며, 각각의 평가방법은 고유의 한계와 선입견이 있기 때문에 혼합방법이 많이 쓰인다.

협정에는 실행이 요약되어 있으며 평가를 수행하는 참여자들의 역할과 책임이 명확히 기술되어 있다. 협정에는 목적, 활용자, 활용, 질문, 방법뿐만 아니라 실행가능성, 일정,

예산 등이 기술되어 있다. 평가를 위한 조사설계를 위해 우선 조사설계의 방식을 선택하고 표 6-9에 나열된 자료수집방법을 결정한 후 자료수집 도구 확립, 관찰 혹은 인터뷰나 조사대상을 선택하여 평가를 위한 자료를 수집한다.

표 6-8 보건 프로그램 평가설계의 4가지 목적

목적	내용
1. 관점의 확보	• 프로그램의 혁신적 접근법에 대한 가능성 여부를 판단하는 관점을 갖는다. • 기존의 평가에서 도출된 정보들은 기대되는 변화가 있기 위해서는 어떤 활동들이 있어야 하는지에 대해 프로그램 개발단계에서 필요한 관점을 제공한다.
2. 실행의 변화	• 프로그램을 어떻게 운영해야 할지 전체적 프로그램의 전략을 어떤 식으로 미세 조정해 나가야 할지 프로그램 실행과정에 적절히 기술되어야 한다. • 평가는 프로그램 활동의 질, 효과, 효율을 개선하기 위해 시행된다.
3. 효과 판정	• 프로그램의 활동과 관찰된 결과 간의 관계를 평가할 필요가 있다. • 이런 방식의 평가는 어떤 인구집단에 어떤 개입이 제공되어야 하는지가 정해진 성숙된 프로그램에 적절하다. • 원인과 효과의 직접적인 관계 속에서 효과가 파악되기도 한다. • 같은 환경의 다른 프로그램의 운영과 비교해 볼 때 어떤 효과는 하나의 프로그램에 의해 만들어진 것이 아닌 경우가 있으며, 그런 경우에는 각 프로그램의 공헌도를 설명하는 근거를 찾는 것이 평가의 목적이다.
4. 참여자에게 영향을 미치기 위함	• 논리적이고 체계적인 반성은 프로그램에 참여하는 이해당사자의 자발적 변화를 유도할 수 있다. • 영향의 예에는 추가적 프로그램 조정(예 : 지속적 설문지를 통한 프로그램 메시지 강화), 프로그램 참여자의 권한 증대(예 : 프로그램 방향에 대한 대상자의 조절능력 증대), 간부능력의 개발증진(예 : 근거를 해석하고, 분석하며 수집하는 능력을 간부들에게 교육), 조직성장에 기여(예 : 조직의 임무와 프로그램 간의 관계를 명확히 파악), 사회적 변화의 가속화(예 : 자기결정에 대한 지역사회 논쟁의 가속화) 등이 있다.

표 6-9 평가의 방법론

구분	내용	방법
전실험적 방법 pre-experimental design	사례연구case study • 단일집단 사후조사설계one-group posttest-only design • 단일집단 전후비교설계one-group pre-posttest design • 비교집단 사후조사설계posttest-only comparison group	• 관찰적 방법 : 관찰을 통한 기술설계descriptive design 방법이라고도 함 • 개인이나 집단 등을 하나의 단위로 선택하여 정밀하게 조사 연구하는 방법
준실험적 방법(유사실험설계) quasi-experimental design	1. 유사통제집단 전후비교설계pre-posttest nonequivalent comparison group design	• 동일하지 않은 집단을 비교, 두 집단이 연구영역에서 동질집단이라는 가정하에 전후검사 실시
	2. 단일집단 전후검사설계staged pre-post design	• 동일집단의 사전, 사후 시간적 비교
	3. 시계열설계time series design pre-123 vs. post-123	• 동일집단의 서로 다른 여러 시점의 시간적 비교
실험적 방법 experimental design	무작위비교실험 RCTrandomized controlled trial • 통제집단 전후비교설계pre-posttest control group design • 통제집단 후비교설계posttest-only control group design	• 특수한 성격의 집단, 즉 실험집단에 대한 대조집단과의 비교 설명

(4) 4단계 : 신뢰할 만한 근거 수집

평가정보를 모아야 평가를 일차적으로 활용하는 사람에게 신뢰할 만한 프로그램의 그림이 그려진다. 평가를 실행하며 자료를 수집하는 과정에서 자료의 질과 내용에 대한 조사, 연구방법, 표본선정 등의 구체적인 자료수집방법 등을 확정한 후 1차 자료의 수집은 인터뷰나 설문조사, 관찰 등을 통해 직접적으로 자료를 수집한다. 이 과정에서 관찰할 프로그램 부분이나 인터뷰 대상을 확률선택 혹은 비확률선택 방법을 통해 선택하고 조사할 샘플의 크기를 결정하는 등 많은 통계적 방법을 통해 1차 자료를 수집한다. 반면에 2차 자료는 사례기록이나 기존에 발표된 연구논문 등에서 비슷한 사례의 결과를 활용하는 등의 간접적인 방법을 통해 자료를 수집한다.

(5) 5단계 : 결론 도출(자료분석)

수집된 자료를 사람들이 이해할 수 있는, 즉 읽을 수 있는 형식으로 바꾸어 주는 자료분석의 과정을 통해 결론을 도출한다. 자료분석은 양적 자료 분석법과 질적 자료 분석법이 있다.

(6) 6단계 : 평가 결과 공유 및 발표

평가의 결과를 공개하고 관련자들과 공유하기 위해서는 평가보고서를 통해 발표과정을 거친다. 평가보고서의 작성 시 보통 표지, 목차, 프로그램에 대한 서술, 프로그램의 목적과 목표의 확인, 프로그램 이론의 확인, 평가조사의 계획 또는 설계, 조사설계, 자료수집 절차, 조사도구, 샘플선정 계획, 자료 분석, 결과물 요약, 평가의 함축적 의미와 권고 등의 내용이 포함되도록 한다.

요약

- 프로그램의 실행은 구체적인 실행계획을 세워 목표달성을 위한 전략을 세우고 단계별로 업무내용과 담당자, 예산자원 등을 구체적으로 기술하여 추진체계를 단계별로 따르며 실시한다. 실행계획에는 모니터링 및 위기 대응 방안책을 함께 수립한다.
- 프로그램의 평가는 PRECEDE-PROCEED 모델이나 로직모델을 통해 실시하며 각종 평가기준에 따라 내부평가 · 외부평가, 절대평가 · 상대평가, 계획평가 · 실행평가 · 종합평가, 구조평가 · 과정평가 · 결과평가, 질적평가 · 양적평가 등의 종류가 있다.
- 로직모델을 통한 평가는 투입된 인적 · 물적 · 경제적 자원이 얼마나 효과적으로 집행되고 사업에 영향을 미쳤는지의 경제적 투자 여부를 평가하는 투입영역평가와, 서비스를 생산 · 제공하기 위해 투입된 생산요소를 처리하는 중간과정에 대한 과정평가, 생산된 서비스나 물품, 즉 프로그램의 교육 수료자 수, 강좌건수 등을 평가하는 산출영역 평가와 프로그램 대상자나 사회가 받은 영향을 평가하는 결과영역으로 나누어 평가한다.
- 정확한 평가를 위해서는 평가의 설계가 필요하다. 평가설계란 평가의 방향과 각 단계에서 수행할 내용에 대한 계획을 세우는 것으로서 질에 대한 투자 제공, 평가의 비용-효과, 정치적 가능성, 실행가능성 측면을 명확히 함으로써 평가의 성공 확률을 증대하고자 시행한다. 즉 평가설계는 평가의 목적과 의도를 명확히 하고 평가결과를 활용하는 위치에 있는 사람을 위해 표본추출, 자료수집, 자료분석, 해석, 판단의 방법들을 기술한다. 또한 이해당사자들 간의 역할과 책임이 명시된 협정 또는 협약을 준비하여 중대한 환경의 변화가 생긴 경우 평가의 모든 부분 내지 일부의 교정을 위해 평가설계를 하게 된다.
- 실제로 평가는 이해관계자를 정의하고 프로그램을 기술한 후 평가설계를 수립하여 신뢰할 만한 근거를 수집 · 분석함으로써 결론을 도출한 후 평가결과를 공유하기 위해 평가 보고서를 작성 · 발표하는 과정을 통해 실시한다.

연구문제

1. 프로그램 평가의 중요성과 목적에 대해 설명해 보자.
2. 프로그램 평가의 설계과정을 실제 사례를 들어 설명해 보자.
3. 프로그램 평가의 유형을 나열해 보자.
4. 프로그램의 평가영역에 따라, 그리고 측정지표별 배점에 따라 실제 프로그램을 평가해 보자.

PART 3

지역사회 영양사업의 실제

COMMUNITY NUTRITION

CHAPTER 7

국민의 건강과 영양실태

1. 우리나라 사회구조의 변화 | 2. 건강 실태 | 3. 식생활과 영양 실태의 변화 | 4. 북한의 영양 실태

우리나라는 사회 · 경제적으로 빠른 변화와 함께 질병 양상 및 식생활에서도 많은 변화가 일어나고 있다. 따라서 시대적인 변화에 따른 지역사회의 건강증진을 위한 영양사업의 성공적인 전개를 위해서는 한국인의 건강 및 영양문제의 현주소를 파악하는 것이 필요하다. 본 장에서는 우리 국민의 질병 구조 변화, 건강 및 식생활 실태의 변화를 학습하고, 다양한 영양문제를 내포하고 있는 북한의 영양실태 및 문제점도 살펴본다.

학 / 습 / 목 / 표

1. 우리나라 인구와 질병구조의 변화양상을 학습한다.
2. 우리나라 국민의 건강실태와 질병양상의 변화에 따른 문제점을 설명할 수 있다.
3. 우리나라 국민의 식생활과 영양실태의 변화에 따른 건강문제를 설명할 수 있다.
4. 북한의 전반적인 영양문제를 설명할 수 있다.

1. 우리나라 사회구조의 변화

1) 인구구조의 변화

통계청 자료를 보면 2008년 우리나라 총 인구수는 48,746,693명으로 1970년의 32,241,000명에 비해 1.5배 증가하였다. 그러나 인구성장률은 1970년 이후 가파른 둔화 추세를 보여 2000년 0.84%, 2005년 0.21%까지 둔화하였으며, 2030년에는 인구규모와 성장이 멈추는 제로성장(0.01%)에 도달할 것으로 예측된다. 2030년 이후부터는 마이너스 성장률을 보이기 시작하여 2040년에 이르면 인구성장률이 -0.39%가 될 전망이다. 총 인구수는 인구성장률이 둔화함에 따라 2030년을 정점으로 감소하여 2070년 37,656,000명에 이를 것으로 전망하고 있다그림 7-1.

이와 같은 인구성장률 둔화의 주원인은 출산율 저하로, 국내 출산율은 1970년 4.53명에서 계속 감소하여 2005년에 1.08명으로 가장 낮았고 2006년(쌍춘년)에 1.12명, 2008년에는 1.19명으로 다소 출산율이 올랐고, 2012년 출산율이 1.29명까지 증가하였으나, 다시 2014년 1.20명으로 감소하였으며 2019년에는 1.0 미만으로 감소하였다. 이는 한 사회

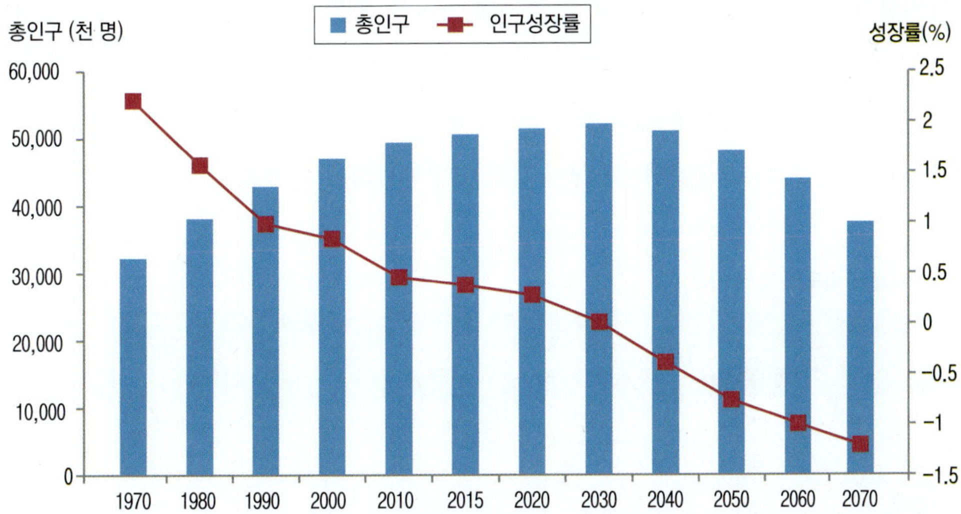

그림 7-1 우리나라의 총인구와 인구성장률 추이

출처 : 통계청. 장래인구추계(2010~2070)

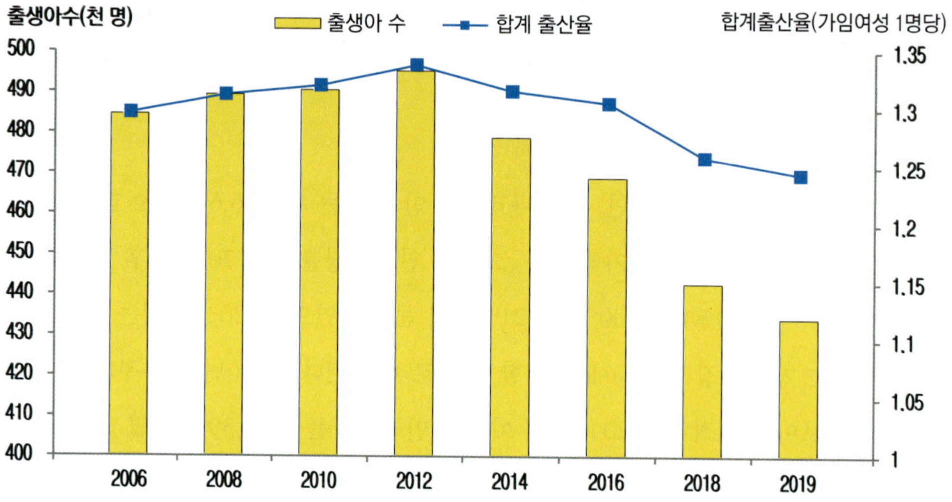

그림 7-2 우리나라의 합계출산율 추이

출처 : 통계청. 2020년 출생통계(확정), 국가승인통계 제10103호 출생통계

가 인구구조를 유지하는 데 필요한 출산율(대체 출산율)인 2.1명에 크게 미달하는 수준이다그림 7-2.

한편, 한국인의 평균수명은 1970년대 이후 경제성장과 더불어 소비 수준의 향상과 의학기술의 발전으로 늘어나고 있다. 통계청 자료를 보면 우리나라 국민의 평균수명은 1970년 62.3세에서 2007년 79.56세로 증가하였으며, OECD 국가들에 비해 빠르게 증가하는 추세이다. 1970년대에 65세 이상 노인인구가 차지하는 비율이 3.1%에 불과하던 것이 2000년에는 7.2%로 증가하여 UN이 정한 고령화사회에 이미 진입하였다.

표 7-1 고령화 속도의 국제 비교

	도달연도			증가소요연수	
	7% (고령화)	14% (고령)	20% (초고령)	7% → 14%	14% → 20%
일본	1970	1994	2005	24	11
프랑스	1864	1979	2018	115	39
영국	1929	1976	2026	47	50
미국	1942	2015	2028	73	13
한국	2000	2018	2025	18	7

출처 : 일본국립사회보장인구문제연구소. 인구통계자료집, 2022

인구 구조가 고령화되면 노동 생산력이 감소하여 사회 전체가 노후화된다. 우리나라의 생산 가능 인구(15~64세)는 2015년 3,457만 명을 정점으로 2016년부터는 감소세로 돌아서며, 그중에서도 50~64세의 중년 이후 인구 비중은 증가하는 반면, 15~24세의 젊은 연령층과 25~49세의 경제활동이 가장 활발한 연령층은 점차 감소하여 생산 가능 인구 내에서도 연령구조가 고령화될 것으로 전망되고 있다**그림 7-3**. 이러한 인구 및 경제인구 구조의 변화는 사회 전반에 커다란 영향을 미치게 된다.

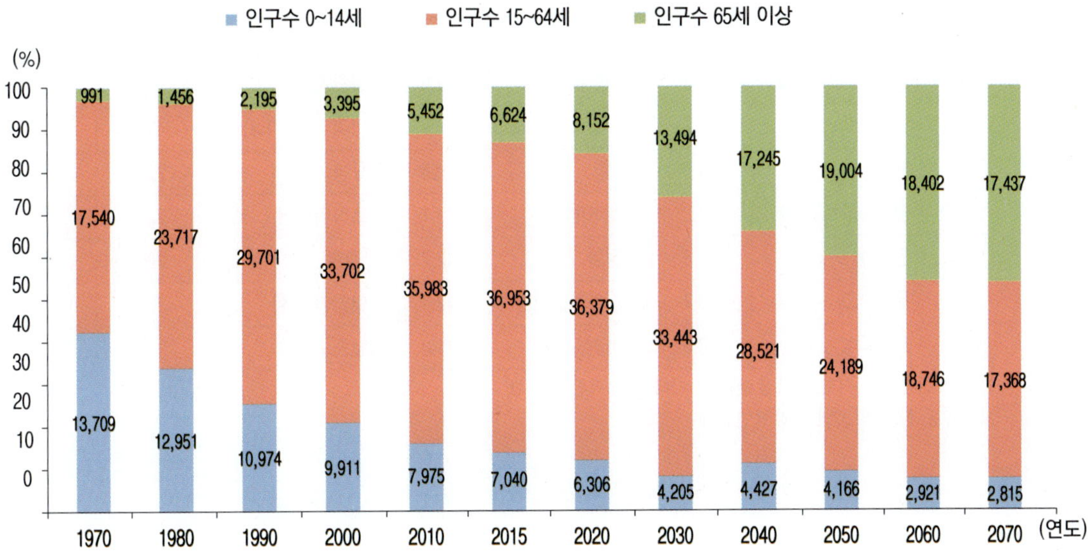

그림 7-3 인구구조의 변화

출처 : 통계청. 장래인구추계(2010~2070)

2) 질병구조의 변화

인구 고령화와 만성퇴행성질환 즉, 심혈관계 질환, 당뇨병, 천식과 같은 만성질환의 발생률 및 유병률이 증가하고 있으며, 2020년 10대 사망원인 순위는 악성신생물(암), 심장질환, 폐렴, 뇌혈관질환, 고의적 자해(자살), 당뇨병, 알츠하이머, 간질환, 고혈압성 질환, 패혈증으로 총사망자의 67.9%를 차지하고 있다. 특히 암, 심장질환, 폐렴은 전체 사망자의 44.9%를 나타내고 있으며, 암에 의한 사망률은 인구 10만 명당 1998년 108.6명에서

2020년 160.1명으로 증가하는 경향을 나타내고 있다. 이와 같은 증가 양상은 인구의 고령화와 함께 계속될 전망을 보이고 있다표 7-2.

표 7-2 사망원인 순위 추이(2010~2020)

(단위: 인구 10만 명당, 명)

순위	2010		2019		2020		
	사망원인	사망률	사망원인	사망률	사망원인	구성비(%)	사망률
1	악성신생물(암)	144.4	악성신생물(암)	158.2	악성신생물(암)	27.0	160.1
2	뇌혈관 질환	53.2	심장 질환[1]	60.4	심장 질환[1]	10.6	63.0
3	심장 질환[1]	46.9	폐렴	45.1	폐렴	7.3	43.3
4	고의적 자해(자살)	31.2	뇌혈관 질환	42.0	뇌혈관 질환	7.2	42.6
5	당뇨병	20.7	고의적 자해(자살)	26.9	고의적 자해(자살)	4.3	25.7
6	폐렴	14.9	당뇨병	158	당뇨병	2.8	16.5
7	만성 하기도질환	14.2	알츠하이머병	13.1	알츠하이머병	2.5	14.7
8	간 질환	13.8	간 질환	12.7	간 질환	2.3	13.6
9	운수사고	13.7	만성 하기도질환	12.0	고혈압성 질환	2.0	11.9
10	고혈압성 질환	9.6	고혈압성 질환	11.0	패혈증	2.0	11.9

1) 심장질환에는 허혈성 심장질환 및 기타 심장질환이 포함

자료 : 통계청. 2020년 사망원인통계

2. 건강 실태

1) 흡연 실태

흡연은 폐암, 후두암, 구강암, 식도암 및 췌장암 등 여러 종류의 암뿐만 아니라 만성폐쇄성 폐질환, 동맥경화증 및 뇌졸중 등 여러 질환의 발병과 밀접한 관계가 있다고 알려졌다. 특히 여성의 흡연은 본인뿐 아니라 가족과 자녀의 건강에 결정적인 영향을 미치며, 임신기의 흡연은 미숙아 또는 선천성 기형아의 출산 및 사산 등 치명적인 결과를 초래할 수 있다. 세계보건기구에서는 2030년에 이르면 흡연 때문에 세계적으로 매년 1,000만 명이 희생될 것으로 전망하고 있다. 우리나라 남자의 현재 흡연율은 2019년 35.7%로, 1998년에 비해 30.6.%가 감소하였으나그림 7-4, OECD 국가 가운데 아직도 여전히 높은 수준을 나타내고 있다그림 7-5.

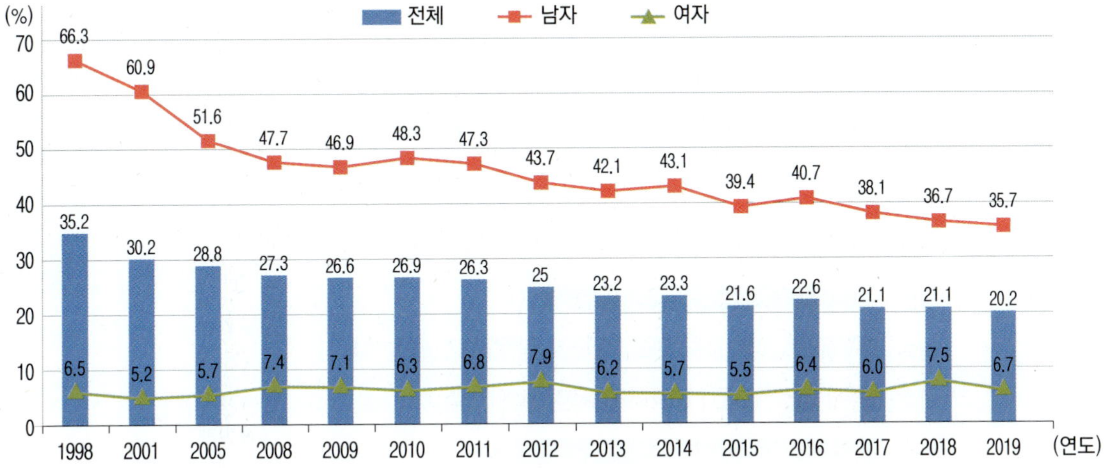

그림 7-4 성인 흡연율

출처 : 2019 국민건강통계, 2020

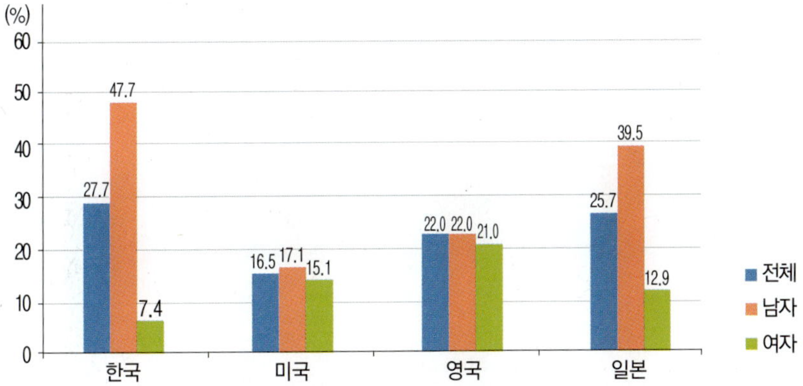

그림 7-5 흡연율과 OECD 국가 간 비교

출처 : OECD. 2019 Health Data, 2020

2) 음주 실태

알코올의 섭취는 영양소의 흡수와 대사장애를 일으켜 영양불량을 초래할 수 있으며 지방간, 고지혈증, 간경변증, 심장질환 및 위염 등의 질환을 유발한다. 또한 지속적인 알코올 과다 섭취는 우울증, 자살 및 알코올성 건망증후군 등의 정신질환을 동반하기도 한다. 우리나라의 알코올 소비량은 인구 1인당(15세 이상) 8.1L로 OECD 국가의 평균 수준인 것으로 나타났다그림 7-6. 2019년 국민건강영양조사에 의하면 월간 음주율은 57.7%로 2010년 57.7%에 비하여 감소하는 경향을 보이고 있다. 연령별로는 남자는 20대와 30대·40대에서 높았으며, 여자는 20대에서 높았다그림 7-7.

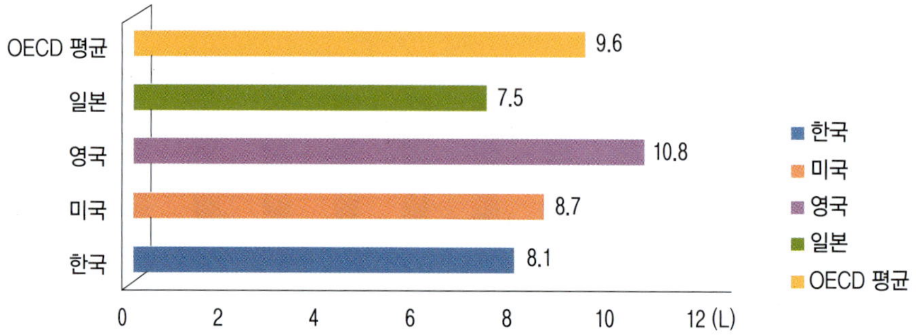

그림 7-6 주요 국가 1인당 알코올 소비량 (15세 이상)

출처 : OECD. 2019 Health Data, 2020

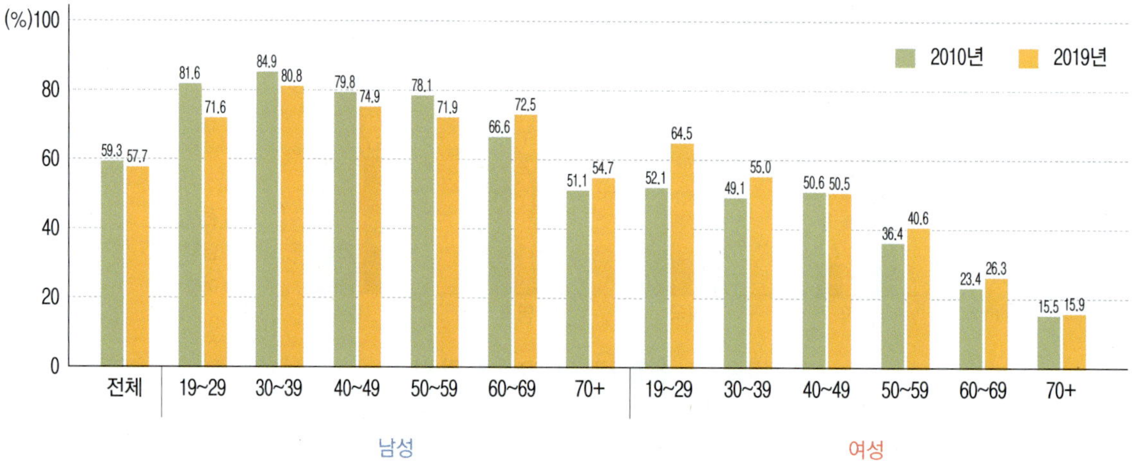

1) 월간 음주율 : 최근 1년 동안 한 달에 1회 이상 음주한 분율

2) 2005 추계인구로 연령 표준화

그림 7-7 월간 음주율 추이

출처 : 2019 국민건강통계, 2020

3) 주요 질병의 실태

(1) 비만

비만은 당뇨병, 고지혈증, 심혈관계 질환, 대장암, 직장암 등 다양한 만성질환의 원인이 되므로 예방과 관리가 필요하다. 2019년 국민건강영양조사 결과에 의하면 비만 유병률은 체질량지수 25kg/m^2 이상을 비만으로 분류했을 때, 19세 이상 성인은 33.8%이며, 특히 남자의 경우 2010년에는 36.4%, 2015년에는 39.7%로 증가하는 추세를 보이고 있

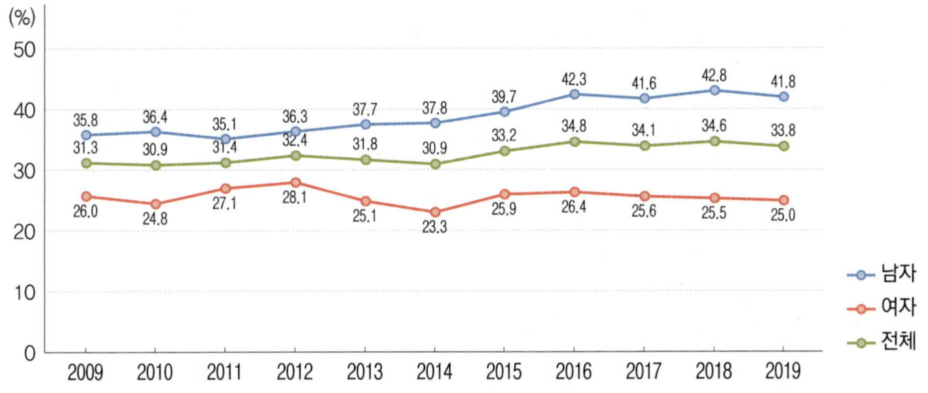

그림 7-8 비만 유병률 추이 (19세 이상)

출처 : 2019 국민건강통계, 2020

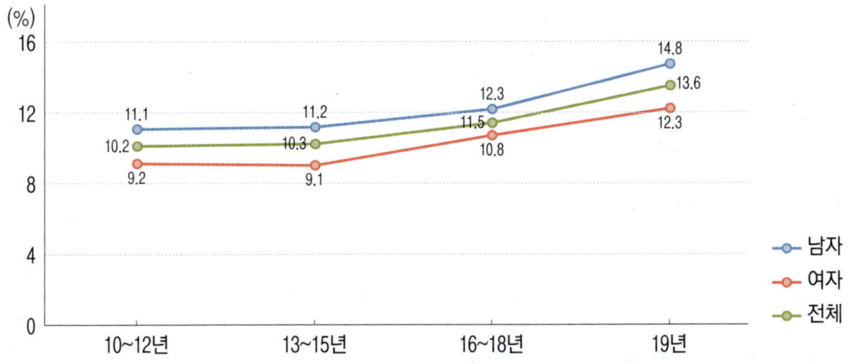

1) 소아청소년 비만 유병률 : 「2017년 소아 · 청소년 성장도표」 연령별 체질량지수 기준 95백분위수 이상인 분율, 만 6~18세
2) 2007~2009년 : 월령 산출 불가로 결과 비제시

그림 7-9 소아비만 유병률 추이

출처 : 2019 국민건강통계, 2020

다그림 7-8. 비만에 의해 야기되는 사회·경제적 손실은 2013년 기준으로 약 6조 7,659억 원으로 총질병비용의 13%를 차지하고 있다. 그러나 현재 성인뿐만 아니라 소아의 비만율 또한 많이 증가하고 있어그림 7-9 향후 비만에 따른 의료비용이 지속적으로 증가할 것으로 예측된다.

(2) 당뇨병

30세 이상 성인에서 2019년 당뇨병 유병률은 남자 12.6%, 여자 8.2%로 남자가 높았으며, 전체 성인의 당뇨병 유병률은 2009년 9.6%에서 2019년 10.4%로 약간 증가하는 추세를 보인다그림 7-10. 그러나 당뇨병 환자 중 65.2%만이 당뇨임을 진단받고, 60.8%만 치료받고 있으며 그 중 25.5%만이 혈당이 적정 수준으로 조정되고 있어 당뇨병의 조기진단 및 철저한 관리가 필요한 실정이다그림 7-11.

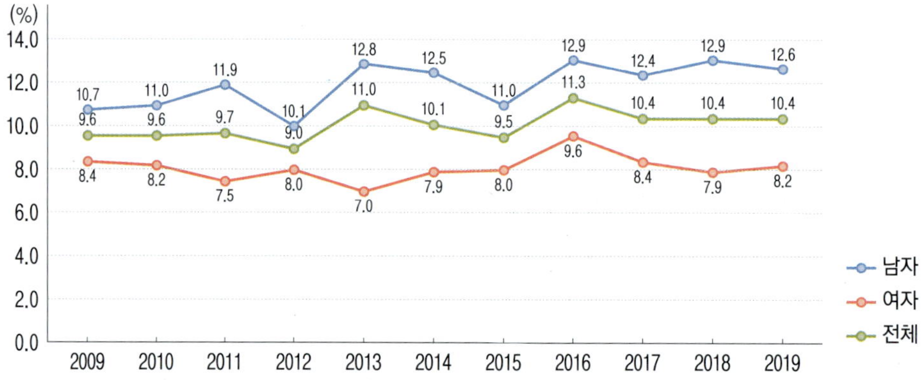

1) 당뇨병 유병률 : 공복혈당이 126mg/dL 이상이거나 의사진단을 받았거나 혈당 강하제복용 또는 인슐린 주사를 투여 받고 있는 분율, 만 30세 이상

2) 2005년 추계인구로 연령표준화

그림 7-10 당뇨병 유병률 추이 (30세 이상)

출처 : 2019 국민건강통계, 2020

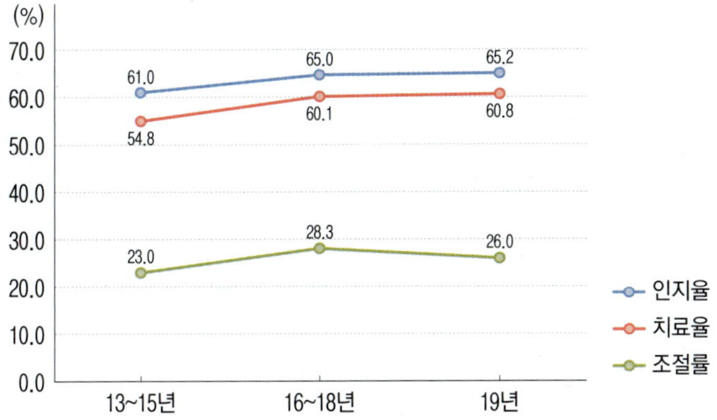

1) 당뇨병 인지율 : 당뇨병 유병자 중 의사로부터 당뇨병 진단 받은 분율
2) 당뇨병 치료율 : 당뇨병 유병자 중 현재 혈당강하제를 복용 또는 인슐린 주사 투여 분율
3) 당뇨병 조절률(유병자 기준) : 당뇨병 유병자 중 당화혈색소가 6.5% 미만인 분율

그림 7-11 당뇨병 관리현황 (30세 이상)

출처 : 2019 국민건강통계, 2020

(3) 고혈압

고혈압 유병률은 2019년 27.2%로 2009년 26.3%에 비하여 증가하는 경향을 보였으며, 30세 이상 인구의 고혈압 유병률은 남자 31.1%, 여자 22.8%로 남자가 높게 나타났다**그림 7-12**. 고혈압의 관리현황을 미국과 비교하면 2007년에서 2019년 통합 조사 결과 30세 이

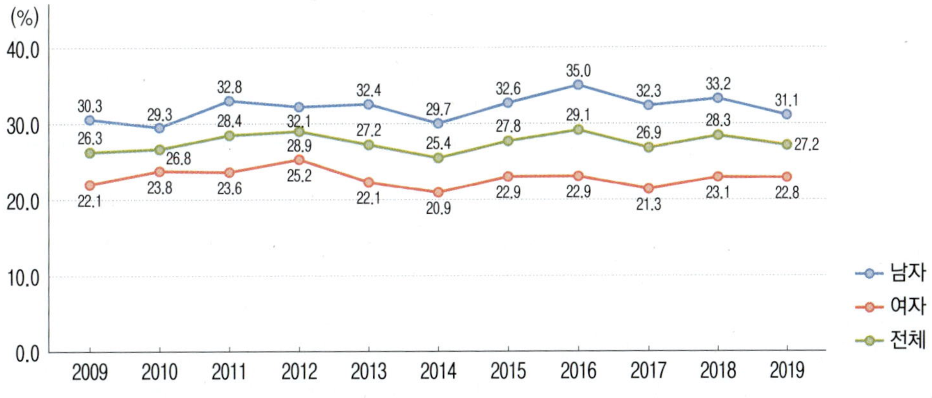

1) 고혈압 유병률 수축기혈압이 140mmHg 이상이거나 이완기혈압이 90mmHg 이상 또는 혈압강하제를 복용한 분율, 만 30세 이상
2) 2005년 추계인구로 연령표준화

그림 7-12 고혈압 유병률 추이 (30세 이상)

출처 : 2019 국민건강통계, 2020

상 성인의 인지율은 714%, 치료율 67.1%, 조절율 48.8%로 미국의 인지율 78%, 치료율 68%, 조절률 64%보다 낮아 고혈압의 예방과 치료에 대한 적극적인 실천이 필요한 현실이다**그림 7-13**.

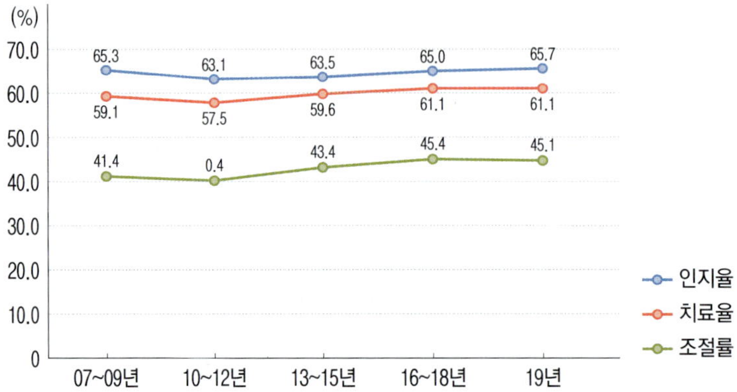

1) 고혈압 인지율 : 고혈압 유병자 중 의사로부터 고혈압 진단을 받은 분율
2) 고혈압 치료율 : 고혈압 유병자 중 현재 혈압강하제를 한달에 20일 이상 복용한 분율
3) 고혈압 조절률(유병자 기준) : 고혈압 유병자 중 수축기혈압이 140mmHg 미만이고 이완기혈압이 90mmHg 미만인 분율

그림 7-13 고혈압 관리현황 (30세 이상)

출처 : 2019 국민건강통계, 2020

(4) 이상지질혈증

30세 이상 성인의 고콜레스테롤혈증의 유병률은 2019년 전체 22.3%, 남자 21.0%, 여자 23.1%로 여자가 더 높게 나타났다**그림 7-14**. 고중성지방혈증은 2019년 전체 14.5%로 2009년과 비교하여 2.0% 감소하였으며, 남자 21.3%, 여자 8.0%로 남자의 유병률이 더 높았다**그림 7-15**. 이상지혈증은 우리나라에서 유병률이 증가하고 있는 심장질환과 뇌혈관질환의 주요 위험인자이므로 적당한 열량섭취와 지방의 섭취제한을 통한 적극적인 관리가 필요하다.

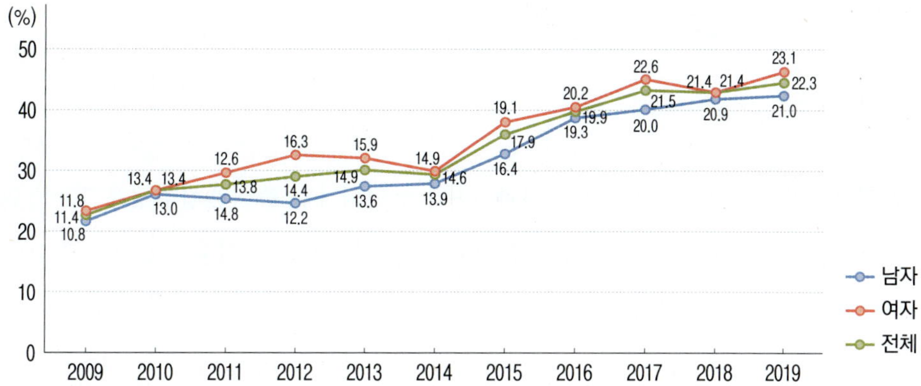

1) 고콜레스테롤혈증 조절률(유병자기준) : 고콜레스테롤혈증 유병자 중 총콜레스테롤수치가 200mg/dL 미만인 분율, 만 30세 이상
2) 2005년 추계인구로 연령 표준화

그림 7-14 고콜레스테롤혈증 유병률 추이 (30세 이상)

출처 : 2019 국민건강통계, 2020

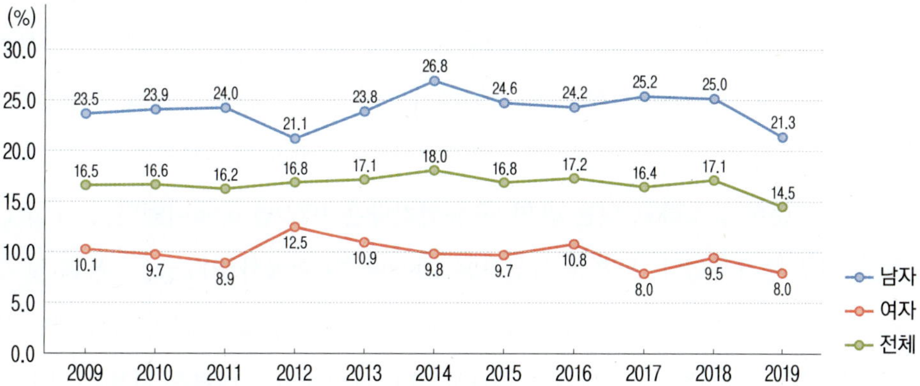

1) 고중성지방혈증 유병률 : 중성지방이 200mg/dL 이상인 분율, 만 30세 이상
2) 2005년 추계인구로 연령 표준화

그림 7-15 고중성지방혈증 유병률 추이 (30세 이상)

출처 : 2019 국민건강통계, 2020

3. 식생활과 영양 실태의 변화

1) 식품 섭취실태

국민건강영양조사 제7기 3차년도 결과, 우리 국민의 1일 총식품섭취량은 1,446.0g인 것으로 나타났다. 그중 75.1%는 식물성 식품이었으며, 동물성 식품은 24.9%로 1969년 3%에서 꾸준히 증가하는 양상을 보이다 최근에는 약 20% 수준을 유지하고 있다. 남자의 1일 평균 식품섭취량은 1,633.6g으로 여자보다 400g가량을 더 많이 섭취하는 것으로 나타났다. 식품섭취량은 만 30~49세가 가장 높았으며, 연령이 낮을수록 동물성 식품 섭취비율이 높아 유아의 동물성 식품 섭취비율은 41.6%였으며, 식물성 식품 섭취비율은 만 65세 이상 노인이 82.5%로 가장 높았다. 특히 노인의 육류섭취량은 30~49세 남자 성인의 약 1/3 수준에 해당하였다표 7-3. 식품군별 섭취량이 가장 많은 식품군은 곡류로 1일 평균 288.9g을 섭취하는 것으로 나타났으며, 그 다음으로 채소류, 음료 및 주류의 섭취량이 많았다. 동물성 식품 중에서는 육류 섭취량이 110.1g로 가장 높았으며, 우유류, 어패류 등이 그 다음이었다. 국민영양조사가 시작된 1969년 이래 곡류섭취량은 337.2g에서 300.8g으로 꾸준히 감소하고 있는 반면, 육류섭취량은 1969년 6.6g이었던 것이 2019년 126.2g로 매우 증가하였다. 우유류 섭취량은 1998년 79.9g에서 100.5g로, 음료 및 주류 섭취량도 1998년 94.2g에서 2012년 음료는 206.7g, 주류는 102.2g 로 나타나 지난 10년간 음료 및 주류의 섭취량이 2.5배가량 증가하였다. 과실류의 섭취량은 기복은 있으나 꾸준히 증가하고 있다. 조미료, 주류, 음료류의 섭취량은 1990년대 들어 계속 증가한 것으로 나타났다. 동물성 식품군에서는 특히 우유류 및 낙농제품 섭취량이 1980년대에 현저하게 증가하기 시작하여 현재까지 지속되고 있는 것을 볼 수 있다그림 7-16.

다소비식품을 성별로 나누어 분석한 결과 남·여 모두에서 1위는 멥쌀이었고, 여성은 우유, 사과, 배추김치가 2, 3, 4위로 나타났으며, 남성에서는 배추김치, 돼지고기, 맥주 순으로 나타났다표 7-4.

표 7-3 식품군별 1인 1일 평균섭취량(연령층별)

(단위: g)

영양소 식품군	전국	1~2세	3~5세	6~11세	12~18세	19~29세	30~49세	50~64세	65세 이상
곡류	269.9	159.2	198.7	265.0	313.2	283.3	280.0	268.8	241.8
감자 및 전분류	33.8	24.5	22.1	27.7	31.5	35.7	30.4	38.4	37.5
당류	9.9	7.7	12.7	14.6	14.5	12.1	10.8	7.7	5.5
두류	33.6	18.0	16.7	19.8	24.1	27.6	33.3	42.4	39.9
종실류	5.6	1.5	1.9	2.7	2.5	3.5	5.3	8.5	6.9
채소류	274.2	64.9	89.8	143.2	203.4	213.8	295.1	346.8	304.8
버섯류	6.6	2.7	3.9	4.8	5.3	7.0	8.5	6.0	5.3
과일류	145.0	137.4	147.5	132.5	87.4	86.8	139.4	196.8	162.2
해조류	25.8	13.5	20.2	20.2	22.5	18.5	25.0	31.9	30.7
음료	206.7	50.1	72.7	103.8	232.8	339.8	282.3	164.3	53.3
주류	102.2	0.1	0.1	0.3	1.0	104.7	165.4	124.9	44.7
조미료류	36.8	11.0	15.2	28.2	39.2	45.3	43.3	35.5	25.4
유지류(식물성)	6.4	3.75	4.3	6.5	7.8	7.9	7.6	5.6	3.6
기타(식물성)	0.5	0.04	0.0	0.1	0.1	0.1	0.1	1.0	1.2
식물성 식품계	1157.1	494.5	606.0	769.3	985.3	1,186.3	1,326.4	1,278.6	962.9
육류	126.2	45.5	74.7	114.3	175.8	196.3	148.1	94.6	60.7
난류	34.0	26.7	33.7	34.6	32.9	35.3	37.3	35.6	24.4
어패류	98.4	34.0	46.7	55.9	79.8	80.9	105.3	119.2	106.7
우유류	100.5	241.0	202.5	232.5	146.1	108.9	84.7	74.8	65.9
유지류(동물성)	0.4	0.2	0.3	0.3	0.7	0.8	0.5	0.2	0.1
기타(동물성)	0.4	0.0	0.0	0.0	0.0	1.1	0.5	0.4	0.1
동물성 식품계	359.9	347.5	358.0	437.6	435.2	423.8	376.5	324.7	257.8
총계	1,517.0	842.0	963.9	1206.9	1.420.5	1,610.1	1,702.9	1,603.4	1,220.7
식물성 식품 섭취비율(%)	75.9	59.1	62.47	63.6	69.6	73.4	77.2	80.1	80.4
동물성 식품 섭취비율(%)	24.1	40.9	37.5	36.4	30.4	26.6	22.79	19.9	19.6

출처 : 2019 국민건강통계, 2020

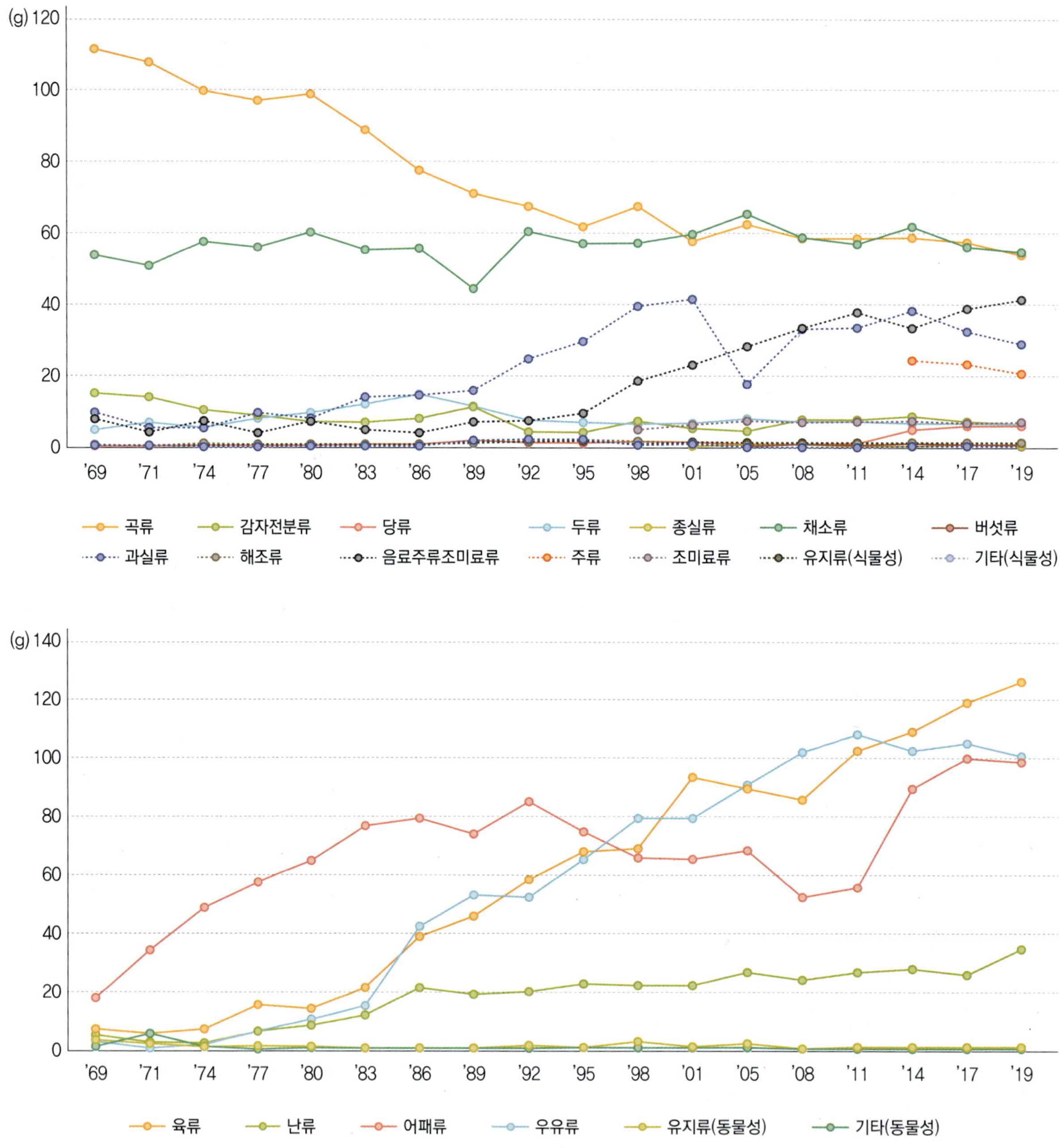

1) '69~'95년 원시자료 확보 불가로 이전 보고서에 수록된 값 제시, '98~'07년 자료에 한해 2005년 추계인구로 연령 표준화
2) '69~'95년 자료 중'음료 · 주류', '조미료류'는 '음료 · 주류 · 조미료류'로 합산, '버섯류', '종실류' 등은 기타(식물성)에 포함
* 음료 · 주류는 2010년부터 분류되어 산출됨.

그림 7-16 식물성 · 동물성 식품군별 섭취량의 변화 추이

출처 : 2019 국민건강통계, 2020

표 7-4 다소비식품 및 1인 1일 평균섭취량(성별)

성별 / 순위	전체					남자					여자				
	식품명	섭취량 (g)	표준 오차	섭취비율(%)	누적비율(%)	식품명	섭취량 (g)	표준 오차	섭취비율(%)	누적비율(%)	식품명	섭취량 (g)	표준 오차	섭취비율(%)	누적비율(%)
1	멥쌀	134.2	1.5	8.9	8.9	멥쌀	159.4	2.3	9.7	9.7	멥쌀	108.9	1.5	8.6	108.6
2	우유	70.0	2.2	4.6	13.5	김치, 배추김치	74.1	2.6	4.5	14.2	우유	75.5	3.0	5.9	114.5
3	김치, 배추김치	59.9	1.7	4.0	17.4	돼지고기	71.9	3.7	4.4	18.6	사과	46.5	2.7	3.7	118.1
4	돼지고기	53.2	2.2	3.5	20.9	맥주	71.0	7.0	4.3	22.9	김치, 배추김치	45.7	1.4	3.6	121.7
5	맥주	51.6	4.4	3.4	24.3	우유	64.5	2.8	3.9	26.9	어류육수	45.2	2.0	3.6	125.3
6	어류육수	50.6	1.9	3.3	27.7	소주	60.6	4.3	3.7	30.6	돼지고기	34.5	1.6	2.7	128.0
7	사과	42.5	2.2	2.8	30.5	어류육수	56.0	2.6	3.4	34.0	맥주	32.1	4.3	2.5	130.5
8	소주	34.0	2.2	2.2	32.7	콜라	42.1	3.7	2.6	36.5	달걀	30.3	0.8	2.4	132.9
9	양파	33.9	1.4	2.2	35.0	양파	41.6	2.5	2.5	39.1	양파	26.1	0.9	2.1	135.0
10	달걀	33.1	0.8	2.2	39.4	사과	38.5	2.5	2.3	41.4	과일음료	23.7	2.3	1.9	136.8
11	콜리	32.1	2.3	2.1	41.5	닭고기	37.6	2.5	2.3	43.7	닭고기	23.7	1.7	1.9	138.7
12	닭고기	30.6	1.7	2.0	43.5	달걀	36.0	1.2	2.2	45.9	무	22.4	1.2	1.8	140.4
13	무	26.3	1.2	1.7	45.3	무	30.1	1.6	1.8	47.7	콜라	22.2	1.8	1.7	142.2
14	소고기	22.8	1.1	1.5	46.8	소고기	27.6	1.8	1.7	49.4	다시마 육수	21.2	1.6	1.7	143.9
15	다시마 육수	22.1	1.7	1.5	48.2	다시마 육수	23.0	2.3	1.4	50.8	귤	21.1	2.3	1.7	145.5
16	과일음료	21.5	1.5	1.4	49.6	막걸리	22.4	3.3	1.4	52.2	감자	19.9	1.3	1.6	147.1
17	감자	21.0	1.1	1.4	51.0	감자	22.0	1.5	1.3	53.5	빵	19.7	1.2	1.5	148.6
18	빵	19.6	1.0	1.3	52.3	두부	21.5	1.3	1.3	54.8	소고기	18.0	1.0	1.4	15.0
19	두부	19.2	0.9	1.3	53.6	빵	19.5	1.3	1.2	56.0	두부	16.9	0.9	1.3	151.4
20	귤	17.1	1.8	1.1	54.7	과일음료	19.2	1.6	1.2	57.2	토마토	16.9	1.8	1.3	152.7

출처 : 2019 국민건강통계, 2020

2) 영양소 섭취실태

국민건강영양조사 제6기 2차년도(2019년) 결과, 1,914.7kcal이었으며, 영양소별 에너지 섭취분율은 단백질 15.6%, 지방 23.6%, 탄수화물 60.8%로 나타났다표 7-5. 국민영양조사가 처음 시행된 1969년에는 탄수화물로부터 80.3%, 단백질로부터 12.5%, 지방으로부터 7.2%의 에너지를 섭취하여 에너지 영양소 중 당질의 비율이 매우 높았으나 최근에는 당질의 비율은 낮아지고 지방의 비율이 높아지는 경향을 보이고 있어 증가하고 있는 생활습관병 예방을 위해 지방 섭취에 대한 주의가 더욱 필요한 실정이다그림 7-17.

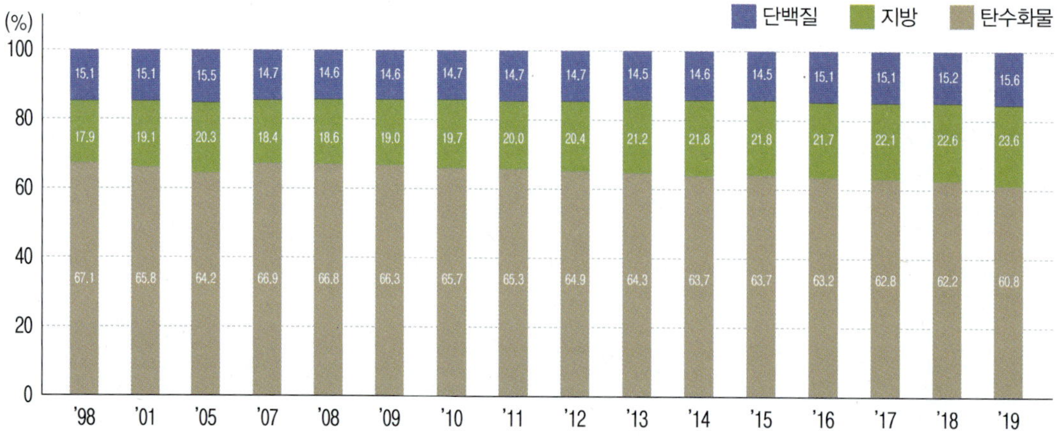

1) 단백질급원 에너지섭취분율 : {(단백질 섭취량)*4}의 {(단백질 섭취량)*4+(지방 섭취량)*9+(탄수화물 섭취량)*4}에 대한 분율, 만 1세 이상
2) 지방 및 탄수화물급원 에너지섭취분율 : 단백질급원 에너지섭취분율과 같은 정의에 의해 산출
3) 1969년~1995년 : 원시자료 확보가 불가하여 각 영양소 섭취량의 평균값을 이용하여 계산
4) 1998년~2009년 : 2005년 추계인구로 연령표준화

그림 7-17 영양소별 에너지섭취분율 추이

출처 : 2019 국민건강통계, 2020

우리나라 국민의 필요추정량 대비 에너지섭취비율은 평균 93.6%이었으며, 남자 98.6%, 여자 88.4%로 나타났다. 권장섭취량 대비 단백질섭취비율은 145.2%, 인은 143.5%로 권장섭취량의 약 1.5배이었으며, 철, 티아민, 니아신, 리보플라빈 섭취량은 권장섭취량의 90~125% 범위였으나, 칼슘, 비타민 A, 비타민 C는 각각 권장섭취량의 66.4%, 57.8%, 73.9%에 불과한 것으로 나타났다그림 7-18. 그러나 나트륨은 충분섭취량과 비교하면 3배 이상 섭취하고 있어 나트륨 과잉섭취에 대한 주의가 요구된다.

표 7-5 영양소별 1인 1일 평균섭취량(연령층별)

영양소 \ 연령	전국		1~2세		3~5세		6~11세		12~18세		19~29세		30~49세		50~64세		65세 이상	
	평균	표준오차	평균	표준오차	평균	표준오차	평균	표준오차	평균	표준오차	평균	표준오차	평균	표준오차	평균	표준오차	평균	표준오차
평균에너지(kcal)	1,914.7	15.7	1,140.8	41.0	1,334.6	34.4	1,768.8	30.2	2,095.1	661.9	2,112.3	30.5	2,077.0	30.5	1,907.7	23.8	1,539..1	20.9
단백질(g)	72.9	0.8	38.9	1.5	46.6	1.5	64.4	1.5	80.1	2.9	83.5	2.5	78.5	1.2	68.6	1.1	53.1	1.1
지방(g)	51.2	0.7	32.2	1.6	36.1	1.4	50.5	1.6	62.4	2.9	62.6	2.1	55.1	1.1	41.2	0.9	27.5	0.8
탄수화물(g)	274.6	2.2	172.8	6.3	204.2	5.0	260.6	3.9	298.3	7.5	275.1	6.2	282.1	4.1	288.6	3.2	257.9	3.0
조섬유(g)	21.6	0.2	10.4	0.7	12.6	0.6	16.3	0.4	20.0	0.7	19.4	0.6	23.0	0.5	27.2	0.5	23.9	0.5
칼슘(mg)	500.4	4.5	461.6	21.6	418.4	17.4	511.9	14.3	504.2	15.3	484.9	14.2	509.2	8.0	537.8	10.0	451.9	11.6
인(mg)	1,070.3	8.9	681.8	25.7	730.7	23.4	954.7	20.4	1,084.1	34.4	1,104.3	29.3	1,7107.9	15.6	1,056.1	15.2	861.9	15.3
나트륨(mg)	3,286.7	34.2	1,180.9	65.2	1,617.6	64.6	2,428.3	62.1	3,287.1	107.6	3,457.6	95.6	3,763.4	70.4	3,398.4	56.9	2,768.6	58.1
칼륨(mg)	2,619.8	26.6	1,507.1	57.8	1,653.5	49.9	2,117.2	45.9	2,436.6	74.4	2,560.7	58.1	2,860.7	58.1	2,968.1	44.3	2,485.5	49.7
철(mg)	11.2	0.1	6.1	0.4	6.8	0.2	9.1	0.3	11.2	0.4	11.7	0.4	12.0	0.2	12.3	0.2	10.3	0.2
비타민A(㎍/RE)	377.2	6.9	291.9	16.8	277.5	14.4	358.1	13.7	373.9	17.6	360.5	11.7	392.7	8.8	398.1	10.9	328..5	22.4
티아민(mg)	1.33	0.02	0.73	0.03	0.86	0.03	1.18	0.04	1.49	0.08	1.44	0.05	1.39	0.02	1.34	0.02	1.11	0.02
리보플라빈(mg)	1.66	0.02	1.07	0.05	1.14	0.04	1.56	0.04	1.79	0.06	1.86	0.06	1.78	0.03	1.59	0.03	1.17	0.03
니아신(mg)	12.9	0.1	6.1	0.2	7.7	0.3	10.7	0.3	13.3	0.5	14.5	0.5	14.2	0.3	12.4	0.2	9.8	0.2
비타민C(mg)	65.7	1.4	55.3	4.9	60.3	4.7	62.8	3.2	62.8	4.5	59.4	2.9	69.9	2.7	72.2	2.4	59.9	2.6
단백질(%)	15.6	0.1	13.7	0.2	14.1	0.2	14.7	0.2	15.3	0.2	16.4	0.3	16.3	0.2	15.2	0.1	14.0	0.2
지방(%)	23.6	0.2	25.1	0.7	24.0	0.5	25.3	0.5	25.7	0.5	26.7	0.5	24.5	0.3	19.7	0.3	15.7	0.3
탄수화물(%)	60.8	0.2	61.1	0.8	62.0	0.6	60.0	0.6	59.1	0.6	56.9	0.6	59.2	0.3	65.2	0.3	70.3	0.4

출처 : 2019 국민건강통계, 2020

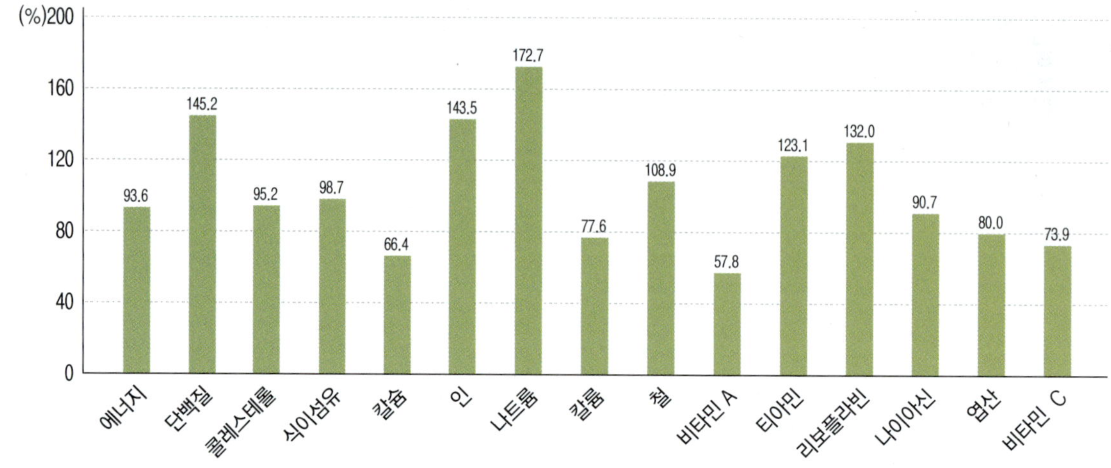

1) 영양섭취기준 대비 섭취비율 : 영양섭취기준 대비 개인별 영양소 섭취량에 대한 백분율의 평균값, 만 1세 이상
2) 영양섭취기준 : 한국인 영양섭취기준 (한국영양학회, 2005) ; 에너지 필요추정량; 나트륨, 칼륨, 충분섭취량 ; 그 외. 영양소 권장섭취량

그림 7-18 영양섭취기준 대비 섭취비율

출처 : 2019 국민건강통계, 2020

영양섭취의 불균형 현상을 파악하기 위해 영양섭취 부족과 에너지 및 지방 과잉섭취 현상을 분석한 결과, 에너지섭취량이 필요추정량의 75% 미만이고, 칼슘·철·비타민 A·리보플라빈의 섭취량이 모두 평균필요량 미만인 인구분율은 전체 13.4%로 남자보다 여자가 약 3% 높았으며, 소득 수준이 낮을수록 높은 경향을 보였다. 특히 칼슘은 영양소 섭취기준 미만 섭취자분율은 69.1%였으며, 칼슘, 비타민 A, 비타민 C군에서 평균필요량 미만 섭취자분율이 60% 이상이었다. 리보플라빈, 비타민 C, 비타민 A도 영양소 섭취기준 미만 섭취분율이 각각 28.1%, 69.2%, 73.2%로 나타났다.

에너지섭취량이 필요추정량의 125%이상이면서 지방섭취량이 적정 에너지섭취비율을 초과한 인구분율은 6.9%이었으며 만 30~49세, 만 19~29세 연령층에서 각각 10.3%, 9.0%로 가장 높았다그림 7-19.

3) 식생활 실태

아침 결식 및 불규칙한 식사를 하는 인구가 증가하고 있으며, 이러한 변화는 조식 이

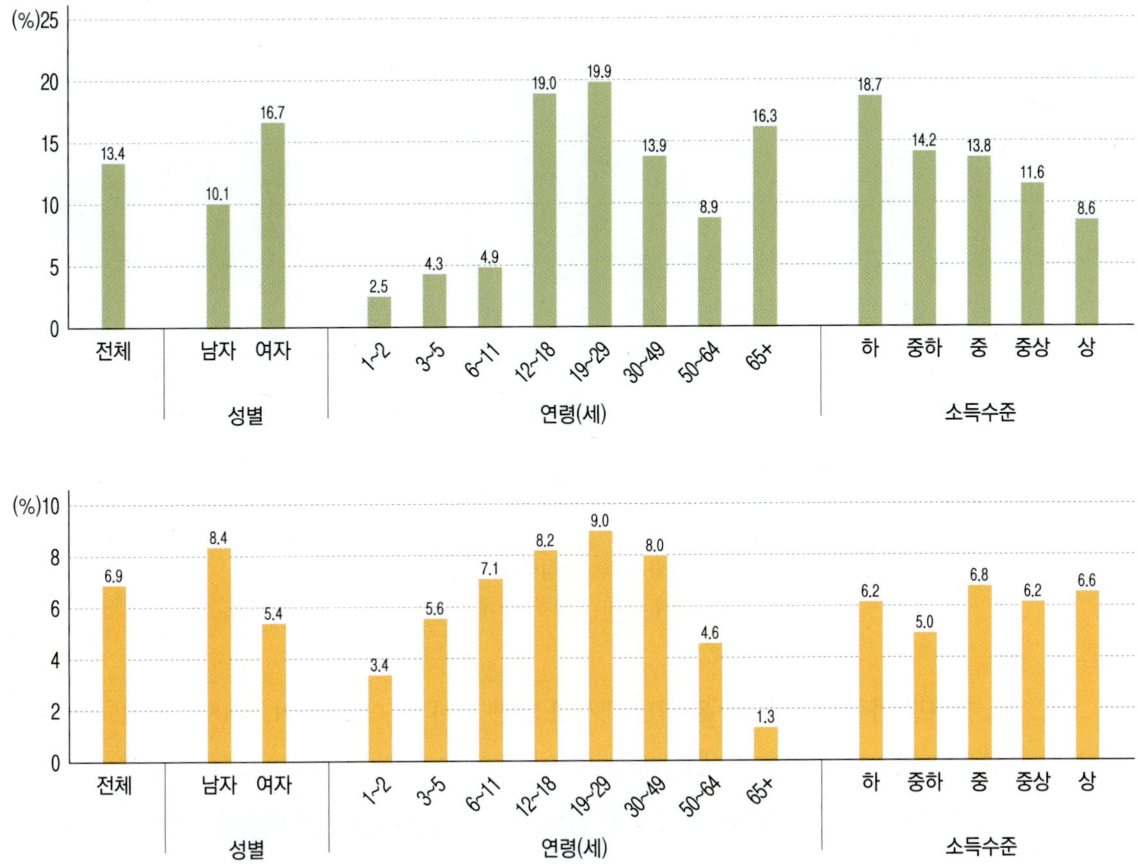

1) 영양섭취부족자 분율 :에너지 섭취량이 필요추정량의 75% 미만이면서 칼슘, 철,비타민 A, 리보플라빈, 비타민 C의 섭취량이 평균필요량 미만인 분율
2) 에너지 및 지방 과잉섭취자 분율 : 에너지 섭취량이 필요추정량의 125% 이상이면서 지방섭취량이 에너지 적정비율의 상한선 이상인 분율, 만 1세 이상
3) 필요추정량, 평균필요량 : 한국인 영양섭취기준(한국영양학회, 2005)
4) 소득수준 : 월가구균등화소득 (월가구소득/√가구원수)을 성별 · 연령별(5세단위) 사분위로 분류

그림 7-19 영양섭취부족자와 에너지 및 지방 과잉섭취자분율

출처 : 2019 국민건강통계, 2020

외 식사의 1회 섭취량이 많아지고 과식으로 연결될 가능성이 커 비만과 생활습관병의 발생을 조장하는 요인으로 작용한다. 2019년 국민건강영양조사 결과 하루 세 끼니 중 아침 결식률이 28.1%로 가장 높았으며 점심 및 저녁 식사 결식률은 각각 8.9%, 6.0% 수준이었다그림 7-20. 연령별로 아침식사 결식률은 19~29세가 끼니에 상관없이 가장 높았으며, 소득수준에 따른 아침결식률은 소득이 낮을수록 높은 것으로 나타났다.

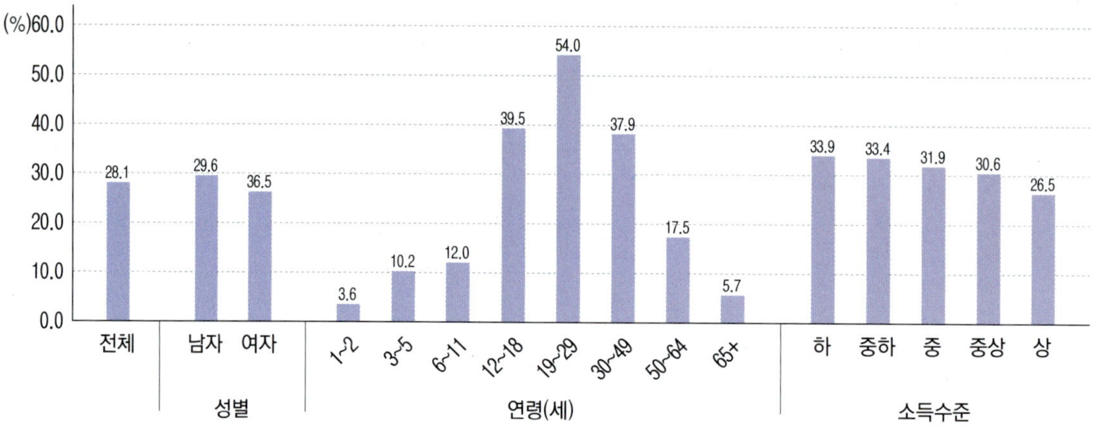

1) 아침식사 결식률 : 조사 1일 전 아침식사를 결식한 분율
2) 소득수준 : 월가구균등화소득(월가구소득√가구원수)을 성별 · 연령별(5세단위) 사분위로 분류
3) 2005년추계인구로연령표준화

그림 7-20 아침식사 결식률

출처 : 2019 국민건강통계, 2020

끼니별 가족동반식사율은 저녁 식사가 가장 높아 64.0%였으며, 2009년 68.1%에 비해 감소한 것으로 나타났다. 연령대별로는 만 19~29세에서 아침 · 저녁의 가족동반식사율이 가장 낮았다. 동 지역보다 읍 · 면 지역 거주자의 가족동반식사율이 높았으며, 점심과 저녁의 가족동반식사율은 소득 수준이 높을수록 낮아지는 경향을 보였다**그림 7-21**.

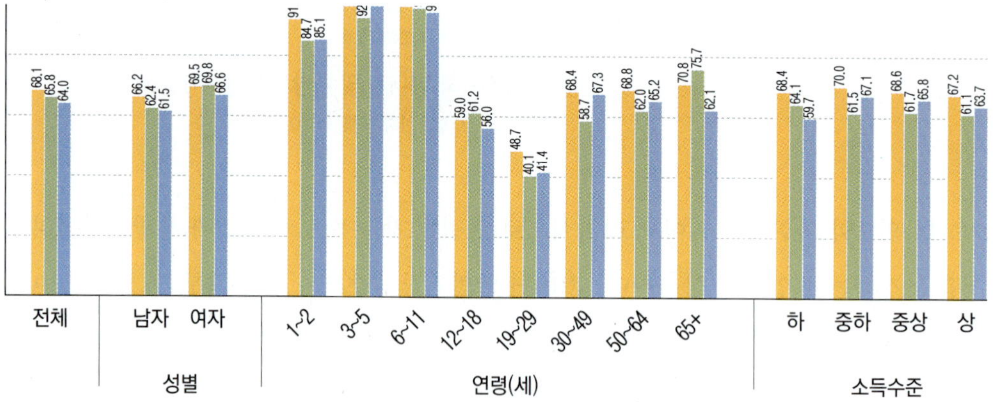

그림 7-21 저녁식사 가족동반식사율 추이

출처 : 2016 국민건강통계, 2017

우리나라 가구의 엥겔계수는 꾸준히 낮아져 25% 정도로 유지되고 있으며, 외식비 지출은 총가계지출 대비 70년대의 1% 안팎에서 최근 도시근로자가구의 경우 10%를 웃도는 정도로 급격한 증가세를 보이고 있다표 7-6. 2014년 국민건강영양조사 결과 우리나라 국민의 30.3%가 매일 외식을 하고 있는 것으로 나타났으며, 지역별·연령층별 외식률에서도 대도시의 경우 다른 지역보다 외식률이 높았고, 학동기 및 청소년기와 20대 성인의 외식률이 다른 연령층보다 높은 것으로 나타났다.

표 7-6 도시가구 소비지출 항목별 구성비 (단위: %)

연도	식료품비	외식비
1982	40.8	2.4
1985	37.5	2.8
1990	32.2	6.5
1995	29.0	9.1
2000	27.4	10.8
2005	26.4	12.2
2007	25.1	11.8
2008	27.5	12.4

출처 : 통계청. 가계동향조사, 2010

4) 수유 실태

2016년 국민건강영양조사 결과 90.4%는 모유수유 경험이 있다고 응답했으며, 조제분유수유경험률은 73.2%였다표 7-7. 1개월령의 완전모유수유율은 50.4%였으나 6개월령, 12개월령은 각각 45.0%, 35.9%로 감소하였으며, 평균 모유수유기간은 9.6개월이었다.

표 7-7 수유현황 : 전체 만 1~3세

(단위 : %)

구분		수유경험률				완전모유수유율		모유수유기간(개월)	
		모유		조제분유					
		비율	표준오차	비율	표준오차	비율	표준오차	비율	표준오차
전체(1~3세)		90.4	1.2	73.2	2.0	26.8	2.0	9.6	0.3
성별	남자	90.9	1.6	78.3	2.4	21.7	2.4	9.4	0.4
	여자	90.0	1.6	67.7	3.1	32.3	3.1	9.8	0.4
지역별	동	90.5	1.3	74.0	2.1	26.0	2.1	9.6	0.3
	읍·면	90.4	3.0	69.1	5.7	30.9	5.7	9.5	0.7

1) 해당 대상자수가 적어 2014-2016 자료를 합하여 결과 산출
2) 모유수유경험률 : 모유수유 여부에 '예'로 응답한 분율
조제분유 수유경험률 : 조제분유수유 여부에 '예'로 응답한 분율
3) 완전모유수유율 : 모유수유 여부에 '예'로 응답하고 조제분유 수유 여부에 '아니오'로 응답한 분율
4) 모유수유기간 : 모유수유를 경험한 대상자의 총 모유수유기간의 평균
출처 : 2016 국민건강통계, 2017

4. 북한의 영양 실태

1) 북한의 식량 상황

북한의 식량 소요량은 대략 연간 500만~600만 톤인데, 기후와 지리적 여건상 항상 12% 정도의 식량이 부족하여 그 부족분을 외국으로부터 들여와 충당하고 있다. 그러나 1990년대 소련 등 사회주의 국가의 몰락 이후, 소련으로부터의 무상지원과 교역량 감소, 전력부족, 비료 등 원재료의 수입 곤란 등의 이유 때문에 식량 확보가 어려운 상황이다. 또한 국내적으로는 대홍수와 가뭄 같은 자연재해와 농업기반의 붕괴에 의한 곡식 수확량의 감소로 식량부족 현상이 악화되어 식량위기가 확산되고 있다.

북한 주민의 식량 구입은 국가의 배급에 의한 방법과 스스로 시장에서 구입하는 방법이 있는데, 국가의 배급이 북한 주민의 전통적 식량 조달방법이었다. 그러나 식량의 절대적 부족으로 1995년 이후부터는 대부분의 지역에서 식량배급이 중단됨에 따라 개인이 식량을 자체 해결하도록 하고 있으며, 주식으로 감자음식을 적극 권장하고 있다. 2000년부터 국제 사회의 지원량이 증가하여 식량배급 상황이 다소 개선되었으나 배분이 제대로

이루어지지 않아 가계 단위에서 스스로 식량을 해결하기 위해 시장에서 구입하거나 농촌의 친·인척을 통해 식량을 조달하고 있다. 북한의 배급체계는 1일 식량공급량을 연령과 직업에 따라 총 9등급으로 구분하고 있는데, 식량의 절대공급량 부족으로 단지 주민의 최소한의 수요를 충족시키는 정도만을 유지하고 있어 일부 계층의 주민은 생존의 위협을 받고 있으며, 오히려 배급체계가 주민통제와 노동력 동원의 수단으로 활용되고 있는 현실이다그림 7-22.

Table 6: DPRK - Food Balance Sheet - 2010/11 (November/October), '000 tonnes

	Rice (milled)[1/]	Maize	Wheat and barley	Other cereals	Potato (cereal equiv.)[2/]	Soybeans	Total[3/*]
Domestic availability	**1 577**	**1 683**	**240**	**19**	**585**	**154**	**4 484**
Domestic production[3/]	1 577	1 683	240	19	585	154	4 484
- Main-season production	1 577	1 683		19	158	154	3 592
- Winter/spring production			240		427		667
Total utilization							**5 351**
Food use							4 250
Feed use	0	75	0	0	55	20	150
Seed requirement	56	23	21	2.5	113	4.5	219
Post harvest losses	237	253	24	2	24	15	554
Stock build-up	100	77	0	0	0	0	177
Import requirements							**867**
Anticipated commercial imports							325
Uncovered Deficit							542
of which, food aid assistance on hand or pledged							21

1/ Paddy to rice milling rate of 65 percent.
2/ Including potatoes in cereal equivalent at 25 percent conversion rate.
3/ Total includes household garden production (75 000 tonnes) and production on slopes (150 000 tonnes).
* Figures may not add-up exactly due to rounding.

그림 7-22 Food Balance Sheet

출처 : FAO/WFP crop and food security assessment mission to the democratic people's republic of Korea, 2010

2) 북한 주민의 영양상태

1998년 북한 보건당국과 국제아동기금UNICEF, 세계식량계획WFP의 조사에 의하여 파악된 북한 어린이의 영양상태는 생명에 위협을 받는 심각한 영양실조를 보이는 급성 영양장애가 18.7%에 이르고, 나이에 비해 체중이 적은 체중미달이 55.5%에 이르며, 장기적인 영양부족으로 나이에 비해 키가 작은 발육부진을 보이는 만성영양장애가 66.4%에 이르러, 세계보건기구WHO의 분류기준으로 볼 때 고위험 영양불량 국가에 속하였다. 그 이후 외부의 식량지원에 힘입어 영유아의 영양상태는 다소 개선되어 2009년 조사 결과 영유아 중 급성 영양장애아 5.2%, 체중미달아 18.5%, 만성 영양장애아 32.4%로 영양상

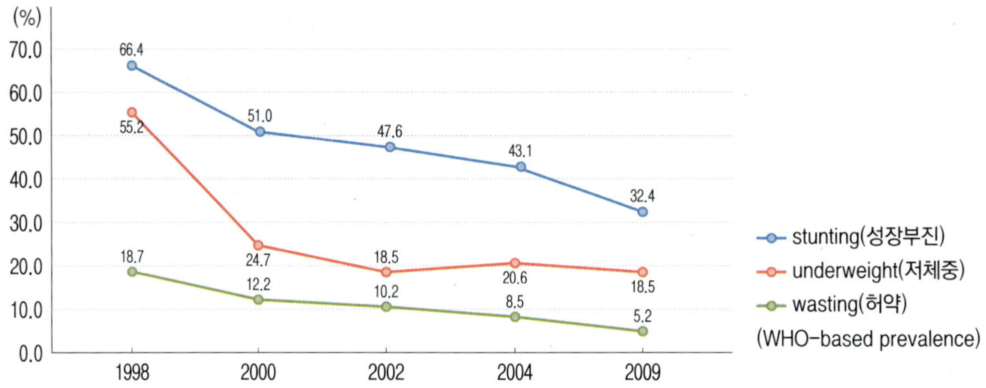

그림 7-23 북한 영유아의 영양결핍 유병률 추이 (1998~2009)

출처 : Preliminary Findings of MICS 2009, a Joint DPRK/UNICEF survey, 2010

태가 호전되었으나 여전히 영양불량 위험국가에 속한다그림 7-23.

모성의 영양상태는 임신 중 태아의 성장과 출생아의 성장발육에도 영향을 미치기 때문에 중요하다. 2004년의 북한 영양조사에서 2세 미만 사내를 둔 가임여성의 32.4%가 영양실조 상태였으며, 10명 가운데 2명은 체중이 45kg 미만이었고, 34.7%가 빈혈 증세를 보여 가임여성의 영양불량이 만연한 것으로 나타났다. 지역별로도 차이가 있어 함경북도 등 동북부 지역의 모성 영양상태는 다른 지역에 비해 더욱 열악한 것으로 나타났다.

북한 이탈자의 조사를 통해 부분적으로 파악된 성인의 영양상태 분석 결과, 6.25전쟁의 휴전(1953년) 이전, 즉 분단 이전에 출생한 50세 이상 남북한 성인의 신장차는 1cm 내외로 거의 차이가 없었으나, 분단 후 출생한 남북한 성인은 남자와 여자 모두 연령이 낮아질수록 신장의 차이가 증가하고 있어 분단 이후 1990년대의 식량난 이전부터 식량부족에 의해 지속적으로 영양상태가 점점 좋지 않았음을 알 수 있다. 또한 북한 이탈주민을 대상으로 설문조사를 통해 북한인의 영양소 섭취실태를 분석한 결과, 권장량 대비 영양소섭취량 수준은 열량 46%, 단백질 57%로 매우 불량하였으며, 사회계층에 따라 하루 섭취 끼니 수와 섭취하는 식품의 종류나 양에서 큰 차이를 보이고 있어, 상위계층을 제외한 서민이나 낮은 계층 주민의 식생활이 매우 불량하며, 식품섭취 부족을 극복하기 위해서 여러 가지 대체식품을 섭취하고 있는 것으로 나타났다.

요약

- 우리나라의 인구성장률은 지속적인 둔화 추세를 보여 2018년에는 인구규모와 성장이 멈추는 제로성장에 도달할 것으로 예측되고 있으며, 출산율 또한 지속적인 감소 추세를 보이고 있다. 반면, 세계 어느 나라보다 빠르게 고령화사회로 진입하고 있어 인구구조 고령화에 따른 노동 생산력 감소와 만성질환의 발생률 및 유병률 증가 현상은 사회 전반에 걸쳐 영향을 미칠 것으로 예상된다.
- 우리나라의 흡연율은 2014년 조사결과 23.3%로 OECD 국가 중 높은 수준이며, 알코올 소비량은 OECD 국가의 평균 수준이지만 국민건강영양조사에 의하면 음주율이 증가하는 추세를 보이고 있어 국민건강 개선을 위하여 음주 및 흡연에 대한 주의가 요구되는 실정이다.
- 2014년 국민건강영양조사 결과 19세 이상의 성인 비만유병률은 33.8%로 나타났으며, 30세 이상 성인에서 당뇨병 10.4%, 고혈압 27.2%, 고콜레스테롤혈증 22.3%로 이들 질환에 대한 적극적인 예방과 관리가 요구되는 것으로 나타났다.
- 국민영양조사가 시작된 1969년 이래 곡류섭취량은 꾸준히 감소하고 있으며 육류, 우유류, 음료 및 주류의 섭취량은 현재까지 지속적으로 증가하고 있다. 또한 에너지 영양소 중 탄수화물의 에너지섭취분율은 낮아지고 지방의 비율은 높아지는 경향을 보이고 있어성인 질환 예방을 위해 지방 섭취에 대한 주의가 요구된다.
- 아침 결식 및 불규칙한 식사를 하는 인구가 증가하여 아침 결식률이 28.1%에 달하고 있으며, 외식비의 지출은 지속적으로 증가하고 있어 2014년 국민건강영양조사 결과 우리나라 국민의 30.3%가 매일 외식을 하고 있는 것으로 나타났다.
- 북한의 식량 사정은 정치적 배경과 자연재해 및 농업기반의 붕괴, 식량 생산력의 감소로 위기에 처해 있다. 외부의 식량지원에 힘입어 영유아의 영양상태는 호전되는 경향을 보이고 있으나 여전히 영양불량 위험국가에 속해 있다.

연구문제

1. 우리나라의 인구구성 변화요인 중 가장 두드러지게 나타나는 노인인구의 증가와 낮은 출산율 때문에 발생할 수 있는 사회문제를 생각해 보자.
2. 지난 20년간 국민건강영양조사 결과에 나타난 우리나라 영양문제의 변화에 대하여 생각해 보자.
3. 불규칙한 식습관, 잦은 외식 및 간식이 초래할 수 있는 건강문제를 생각해 보자.
4. 영양불량 위험국가인 북한의 영양문제에 대하여 영유아에 초점을 맞춰 해결방안을 모색해 보자.

C O M M U N I T Y   N U T R I T I O N

CHAPTER

8

임신수유부와 영유아

임신과 출산은 건강한 삶을 구성하는 출발점이다. 여기에는 건강한 모성이 전제되어야 한다. 모성영양의 부실은 태아 발달에 영향을 미친다. 태내의 저영양 또는 과잉영양 등 영양 불량은 정상적인 임신 유지를 방해하고 출산 시 위험성을 높이며, 출 생이후 올바른 성장 및 발달에 악영향을 끼친다. 그러므로 개인적인 문제를 떠나 건강한 사회구성원을 유지하기 위해서도 사회적 역할이 중요하다. 또한 영유아 시절의 양육은 본인의 선택이 아닌 양육자에 의해 길러지고, 인생의 기초가 형성되는 시기이므로 건강한 양육을 위한 많은 노력이 필요하다. 따라서 본 장에서는 건강한 모성과 영유아영양을 위한 지역사회영양 서비스 활동을 중심으로 살펴본다.

학 / 습 / 목 / 표

1. 우리나라 임신수유부의 건강과 영양문제를 설명할 수 있다.
2. 임신수유부를 위한 영양서비스사업을 기획하고 설명할 수 있다.
3. 우리나라 영유아의 건강과 영양문제를 설명할 수 있다.
4. 영유아를 위한 영양서비스사업의 진행과정을 기획하고 설명할 수 있다.

1. 출산현황

1) 출생아의 체중

출생 시 건강한 체중은 3.4kg 내외이다. 임신기간을 다 채우고 출생할 때 체중이 2.5kg 미만인 경우 저체중아라 한다. 저체중아는 분만 시 합병증이 나타날 가능성이 많고 신체적·정신적 결함 및 질병에 걸릴 확률도 높다. 2022년 우리나라 출생아의 평균 체중은 3.1±0.0kg이다. 이 중 영양적으로 문제가 되는 저체중아 출산은 출생구성비는 7.8%로 1995년 이후 완만하게 증가하였다. 저체중아 출산의 이유로는 일반적으로 낮은 사회·경제지표, 건강관리 서비스 부족, 영양상태 불량, 낮은 교육 수준, 비위생적 주거 환경, 건강에 좋지 않은 습관(흡연, 과음, 약물사용) 등이 일반적으로 제기되고 있다. 우리나라의 경우 단태아의 체중별 구성비는 크게 변화가 없으나, 다태아 중 저체중아의 구성비가 59.5%로 지난 10년간 꾸준히 증가한 것으로 보아 다태아 출산에 의한 저체중아의 증가로 보인다**그림 8-1**. 다태아의 출생이 늘어난 이유는 인공수정에 의한 출생아의 증가에 기인한 것으로 보인다.

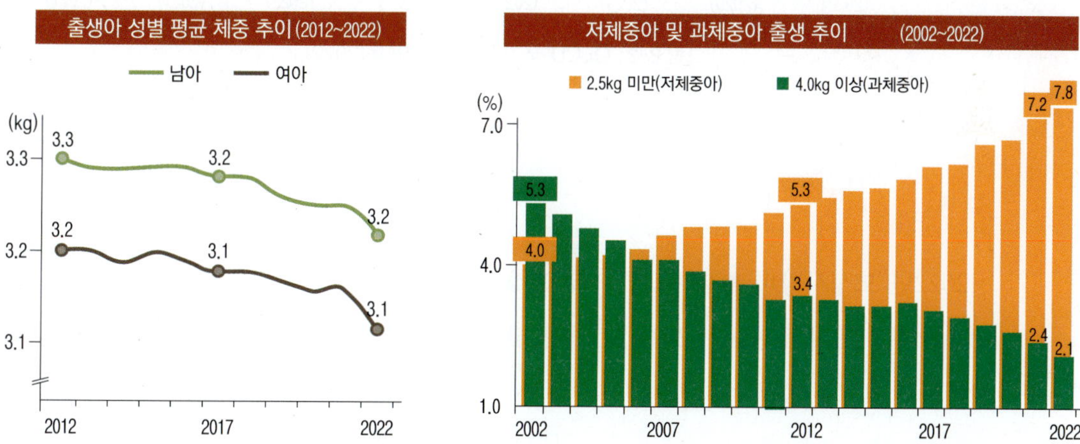

그림 8-1 출생아의 성별 평균체중 추이 및 저체중아 및 과체중아 출생 추이(2012~2022)

출처 : 통계청, 국가통계포털, 2023

2) 영아사망률

우리나라의 영아사망률Infant Mortality Rate, IMR(출생 후 1년 이내 사망, 출생아 1,000명당 사망자)은 2022년 2.3명으로 조사되었다. 영아사망률은 그 나라의 모성과 영아의 건강상태를 나타내는 척도로 사용되며 국가별 비교가 가능하다. 우리나라 영아사망률은 OECD 38개국의 평균 영아사망률(출생아 1,000명당) 4.1명보다 낮은 편이나, 노르웨이(1.6명)과 일본(1.7명)보다는 높은 편이다그림 8-2.

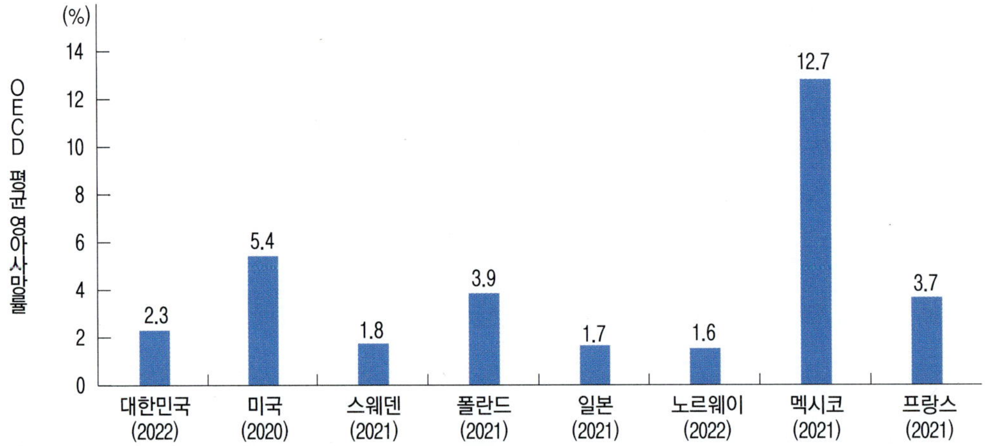

그림 8-2 OECD 국가의 영아사망률(2022)

출처 : OECD. Health: Statistics, 2023; 보건복지부 · 한국보건사회연구원

3) 모성사망

2022년 모성사망비(출생아 10만 명당 모성사망자 수)는 8.4명으로 나타났다. 연령별 모성사망비는 20대 초반이 3.2명으로 가장 낮고, 40세 이상은 29.0명으로 가장 높아서 고령임신의 위험을 알려 주고 있다.

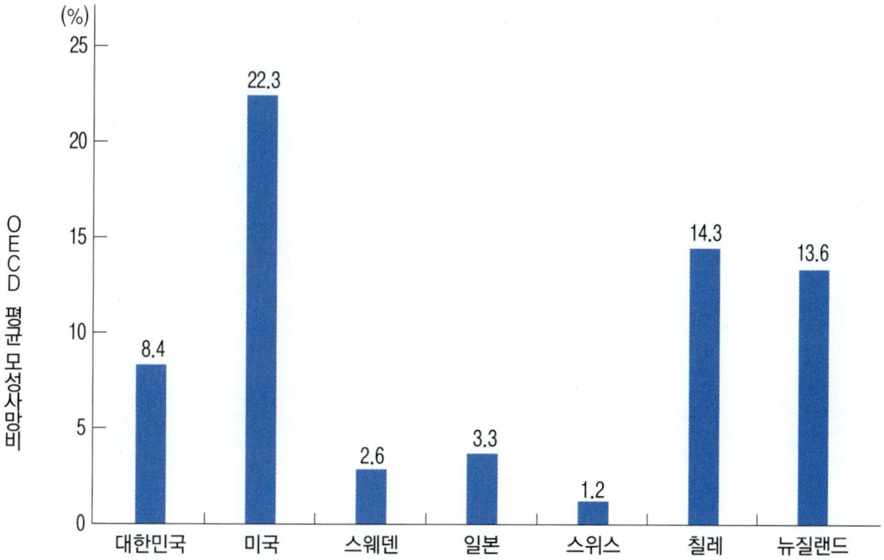

그림 8-3 OECD 평균 모성사망비(2022)

출처 : OECD. Health: Statistics, 2022

4) 건강출산 저해요인

(1) 고령 임신·출산

일반적으로 35세 이후에 임신·출산하는 경우를 고령임신, 고령출산이라 한다. 고령에 의해 생기는 여러 생리적 변화는 임신·출산 시 임신성 당뇨 및 고혈압, 염색체 변이에 의한 선천성 기형아의 출산, 자연유산율 증가 등의 문제를 유발하는 것으로 알려졌다. **그림 8-4**와 같이 우리나라의 경우 고령출산은 인구 천 명당 2015년 54.1명으로 처음으로 50명을 초과하였고, 2020년에 52.3명이었다. 35세 미만의 출산율은 감소하나 35세 이상에서는 증가하고 있다. 그러므로 고령임신과 안전한 출산을 위한 교육이 필요하다.

(2) 10대 임신·출산

우리나라는 서구 문명의 유입과정에서 파생된 개방적인 성문화 풍조와, 고도의 경제성장 과정에서 발생한 급격한 산업화 및 도시화에 의해 청소년들에게 성도덕의 혼란이 초래되었다. 이 과정에서 혼전 성문제, 10대 임신문제 등이 크나큰 사회적 문제로 대두하였

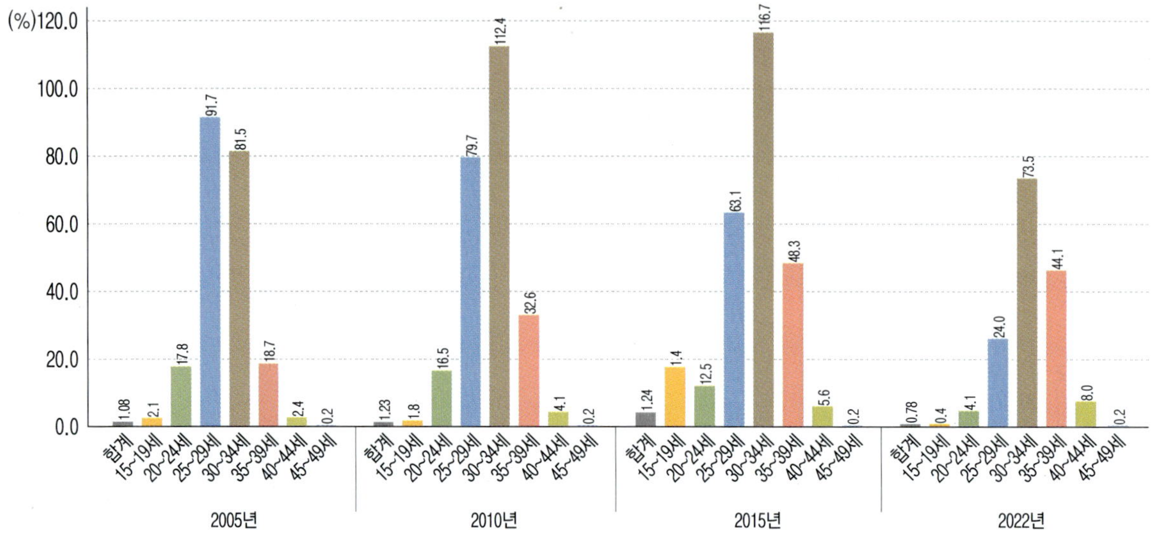

그림 8-4 모(母)의 연령별 출산율 및 합계출산율(2005~2022)

출처 : 통계청, 국가통계포털, 2023

는데 그중에서 10대의 임신은 사회적인 문제와 더불어 의학적인 문제까지 일으키게 된다. **그림 8-4**와 같이 우리나라의 경우 십대출산은 인구 천 명당 2015년 1.4명에서 2022년 0.4명으로 점차 감소 추세에 있다.

10대의 임신은 여러 가지 위험요소를 안게 되는데, 이는 어린 나이에 임신을 했다는 사실 자체보다는 경제적 빈곤, 부적절한 영양섭취, 임신 전의 불량한 건강상태 등의 사회·경제적 요인에 그 원인이 더 있다고 볼 수 있다.

그러나 그보다 더욱 심각한 위험요인은 흡연·음주 및 약물남용 또는 성기감염 등의 의학적 요인이며, 특히 15세 이하 임신의 경우에는 신체의 미성숙으로 그 위험성이 증대될 수 있다. 10대가 임신하면 모자보건 차원에서 모체 자신에게 미치는 부작용과 함께 합병증 유발 가능성이 20·30대보다 더욱 크며, 임신중독증으로 인한 저체중아 출산빈도도 더욱 높게 나타난다.

(3) 철결핍성 빈혈 임신부

철결핍은 임신 중 가장 흔히 일어나는 영양문제이다. 철결핍의 위험성이 가장 큰 집단은 가임여성 중에서도 임신 후반기 임신부와 사회·경제지표가 낮은 여성이다. 빈혈이 심하면 조금만 힘을 써도 숨쉬기가 가빠진다. 만약 얼굴과 다리가 붓는 등 심한 빈혈증상을 보이면 전문가의 치료를 받아야 한다.

(4) 흡연

임신부의 흡연은 태아의 산소공급을 방해하는 것 외에도 4,000종에 이르는 담배 연기의 해독성분에 의해 태아의 뇌를 손상시킬 가능성이 있으며, 유아돌연사증후군SIDS을 일으킬 위험도도 50%나 증가시킨다는 보고가 있다.

임신 중 흡연은 출생 시 저체중의 원인이 되며 선천성 기형, 발육지체, 신경장애의 위험을 높이는 등 유아기의 사망과 질병발생의 원인이 된다. 우리나라 전국 30개 산부인과 병원에서 임신부 무작위 표본 추출로 설문조사(1,090명)와 소변검사(1,057명)를 실시한 결과 흡연율이 3.03%(32명, 소변검사)로 나타났다. 미국에서는 임신부의 27~30%가 흡연자이며, 그 분만아의 15~20%가 표준체중보다 적었다고 보고되었다.

(5) 임신중독증

우리나라 임신부의 임신중독증 발병률은 5~8% 정도이고 출혈, 감염과 함께 임산부 3대 사망 원인 중 하나이다. 임신중독증은 임신 후기인 7~8개월에 발병할 가능성이 크며 고혈압, 단백뇨, 부종 등이 주요 증상이다. 임신중독증에 걸리면 조산과 사산의 위험이 높고 산모 역시 시력을 상실할 가능성이 크다. 35세 이상의 고령, 다태아 임신, 비만, 빈혈 등이 있는 임신부에게 특히 나타나기 쉽다.

2. 모성·영유아의 영양사업

1) 임신수유부를 위한 영양 서비스

임신수유부를 위한 영양서비스사업은 주로 보건소에서 시행되고 있으며, 현재는 영양플러스사업의 주요 사업 항목을 이루고 있다.

BOX 1 임산부 영양 서비스 실례 – 보건소에서의 교육

임산부 건강교실 운영

임신기간에 모성과 태아의 건강을 유지 · 보호하고 산후 합병증을 낮추며 건강한 아이를 낳을 수 있도록 라마즈 체조 및 임신 중 건강관리에 대하여 자조 모임 교실을 운영하고 있다.

교육내용

- 안전한 출산을 위한 라마즈 체조 및 호흡법 · 이완법 교육
- 모유수유의 장점 및 임신 전 유방관리
- 태교의 중요성
- 성교육 및 인공임신중절에 대한 교육

직장인 임산부 건강의 날 운영

- 일시 : 매월 넷째 주 토요일 (09 : 00~13 : 00)
- 내용 : 임산부 건강관리 및 철분제 지원

출처 : 공주시 보건소

BOX 2 찾아가는 임신수유부 영양 서비스 실례

사업명 산후조리원 방문교육

목적 관내 산후조리원 입소자에게 한방 산후관리, 신생아관리(예방접종), 아기 마사지, 영양관리 등의 내용을 교육함으로써 올바른 육아를 지도한다.

방법 및 내용

1. 교육대상 : 산후조리원 입원 산모 10~13명
2. 교육장소 : 산후조리원 내
3. 교육방법 : 액정 프로젝터, 비디오, 인쇄물 등을 통한 강의교육
4. 교육내용
5. 홍보물 및 사은품
   - 소책자 : 건강한 아기의 임신과 출산 그리고 육아까지, 엄마와 아기의 건강관리
   - 리플릿 : 아기영양과 이유식
   - 홍보물 : 예방접종 안내문
   - 사은품 : 비디오테이프, 베이비 마사지크림 등 협조받은 물품

평가 및 고찰

임산부의 경우 보건소 방문에 어려움이 많아 처음에 임산부들이 모여 있는 곳으로 직접 방문하여 교육하는 방법을 시도해 보았다. 여성의 교육 프로그램에 대한 만족도는 무척 높게 나타났지만 교육에 투입된 인적 · 물적 자원에 비교해 볼 때 참가자 수가 적어 효율성 면에서 재고가 필요하다.

(계속)

교육내용	교육준비물	시간
• 한방 산후관리	• 아기 인체 모형 • 액정 프로젝터	30분
• 신생아관리(예방접종)		20분
• 아기 마사지		
• 임신수유부의 영양필요권장량 • 간식 및 식사원칙, 이유식	• 액정 프로젝터	20분
• 설문작성	• 설문지, 볼펜	5분

출처 : 대한영양사협회, 지역사회 영양사업 사례집

2) 모유수유

(1) 우리나라 모유수유율의 영향요인 및 변화추이

우리나라의 모유수유율은 2000년에 최저점을 기록한 후 다소 상승 추세를 보이다 2015년 62.3%(출생 후 6개월 모유수유 실천율)를 보이고, 다시 하락 추세를 보였다. 최근 들어 출산 직후 모유수유율은 높아지고 있으나 모유수유기간은 길어지지 않는 추세이다.

2021년 국민건강영양조사의 결과에 의하면 1개월령의 완전모유수유율은 44.4%였으나 3개월령, 6개월령은 각각 31.0%, 4.8%로 감소하였다.

BOX 3 기혼여성(19~49세)의 모유수유 경험 여부(2018. 9. 2. 이후 출생아 기준)

특성별 1	특성별 2	2021 있음(%)
전체	소계	91.9
거주지별	동부	92.2
	읍면부	90.6
연령별	19~24세	94.3
	25~29세	90.8
	30~34세	92.7
	35~39세	91.8
	40~44세	89.9
	45~49세	100.0

(계속)

특성별 1	특성별 2	2021 있음(%)
교육수준별	고졸 이하	88.8
	대졸	92.5
	대학원 졸	95.2
혼인상태별	유배우	91.9
	사별이혼별거	89.9
취업여부별	취업	91.9
	비취업	91.9
가구소득별	60% 미만	94.0
	60~80% 미만	92.0
	80~100% 미만	87.1
	100~120% 미만	94.6
	120~140% 미만	97.0
	140~160% 미만	94.4
	160% 이상	89.1

출처 : 통계청, 국가통계포털, 2022

〈BOX 3〉과 같이 모성의 교육수준이 높을수록 모유수유 경험 응답이 높았고, 소득수준도 100~160%일 때 높았으며 취업여부에서는 차이가 없었다. **그림 8-5**에서 보는 바와 같이 우리나라의 모유수유율은 유럽 국가와 미국에 비해서도 낮은 편이다.

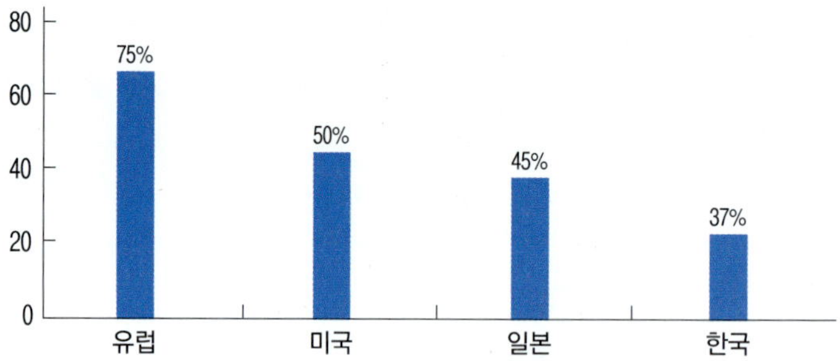

그림 8-5 국가별 모유수유율 비교

출처 : UNICEF, 2008

(2) 모유수유 증진을 위한 활동

모유수유의 기간은 적어도 만 1년까지 지속되어야 하고, 만 2년이 지나서도 모유를 먹이는 것이 좋다. 세계보건기구와 유니세프에서는 적어도 두 돌까지는 모유 먹이기를 권장한다.

모유수유를 위해 세계의 각 기관에서 다양한 캠페인이 벌어지고 있으며, 주요 기관의 활동내용은 다음과 같다표 8-1.

BOX 4 성공적인 모유먹이기 10단계 (세계보건기구 · 유니세프 공동발표, 1989)

1. 의료기관은 의료요원을 위한 모유수유 방침을 가진다.
2. 이 방침을 실행하기 위하여 모든 의료요원에게 모유수유 기술을 가르친다.
3. 임산부에게 모유의 장점을 가르친다.
4. 아기가 태어난 후 30분 이내에 엄마 젖을 물린다.
5. 임산부에게 엄마 젖 먹이는 방법을 자세히 가르친다.
6. 아기에게 엄마 젖 이외에 다른 음식을 주지 않는다.
7. 엄마와 아기는 한방을 쓴다(모자동실).
8. 엄마 젖은 아기가 원할 때마다 먹인다.
9. 아기에게 엄마 젖 외에 다른 것을 물리지 않는다.
10. 엄마 젖 먹이는 모임을 만들도록 도와주고, 산모가 퇴원하면 이 모임에 참가하도록 추천한다.

표 8-1 모유수유활동을 하는 주요 기관

기관명	주요 내용	홈페이지 화면
모유대체식품 판매에 관한 국제 규약 http://www.who.org	모유수유가 방해받지 않도록 인공영양식품의 판매를 조절하고 모유 대체식품 제조회사, 의료제도와 정부에 대한 요구사항을 제시한다.	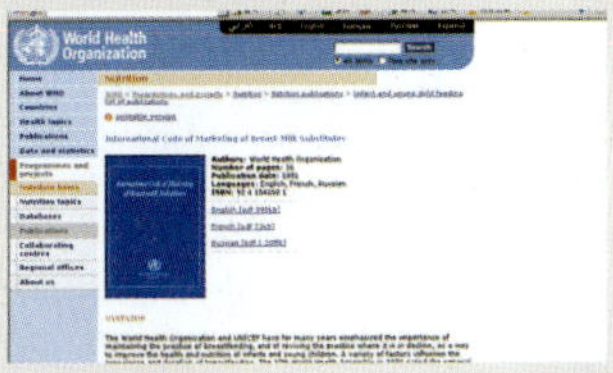
아기에게 친근한 병원 만들기 http://www.unicef.org/programme/breastfeeding/baby.htm	모유수유 단체와 협동으로 '아기에게 친근한 병원'이 되도록 지역 병원과 산과병원을 교육하고 지원한다. 국제수유전문가협회와 공동으로 의료인 훈련 및 의료시설을 인증한다. 병원은 무료 혹은 저가 모유 대체식품, 우유병, 노리개 젖꼭지를 사용하지 않고 성공적인 모유수유 10단계를 실천하면 '아기에게 친근한 병원'으로 인증받는다.	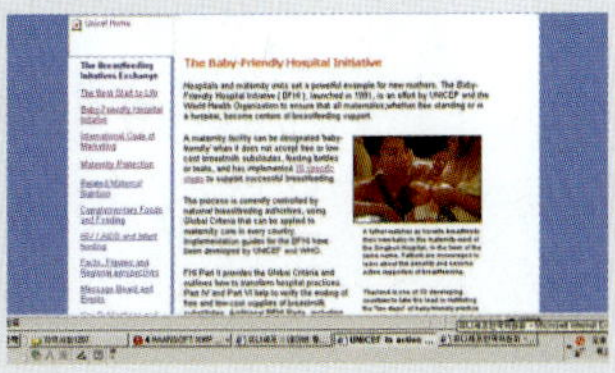

(계속)

기관명	주요 내용	홈페이지 화면
국제노동기구 모성보호협약 http://www.ilo.org	모성보호와 직장에서의 모유수유를 지원하는 특별 권장사항 : 노동조합, 회사 신문, 모성과 보건인, 고용주와의 대화를 통해 국제노동기구 모성보호협약에 관하여 고용주, 노동조합임원, 보건인, 모성을 대상으로 교육한다.	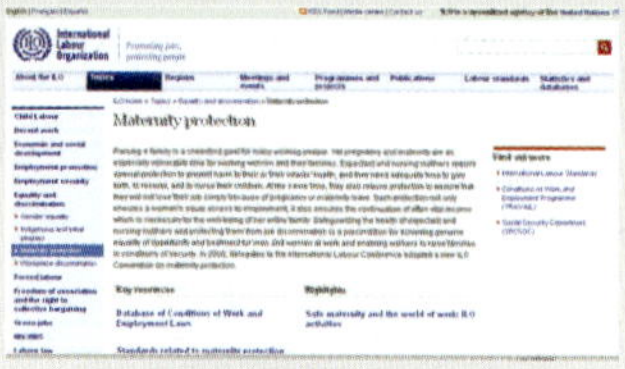
여성차별 제거협약 http://www.un.org/womenwatch/daw	여성의 출산 권리를 인정하는 유일한 인권협약으로 여성의 출산과 모유수유 권리를 보호하는 중요한 기구이다. 이 협약을 이용하여 모유수유 중이나 임신기간에 차별대우를 받는 여성을 보호하도록 정부에 로비를 벌인다.	
코덱스 알리멘타리우스 협약 http://www.codexalimentarius.net	WHO와 FAO 공동으로 영유아 식품을 포함하여 식품에 대한 기준을 제시한다. 코덱스 회의에 참석한 단체와 협력하여 '모유 대체식품 판매에 대한 국제규약'이 영유아 분유와 보충식의 기준으로 설정되도록 한다.	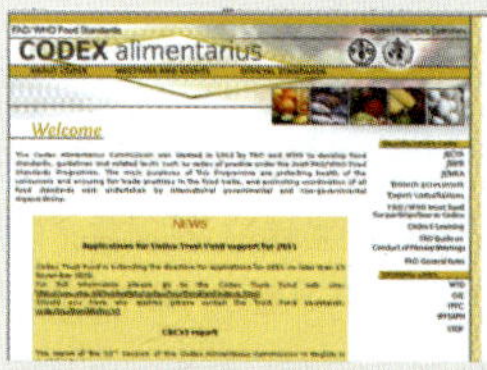
모성 간 후원 http://www.llli.org	모성이 정보를 교환하고 서로의 지원을 위하여 함께 모이는 세계적인 단체이다. 지역사회에서 임신부와 산모를 위하여 모성 간의 후원단체를 결성한다. 산모가 그 지역의 모성 간 지원그룹에 연결될 수 있도록 도와준다.	

3) 영유아 검진사업 및 예방접종사업

영유아 연령에 적합한 건강검진 프로그램을 도입하여 영유아의 성장발달 사항을 추적·관리하고, 보호자에게 적절한 프로그램을 제공하기 위해 실시되고 있다.

건강검진항목은 성장·발달 이상, 비만, 안전사고, 영아급사증후군, 청각·시각 굴절이상, 치아우식증 등이며, 총 7회에 걸쳐 이루어진다. 검진횟수는 일반 건강검진 5회, 구강검진 2회이고, 검진시기는 4, 9, 18, 30, 54개월의 월령이며, 보건소에서 지정한 관내 검진지정기관에서 검진을 받을 수 있다.

2009년 3월부터는 영유아 포함 어린이 필수예방접종비용 국가지원사업이 만 12세 이하 모든 어린이를 대상으로 실시되고 있다. 이 사업은 보건소(필수예방접종 백신 무료)뿐 아니라, 시·군·구청장이 위탁한 민간 의료기관(유료)에서 예방접종을 받을 때에도 비용 일부(약 30%)를 정부에서 지원하는 사업이다.

영유아 건강관리사업

- 지원대상 : 만 12세 이하 모든 어린이
- 지원액 : 예방접종비의 약 30% 수준
- 지원대상 백신 : 만 12세 이하 국가 필수예방접종 8종(총 22회)
  [B형간염, 결핵BCG(피내용), 디프테리아 · 파상풍 · 백일해DTaP, 폴리오IPV, 홍역 · 유행성이하선염 · 풍진MMR, 일본뇌염(사백신), 수두, 파상풍 · 디프테리아Td]

4) 이유식

이유식은 아기 발육에 따른 영양부족의 보충, 치아·소화기 및 생리적 발달에 따른 식품 제공의 역할을 한다. 뿐만 아니라 새로운 물체, 색감·질감, 식사행동을 배우고, 올바른 식품관과 정서적·지적 발달에도 도움이 된다. 그러나 각종 서적 및 인터넷 등에 검증되지 않은 정보가 많아 신뢰성 있는 영양정보의 제공이 필요한 실정이다. 또한 맞벌이 부부의 증가 등 여러 이유로 이유식의 중요성은 인식하고 있지만 정확한 방법을 모르고, 또 시간상 문제로 적절한 이유식을 제공하지 못하고 있다. 이에 대부분의 보건소에서 이유식의 필요성, 시작시기, 양, 횟수와 실습을 통한 조리법을 교육하고 있다.

BOX 5 보건소에서 실시 중인 이유식 관련 교육 예

이메일을 통한 이유식 교육

- 사업명 : 이메일을 통한 이유식 교육
- 사업기간 : 연중 수시
- 대상 : 안양시 거주 만 12개월 미만인 영아를 둔 어머니
- 목적 : 맞벌이 부부가 증가하는 요즘, 이유식의 중요성을 알고 있으면서도 시간이 없어 영양교육을 받지 못하는 경우가 많아 이메일로 영양교육내용을 제공함으로써 올바른 이유식을 할 수 있도록 유도한다.

(계속)

• 방법 및 내용
  – 방법 : 각 이유단계 및 월별로 10가지의 이유식 영양교육 내용을 희망대상자에게 정해진 날짜에 발송한다.
  – 내용

안양시 홈페이지 접속 › 이유식 온라인 신청 › 신청후 월령 자동계산 › 관리자 스케줄표에 자동입력 › 일별로해당 월령의대상 자에게교육 내용발송 › 추후 지속 관리

• 평가 및 고찰
  – 현재 메일링 서비스 초기 단계여서 서비스 만족도 등에 관한 평가가 이루어져 있지 않으나 교육내용의 이해도, 활용도, 서비스 만족도 등에 관한 평가와 발송형식 등 방법론적인 평가를 하여 추후 서비스의 질을 향상하는 것이 중요하다.
  – 이유식에 관한 단독내용보다는 타 부서와 연계하여 영아기 전반에 관한 보건정보 및 건강정보를 함께 발송하며, 예방접종과도 연계하여 입체적이고 다양한 정보를 제공하는 것이 더 바람직할 것으로 생각된다.

출처 : 안양시 동안구 보건소

요리교실 예

• 사업명 : 토요열린보건소, 이유식 및 건강간식 조리교실
• 일시 : 매주 마지막 토요일 오전 10:30~12:30
• 대상 : 강동구 주민
• 목적 : 바람직한 이유식 및 건강간식 조리법 교육
• 방법 및 내용 : 강동구 보건소 1층 로비에서 단계별 이유식 2종류와 어린이 영양간식 2종류를 실습을 통해 교육한다.

출처 : 서울시 강동구 보건소

3. 어린이집의 영양사업

1961년 「아동복리법」(1981년 「아동복지법」으로 개칭)의 공포와 함께 시작된 보육시설(어린이집)은 초기에는 단순한 아동 보호시설이었으나 1991년 「영유아보육법」과 「영유아보육법 시행규칙」이 제정되면서 단순한 보호시설을 벗어나 교육의 의미를 추가하게 되었고, 업무체계도 일원화되었다. 보육시설 종사자의 자격요건 강화 등의 내용을 포함하여 2011년 재개정되어 공표되었다. 영유아보육법의 운영규정에 따라 '영유아'라 함은

6세 미만의 취학 전 아동을 말한다.

1) 어린이집의 현황

우리나라 어린이집의 현황은 다음과 같다표 8-2, 표 8-3.

표 8-2 연도별 어린이집 보육아동 현황

(단위: 명)

어린이집 유형	2021년	2022년	2023년
합계	1,184,716	1,095,450	1,011,813
국공립	268,967	276,670	286,487
사회복지법인	72,085	64,503	26,812
법인단체등	30,998	27,743	24,010
민간	535,428	477,628	420,219
가정	208,842	184,053	159,864
협동	3,465	3,023	2,851
직장	64,931	61,650	61,570

출처 : 보건복지부, 어린이집 및 이용자통계, 2024

표 8-3 어린이집 보육교직원 현황

(단위: 명)

직종별	2021년	2022년	2023년
합계	321,116	311,996	302,800
원장	33,087	30,773	28,818
보육교사	236,085	231,304	226,134
특수교사	1,684	1,510	1,387
영양사	1,040	1,018	941
간호사	419	376	335
간호조무사	566	496	441
조리원	29,575	28,402	27,523
기타	18,660	18,117	17,221

출처 : 보건복지부, 어린이집 및 이용자통계, 2024

2) 어린이집의 영양사업

2009년 전면 개정된 「영유아보육법 시행규칙」 제34조에 의하면, 급식은 영유아가 필요한 영양을 섭취할 수 있도록 영양사가 작성한 식단에 따라 공급하여야 한다. 이 경우 영양사(5개 이내의 어린이집이 공동으로 두는 영양사를 포함한다)를 두고 있지 아니한 100명 미만의 영유아를 보육하고 있는 어린이집은 보육정보센터 및 보건소 등에서 근무하는 영양사의 지도를 받아 식단을 작성하여야 한다. 영유아에 대한 급식은 어린이집에서 직접 조리하여 공급하는 것을 원칙으로 한다.

현재 어린이집에서는 당 저감화(과다한 당 섭취 줄이기), 나트륨 저감화, 지방 저감화의 원칙에 따라 급식이 제공되고 있다.

BOX 6 어린이집 및 관련 기관에서의 영양활동 실제

안양시 동안구 보건소

오군이와 함께 하는 영양 체험장 운영

• 오군이 : 골고루 영양을 섭취하기 위한 5가지 식품군(곡류, 어육류, 채소, 우유, 과일군)

기간	연중(월~금, 오전 10시 30분~12시)
대상	관내 어린이집, 유치원 유아
장소	보건소 건강전시장
내용	오군이 식품 알기(건강의 열차게임, 주방놀이, 오군이 스튜디오 등)

영양교육 자료 대여사업

기간	8~12월
대상	관내 어린이집, 유치원 유아
내용	영양과 관련된 DVD, 동화책, 활동책 등 대여

대전광역시 서구 보건소

어린이 건강체험터 운영

서구보건소 어린이 건강체험터(1층)

• 연중 운영되며, 관내 유치원 및 어린이집 원아의 방문

• 내용 : 탄생, 성, 성장, 감각, 소화, 절주, 호흡, 영양, 구강, 운동, OX 퀴즈관 운영

(계속)

영양인형극 상영

관내 어린이집 및 유치원

- 구민건강체험페스티벌 행사 목적으로 실시
- 내용 : 올바른 식습관을 통한 편식 교정
  영양인형극 '포동 공주와 야채 소년' 상영

3) 어린이급식관리지원센터

어린이집, 유치원 등에 다니는 자녀의 먹을거리와 건강에 대한 부모의 걱정을 해소하기 위해 식품의약품안전처에서 2011년 경기도 하남시를 시작으로 10곳을 설치·운영하였고, 2023년 말에는 전국에서 약 236개소가 운영되고 있다. 센터에 소속된 영양사 등 전문가가 어린이집이나 유치원 등을 직접 순회 방문하여 식품 위생관리를 지도함으로써 식중독 발생을 예방하고, 영유아기의 성장단계별 체계적 영양관리를 위한 맞춤형 식단 제공, 영양교육, 식사 및 식자재 관리 지도 등을 실시한다.

본 센터는 영양팀, 위생팀, 기획운영팀으로 구성되며, 어린이에게 보다 안전하고 영양가 있는 급식을 제공하기 위하여 식품·영양 전공자들이 다양한 업무를 수행하게 된다**그림 8-5.**

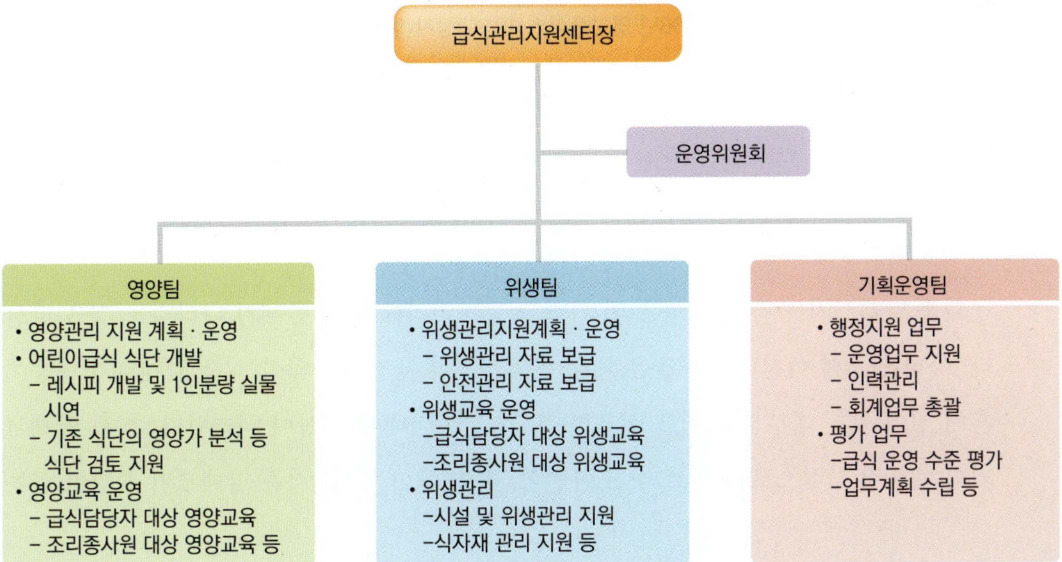

그림 8-6 어린이급식관리지원센터 조직 구성도

4. 기타 영양 관련 문제

1) 철결핍성 빈혈

철결핍성 빈혈은 세계 각국, 어느 연령에서나 발생한다. 세계보건기구WHO에 의하면 전 세계 인구의 30%가 철결핍성 빈혈을 앓고 있으며, 특히 취학 전 아동의 43%, 임산부의 51%, 학동기 아동의 37%에서 유병하여 인간에게 가장 흔한 만성질환 중 하나이다.

국내의 여러 조사결과를 보면 철결핍성 빈혈은 영유아의 50% 내외, 소아의 7~8%로 보고되어 있으며, 이러한 문제를 해결하기 위해 영양플러스사업이 시작되었다. **그림 8-7**에서 영양플러스 시범사업으로 실시된 사업에서 영양보충에 의한 철결핍성 빈혈의 개선효과를 알 수 있다.

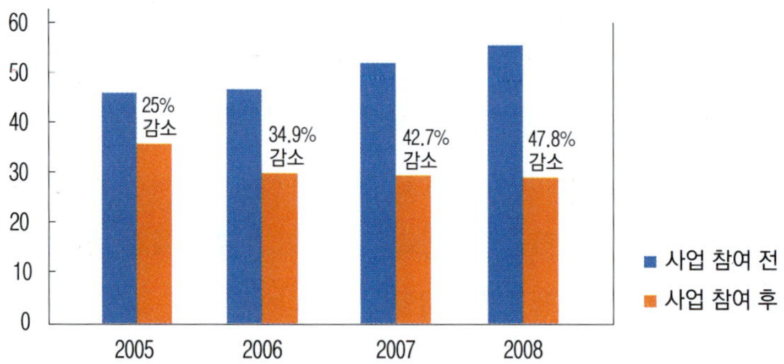

그림 8-7 2005~2008년 영양플러스사업 대상자(영유아)의 빈혈률 개선효과(%)

※ 수혜자의 사업종료 시점의 빈혈 유병률 감소 : 사업 참여 전·후 혈중 헤모글로빈 측정을 통해 판정 (6개월 이상 사업 참여자의 경우임)

2) 식품 알레르기

식품 알레르기는 음식을 먹은 뒤 가렵고 두드러기나 발진 증세가 나타나는 것을 말한다. 특히 만 3세 이전의 아이들은 체내 면역기능이 완전하지 않아 식품 알레르기 반응이 흔히 일어난다. 대부분 음식을 섭취한 후 1~7일 이내에 증상이 나타난다. 식품 알레르기의 대표적 증상으로는 아토피, 소아천식, 비염 등이 있다. 식품 알레르기 증상이 있는

데도 음식을 무심코 계속 먹을 때 그 식품에 대한 알레르기는 회복되지 않을 수 있으므로 주의해야 한다. 식품 알레르기는 1세 이하의 영아기에 가장 많고 나이를 먹을수록 감소한다.

우유, 밀가루 음식, 달걀, 옥수수, 초콜릿, 오렌지, 콩, 생선, 소고기, 돼지고기 등이 알레르기를 일으킬 수 있다고 보고되었다. 알레르기를 예방하려면 음식은 되도록 가열해서 먹고, 유사 식품군은 피하며, 인스턴트식품과 식품보존료를 사용한 가공식품, 설탕이 들어간 음료수도 삼간다.

3) 아토피

아토피 피부염은 대개 생후 2~3개월부터 시작하여 평생 지속적으로 나타날 수 있는 질환으로 흔히'태열' 이라고 부르는 영아기 습진을 그 시작으로 본다. 아토피 피부염의 가장 큰 특징은 견디기 어려운 가려움증이며 이 때문에 불면, 정서장애, 학습장애, 환경 적응능력의 감소, 사회적 활동력 감소 등이 나타날 수 있다. 또한 습진에 의한 피부추형은 전염성 피부질환 또는 청결하지 못한 피부로 오인되어 대인관계에도 지장을 초래한다.

아토피 피부염은 환자의 나이에 따라 다른 증상을 보이므로 연령별로 유아기, 소아기, 사춘기 및 성인기 아토피 피부염으로 구분한다. 우리나라에서 아토피 피부염의 정확한 발생빈도를 추정하기는 어려우나 유병률은 꾸준히 증가하고 있다. 소아기의 적절한 치료지연 또는 적기 치료기회 상실로 성인기 질환으로의 이행이 많으므로 알레르기 진행의조기 차단이 매우 중요하다. 2008년에는 근거 기반 표준화된 교육 및 홍보자료가 개발 보급되었다. 지역사회 아토피 천식 예방관리사업에 참여하는 보건소는 2008년 5개소에서 2021년 176개소로 확대되었고, 전국 9개 광역시도에 교육정보센터가 운영되고 있다. 아토피 천식 안식학교는 2021년 3,396개 학교가 운영되므로 관련 전문 교육을 실시하고 있다.

BOX 7 아토피 관련 지역사회활동

1. 진안군 : 아토피 · 천식 진료/상담실 및 건강교실 운영

- 아토피 · 천식의 극복으로 주민의 건강한 생활을 보장하고 삶의 질을 높이는 것을 목적으로 실시되고 있다.
- 주요 내용으로는 아토피 자가진단, 건강상태 파악 및 건강상담, 아토피 · 천식질환자 등록 및 관리, 한 · 양방 진료의뢰 및 취약계층 치료비 지원(한방진료 · 소아과진료), 아토피 피부염 알레르기 반응검사 의뢰, 아토피 · 천식관리 생활요법 지도 · 상담, 아토피 케어용품 배부 등이 있다.

2. 서울시 종로구 어린이집

종로구 내 서울형 어린이집을 대상으로 전문적인 위생관리 서비스를 제공하는 '3HS 특수사업'을 서울시 최초로 추진하였다. 3HS3 Hygiene Service & Solution는 식품, 환경, 보건의 3가지 위생영역에 대해 지속적인 서비스를 제공한다는 의미로 호흡기질환과 아토피의 원인인 바이러스, 포름알데히드 등 유기화합물질을 사전에 제거하여 면역력이 약한 영유아 건강을 증진하는 데 큰 도움을 준다.

5. 영양플러스사업

1) 영양플러스사업의 정의

영양플러스사업(임산부 및 영유아 보충영양관리사업)은 생리적 요인과 환경여건에 의해 상대적으로 영양상태가 취약한 대상의 불량한 영양섭취상태 개선과 건강증진을 위한 영양교육을 실시하고, 영양불량문제의 해소를 돕기 위한 특정 식품들을 일정 기간 지원하는 제도이다. 이 사업은 미국의 WIC 프로그램을 우리 실정에 맞게 수정·변형한 것으로, 2005년 3개의 보건소에서 시범사업으로 시작하여 2015년 전국 254개의 보건소로 확대 실시되고 있다.

이 프로그램의 목적은 우리가 당면한 '저출산·고령화 시대'에 태아 및 영유아의 미래 건강을 위하여 영양 측면의 위험집단인 임산부(임신부, 출산부, 수유부) 및 영유아에 대한 영양지원을 실시하는 것이다. 사업 목표는 빈혈, 저체중, 영양불량 등 취약계층 임산부 및 영유아의 영양문제 해소, 스스로 식생활을 관리할 수 있는 능력 배양과 그에 의한 국민의 장기적 건강 확보 등이다.

따라서 이는 생활이 어려운 자에게 필요한 급여를 행하여 이들의 최저생활을 보장하기 위한 복지 또는 구호 측면의 지원과 구별되는, 전 생애에 걸쳐 건강할 권리를 보장하기 위한 평생건강관리형 영양지원제도이다.

2) 대상자 선정 및 사업내용 등

(1) 대상자 선정방법 및 기준

사업 대상자는 다음의 4가지 기준을 모두 만족하는 경우로 한다.

① 임신·출산·수유부와 만 5세 이하의 영유아

- 영아 : 만 12개월까지
- 유아 : 만 72개월 미만(단 6개월에 한 번씩 대상자격 지속 여부 판정)
- 임신부 : 임신기간 및 출산 후 6주까지
- 출산부 : 출산 후 6개월까지
- 모유수유부 : 출산 후 12개월까지

② 사업 운영 보건소 담당 지역 내 거주

③ 가구의 실제 소득액이 보건복지부에 의해 가장 최근에 발표된 가구별 최저생계비의 200% 미만

④ 상기한 거주, 연령 및 소득 수준 기준을 만족하는 대상자 중 1가지 이상의 영양 위험요인nutritional risk factor 보유자

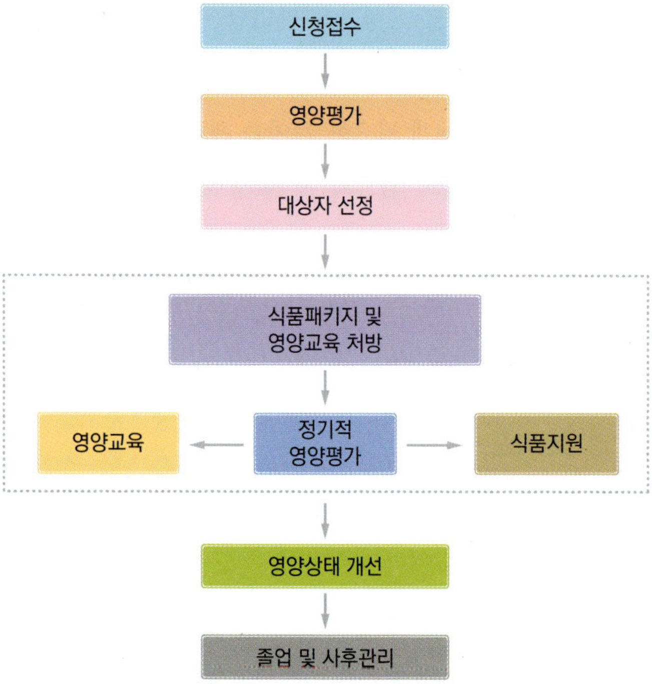

(2) 사업내용(보충식품 공급)

식품패키지는 총 6조로 구분되며, 패키지별 수혜대상은 연령 및 생리적 요인에 따라 1세 미만 영아는 이유식의 도입과 관련하여 0~5개월, 6~12개월로 구분되고, 1~5세 취학 전 아동, 임산부 및 수유부, 모유수유를 하지 않는 출산 후 여성, 완전모유수유부로 구분된다.

식품패키지 내용은 ① 대상별로 문제가 되는 영양소target nutrient의 밀도가 높은 식품을 한 가지 이상 포함하며, ② 운반 및 보관이 쉽고 그 과정에서 일정 기간 품질이 유지될 수 있는 형태의 식품이고, ③ 누구나, 어디서나 쉽게 구할 수 있고 가격이 너무 비싸지 않으며, ④ 일반적으로 대상자의 선호도가 높은 식품이어야 한다는 원칙에 따라 구성되었다. 관리 영양소 및 식품군별 주요 급원식품은 다음과 같다.

- 에너지 : (조제분유), 쌀, 감자
- 단백질 : (조제분유), 달걀, 검정콩, 우유, 참치통조림

표 8-4 영양 위험요인nutritional risk factor

신체계측	• 영유아 : 소아 신체발육표준치에 근거하여 신장 또는 체중이 연령별 신장 또는 체중 분포의 10 percentile 이하 • 임신·출산·수유부 : BMI에 의해 저체중으로 판정
생화학적 검사	• 혈중 헤모글로빈 농도에 의해 빈혈로 판정
영양섭취 상태조사	• 영양소 섭취 부족 판정 근거 - 24시간 회상법에 의한 식품·영양섭취상태 평가에 근거 - 영양위험 판정은 한국인 영양소섭취기준KDRIs에 근거 - 에너지섭취량이 필요추정량EER 대비 75% 미만 - 단백질, 칼슘, 철, 비타민 A, 리보플라빈, 니아신, 비타민 C 중 한 가지라도 섭취량이 평균필요량EAR에 미치지 못하는 경우 • 이유식이 부적절하게 진행되고 있는 영아 등
모유수유를 하는 경우	• 어머니와 영아 중 한쪽이 영양불량이면 다른 한쪽도 영양불량으로 판정
기타	• 부적절한 이유식 섭취, 저체중아·선천성 기형 출산경험 등 위험요인을 가진 경우

- 칼슘 : (조제분유), 우유, 미역, 검정콩
- 철 : (조제분유), 달걀, 검정콩
- 비타민 A : (조제분유), 당근, 김, 귤
- 리보플라빈 : (조제분유), 우유, 달걀
- 니아신 : (조제분유), 참치통조림, 검정콩
- 비타민 C : (조제분유), 귤·오렌지주스, 감자

식품패키지에 따른 식품별 1인 1일 제공량은 한국인의 영양권장량(제7차 개정)에 수록된 '식사구성안'의 식사분량과 가공식품 영양표시를 위한 기초자료로 한국보건산업진흥원에서 개발한 '식품표시 참고량 및 1회 분량'자료를 활용하고, 각 대상층의 평균적 영양섭취상태에 근거하여 관련 영양문제를 보완하는 수준에서 도출된 것이다표 8-5.

표 8-5 식품패키지별 식품 제공량 (1인 1일 환산치)

식품명	식품패키지 I (영아, 0~5월)	식품패키지 II (영아, 6~12월)	식품패키지 III (1~5세 유아)	식품패키지 IV (임신수유부)	식품패키지 V (출산부)	식품패키지 VI (수유부)
조제분유[1]	필요량의 1/2까지	필요량의 1/2까지				
이유식(분말)		필요한 경우[2]				
쌀		45g	45g	90g	90g	90g
감자		25g[3]	25g	50g	50g	50g
달걀		50g (노른자)[4]	50g	50g	50g	50g
우유			400mL	400mL	200mL	400mL
검정콩[5]			10g	15g	15g	15g
김			3g	3g	3g	3g
미역				2.5g	2.5g	2.5g
당근		18g	18g	35g	35g	35g
참치통조림						30g
귤 · 오렌지주스						귤 중 1개 주스 200mL[6]

1) 모유수유를 우선으로 권장하며, 필요량에 따라 제품에 표기된 권장섭취량의 1/2까지 제공할 수 있음
2) 필요/원할 때 시판 이유식을 기준량의 1/2 범위 내에서 제공. 이때 기타 식품은 공급되지 않음
3) 감자의 가격이 비싼 계절(봄 등)에는 국수를 대신 제공할 수 있음
4) 전란을 지급하되, 영아는 노른자만 먹이도록 교육함
5) 지역 및 대상 특성에 따라 시리얼을 대신 제공할 수 있음
6) 가을 · 겨울 등 가격이 저렴한 계절에는 귤을 제공하며, 봄 · 여름 등 가격이 높은 계절에는 당이 첨가되지 않은 100% 오렌지주스를 제공할 수 있음

(3) 영양교육

영양교육은 이 사업의 가장 중요한 부분이다. 각 수혜대상(영유아의 경우 보호자)에게 가능한 한 월 1회(최소 2개월에 1회 이상) 영양교육 및 상담 서비스를 제공하며, 각 보건소에서는 단체교육, 영양상담 및 가정방문교육 등의 형태를 고려하여 지역에 적합한 영양교육과 상담계획을 수립한다. 대상 유형별로 실정과 내용에 맞는 교육에 참여할 수 있도록 최대한 배려하여 교육시간과 반복횟수를 조정한다.

대상자 영양교육을 위한 기본 교육자료는 중앙에서 제공되며, 여기에는 파워포인트 자료, 상담용 소책자, 인쇄물, 냉장고 부착용 마그넷 등이 포함된다. 또한 사업담당 영양사는 대상자의 교육 및 상담에서 건강상의 문제로 의료기관의 연계가 필요한 경우나 타 사

업에의 소개가 필요한 경우 적절한 기관에 적극적으로 연계·소개해야 하며, 본 사업에 도움이 될 수 있는 지역사회의 자원과 인력을 발굴해 활용한다.

주요 교육내용

- 임신부, 출산부, 영유아의 식생활 · 영양 관리방법
- 빈혈 예방 및 관리를 위한 식생활
- 올바른 이유식 시작과 진행
- 식사구성안을 이용한 식사계획
- 식생활 실천지침
- 보충식품의 이용방법
- 모유수유

6. 외국의 영양사업

표 8-6 외국의 영양사업 사례

국가	프로그램	대상자	사업내용
미국	special supplemental Nutrition Program for WIC	영양적 위험에 처해 있는 저소득층 임신수유 여성 및 6세 이하 어린이	매달 식품 또는 쿠폰으로 우유, 치즈, 달걀, 과일주스, 시리얼, 땅콩버터, 조제분유, 유아용 시리얼 제공
	Head start Program	저소득층 가정의 가족과 3~5세 어린이, 장애가 있는 어린이	교육·의료·치과·영양·사회 서비스, 영양가 있는 식사와 간식 제공
	Supplemental Nutrition Assistance Program, SNAP	미국 시민, 저소득층, 보호시설에 수용된 사람	푸드스탬프 프로그램이 2008년 10월부터 '보충영양보조 프로그램'으로 바뀌었다. 푸드스탬프 대신 전자카드에 보조금이 전달되어 대부분의 식품점에서 식품을 구매할 때 현금처럼 사용할 수 있으며, 2010년 매달 4,000만 명이 보조금 혜택을 받았다.
영국	Healthy start	저소득층 임신수유 여성 및 6세 이하 어린이	바우처 지급을 통해 매주 우유, 과일, 야채, 분유 지원, 비타민 무료 제공
호주	Austraila' s Future	어린이, 청소년	건강한 식생활과 신체활동 증가를 위한 법안 제정 및 각 지방정부의 다양한 프로그램 시행

출처 : 이연경. 지역사회영양지원 프로그램의 발전방향, 2009

요약

- 우리나라 신생아의 평균 체중은 1995년 이후 미세하게 감소하고 있으며, 영아사망률은 2.7명으로 조사되었다. OECD 30개국의 영아사망률은 평균 4.8명이다. 모성사망자 수는 2019년 현재 9.9명으로 나타났다. 우리나라에서는 임신부터 출산까지 국가가 책임진다는 슬로건 아래 임신 이후 출산까지 필수 의료 서비스를 무상 지원하고 있다. 영유아 포함 어린이 필수예방접종비용 국가지원사업이 만 12세 이하 모든 어린이를 대상으로 실시되고 있다.
- 저체중아 출산 등 위험요인으로는 연령(35세 이상의 고령, 10대), 철결핍성 빈혈, 흡연, 임신중독증 등이 있다. 임신부는 건강한 임신 유지와 태어날 아기를 위한 식사계획이 필요하다. 적절한 체중증가를 위한 알맞은 열량을 섭취해야 하고, 태아의 발육과 성장, 관련 기관의 형성을 위해 충분한 단백질, 비타민과 무기질 섭취가 필요하다. 따라서 건강한 식사를 위해 영양요구량을 충족시키며 각 식품군이 골고루 들어가도록 계획해야 한다. 임신수유부를 위한 영양서비스사업은 주로 보건소에서 시행되고 있다.
- 건강한 영유아를 위해서는 모유영양이 가장 중요하다. 우리나라의 모유수유율은 2000년에 최저점을 기록한 후 2003년에는 다소 상승하였으며, 최근 들어 전반적으로 출산 직후 모유수유율이 높아지고 있으나 모유수유기간은 길어지지 않는 추세이다. 모유수유를 위해 다양한 단체에서 '모유 대체식품 판매에 관한 국제규약', '아기에게 친근한 병원 만들기', '모성보호와 직장에서의 모유수유를 지원하는 특별 권장사항', '여성의 출산권리 인정', '영유아 식품에 대한 기준 제시', '모성의 정보 교환과 상호 지원' 등의 캠페인이 진행되고 있다. 맞벌이 부부가 증가하는 요즘, 이유식의 중요성은 잘 알고 있으나 시간상 문제로 인스턴트 이유식을 사용하고 있어 이유식에 대한 적절한 방식의 교육이 필요하다. 영유아기 영양문제와 관련된 질환으로는 철결핍성 빈혈, 식품 알레르기, 아토피 등이 있다. 이유식 및 철결핍성 빈혈 예방, 식품 알레르기, 아토피 등을 위한 영양서비스사업은 보건소, 지방자치단체, 어린이집 등에서 이루어지고 있다.
- 영양플러스사업(임산부 및 영유아 보충영양관리사업)은 생리적 요인과 환경여건 등으로 인해 상대적으로 영양상태가 취약한 대상의 불량한 영양섭취상태 개선과 건강증진을 위한 영양교육을 실시하고, 영양불량문제의 해소를 돕기 위한 특정 식품들을 일정 기간 지원하는 제도이다.
- 영양플러스사업의 목적은 우리가 당면한 '저출산 · 고령화 시대'에 태아 및 영유아의 미래건강을 위하여 영양 측면의 위험집단인 임산부(임신부, 출산부, 수유부) 및 영유아에 대한 영양지원을 실시하는 것이다. 사업 목표는 빈혈, 저체중, 영양불량 등 취약계층 임산부 및 영유아의 영양문제 해소, 스스로 식생활을 관리할 수 있는 능력 배양과 그에 의한 국민의 장기적 건강 확보 등이다.

연구문제

1. 우리나라의 모유수유 현황을 정리하고, 모유수유율을 높일 수 있는 방안을 제안해 보자.

2. 보건소에서 실시하고 있는 영양플러스사업에서 보완해야 할 내용을 제안해 보자.

CHAPTER

9

어린이와 청소년

학동기는 스스로 음식을 섭취하게 되는 시기이고, 청소년기는 건강증진을 위한 행동이 완성되어가는 시기이다. 즉 어린이와 청소년의 음식 선택은 물리적 · 문화적 환경에 따라 달라지며, 영양 및 건강상태에 큰 영향을 미친다. 따라서 어린이가 바람직한 식생활행동을 체득할 수 있도록 하고, 청소년시기에 바람직한 음식 습관을 잘 유지할 수 있도록 도와줘야 한다. 학동기와 청소년기에 좋은 영양상태를 유지하는 것은 성인기의 건강한 삶을 위한 준비로서 매우 중요하므로 어린이와 청소년의 건강을 위해 지역사회의 다양한 노력이 필요하며, 여러 프로그램이 실행 중에 있다. 본 장에서는 어린이와 청소년의 영양 관련 건강문제를 먼저 살펴보고, 이들을 위한 영양 프로그램들을 소개한다.

학 / 습 / 목 / 표

1. 우리나라 어린이(학동기)의 건강과 영양문제를 설명할 수 있다.
2. 어린이를 위한 영양서비스사업을 기획하고 설명할 수 있다.
3. 우리나라 청소년의 건강과 영양문제를 설명할 수 있다.
4. 청소년을 위한 영양서비스사업의 진행과정을 기획하고 설명할 수 있다.

1. 어린이와 청소년의 영양과 건강

1) 어린이와 청소년의 영양상태 현황

2022년 국민건강영양조사 결과를 살펴보면 어린이와 청소년의 영양상태 양극화가 심각한 것으로 나타났으며 영양섭취 부족자분율과 에너지/지방 과잉 섭취자 분율은 표 9-1, 표 9-2와 같다.

표 9-1 어린이와 청소년의 영양섭취 부족자분율[1)] (단위: %)

구분		2016년	2019년	2022년
6~11세	소계	4.8	6.8	5.9
	남	4.6	9.8	5.2
	여	5.0	3.8	6.6
12~17세	소계	19.4	21.4	21.0
	남	15.2	24.3	20.2
	여	24.3	18.1	21.9

[1)] 에너지섭취량이 필요추정량의 75% 미만이면서 칼슘, 철, 비타민 A, 리보플라빈 섭취량이 모두 평균필요량 미만인 분율
출처 : 2022 국민건강영양조사

표 9-1과 같이 영양섭취 부족자는 에너지와 우리나라에서는 계속 부족되어 영양문제가 발생할 가능성이 있는 미량영양소(칼슘, 철, 비타민A, 리보플라빈)가 모두 부족한 경우여서, 영양결핍으로 이어질 가능성이 있다고 볼 수 있다. 6~11세 어린이의 경우 조사시기에 따라 차이는 있으나 5~7% 선으로 나타나고 있으며, 12~17세 청소년기는 대략 20% 정도가 영양부족자로 나타났다.

표 9-2 어린이와 청소년의 에너지/지방 과잉 섭취자분율[1)] (단위: %)

구분		2016년	2019년	2022년
6~11세	소계	6.1	7.6	8.8
	남	8.4	8.0	9.0
	여	3.8	7.2	8.7

(계속)

구분		2016년	2019년	2022년
12~17세	소계	6.5	8.5	3.9
	남	6.4	7.8	5.8
	여	6.7	9.2	2.5

[1)] 에너지섭취량이 필요추정량의 125% 이상이면서 지방섭취 상한선을 초과한 분율
출처 : 2022 국민건강영양조사

표 9-2와 같이 에너지섭취분율이 필요추정량의 125% 이상이면서 지방섭취량이 에너지 적정비율의 상한선을 넘어가는 에너지 및 지방 과잉 섭취자분율은 2022년 결과 6~11세에서는 남아 9.0%, 여아 8.7%이며, 12~17세에서는 남아 5.8%, 여아 2.5%로 나타났다. 6~11세 아동은 지속적으로 증가하고 있다.

과체중군은 에너지 섭취에서 탄수화물보다는 단백질과 지방의 비율이 상대적으로 높았는데, 이는 고기·생선·계란·콩류의 섭취 수준이 높기 때문이다. 반면, 저체중 아동은 에너지 섭취수준 및 일부 미량영양소의 섭취가 상대적으로 낮은 것으로 파악되었다. 과체중 아동과 청소년은 혈당, 혈압 및 혈중 지질치가 높은 경향을 보였고, 저체중군은 빈혈 유병률이 높았다. 특히 빈혈 유병률은 남학생에게는 나타나지 않았고, 여학생에게만 나타났다. 어린이와 청소년의 과체중 문제는 과잉 영양섭취, 특히 육류 섭취와 비활동적 생활양식에 따른 에너지 섭취 및 소비의 불균형이 영향을 미친 것으로 보인다.

2) 어린이와 청소년의 비만과 신체활동

어린이는 현재의 에너지 섭취 수준으로 현 체중을 설명할 수 있으나, 청소년 가운데 특히 여자 청소년은 체중조절 시도가 있어 섭취하는 에너지 수준으로 체중상태를 설명하기 어렵다. 소아청소년의 비만은 유아기에서 사춘기까지의 나이대에서 체중이 신장별 표준체중보다 20% 이상 많이 나가거나, 같은 연령대에서 체질량지수BMI가 상위 5%인 경우를 말한다. 2021년 기준으로 소아청소년 비만유병률은 19.3%로 나타났으며, 연령별 비만 유병률을 보면 10~12세 소아는 21.4%, 16~18세 청소년은 21.7%였다.

최근 10년간 어린이, 청소년의 비만 유병률은 남녀 모두 증가 추세를 보였다. 2012년에서 2021년 사이 남아의 경우 10.4%에서 25,9%로 약 2.5배, 여아는 8.8%에서 12.3%로 약 1.4배 증가하였다**그림 9-1**.

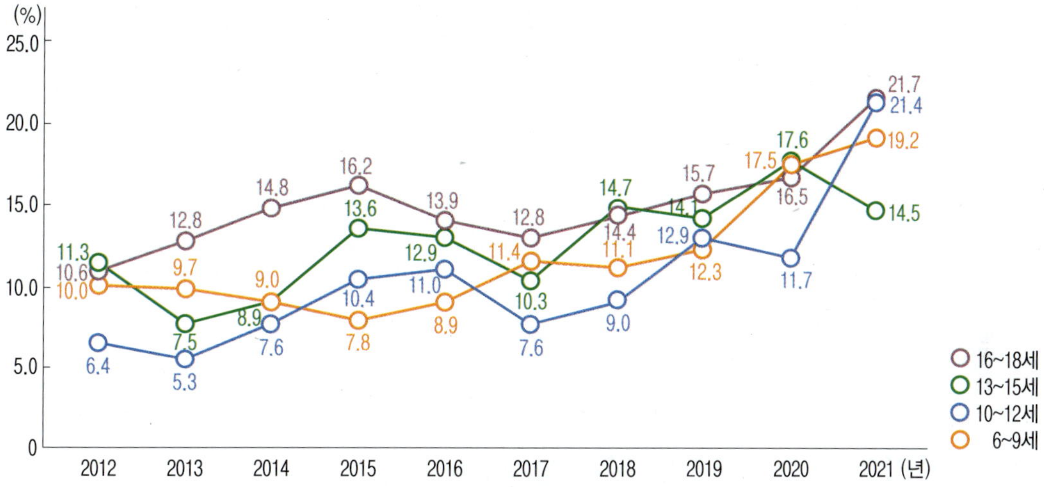

그림 9-1 최근 10년간 소아청소년 연령별 비만 유병률

어린이와 청소년은 본인의 체중인식과 실제 비만도에서 큰 차이를 보였다. 7~12세 어린이의 경우 약 20~30%, 13~19세 여자 청소년의 경우 약 46%가 자신이 뚱뚱하다고 인식하고 있었으나, 그들 중 63.1%는 실제로는 정상 체중이었다. 체형에 대한 그릇된 인식은 식품섭취량이나 섭취패턴에 영향을 미칠 가능성이 커 체형에 대한 올바른 인식을 심어줄 필요가 있다.

청소년은 성별에 따라 체형에 대한 인식과 그에 따른 체중조절 행위에 차이를 보였다. 체형에 대한 인식은 여자의 경우 대체로 자신이 실제 상태보다 뚱뚱하다고 생각하고 있었으며, 그 때문에 지금보다 더 마른 상태를 유지하거나 체중을 줄여야 한다는 왜곡된 인식을 하고 있었다. 남자의 경우 정상 체중임에도 자신이 말랐다고 인식하는 비율이 높았다.

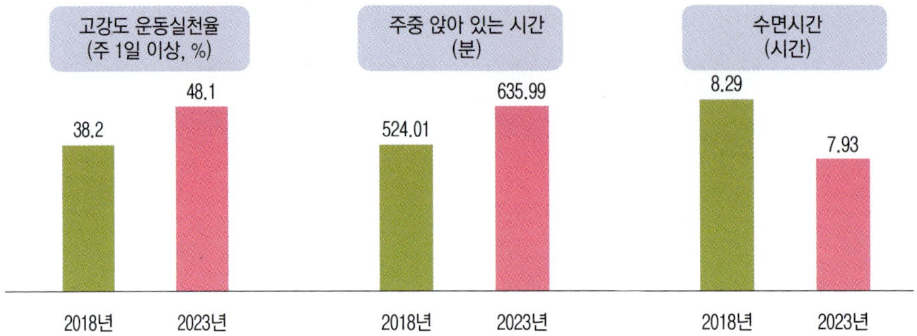

그림 9-2 아동의 신체활동(2023 아동종합실태조사)

체중과 연관된 지표로 고강도 운동 실천율은 48.1%로 다소 개선되었으나, 수면시간(7.93시간)은 감소하고, 주중 앉아 있는 시간(636분)은 증가했다.

2. 어린이와 청소년의 식생활 행동

어린이와 청소년의 식생활 행동은 부모보다는 교사, 친구 등의 충고를 더 잘 받아들이고, TV 등 대중매체의 광고나 프로그램 내용에 영향을 받는다. 그러므로 올바른 식습관을 형성할 수 있도록 긍정적인 모델을 제시하고 좋은 식생활 행동에 대해 칭찬과 격려를 강화해야 한다. 주로 어린이와 청소년에게 나타나는 잘못된 식생활 행동을 살펴보면 아침 결식 증가, 인스턴트식품의 소비 증가, 열량 위주의 간식 및 외식의 증가이다.

아침 결식은 초등학생의 경우 큰 변화가 없으나, 중고등학생의 경우 **그림 9-3**과 같이 지속적으로 증가하고 있다. 따라서 다양한 방법의 '아침 먹기' 노력이 필요하다.

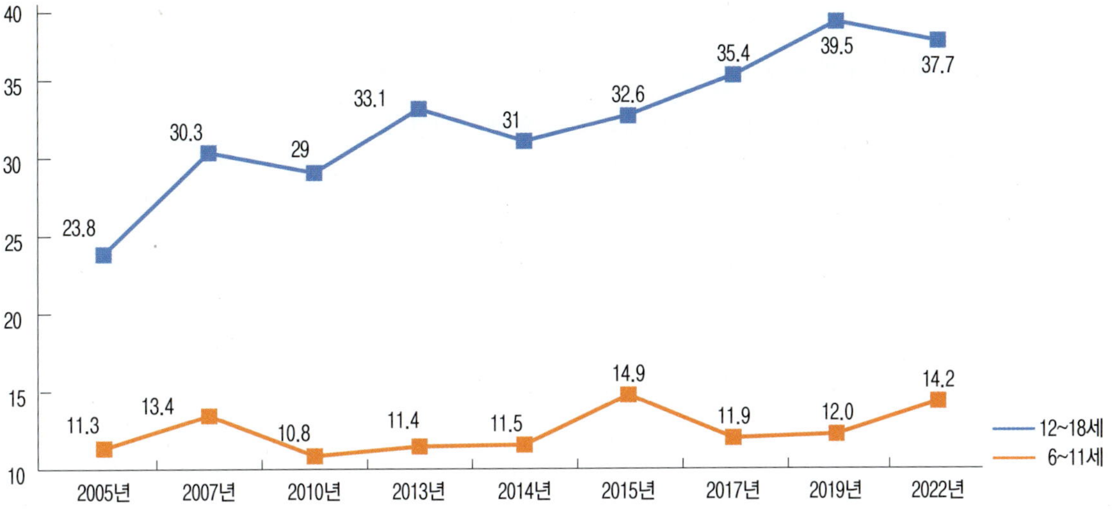

그림 9-3 어린이와 청소년의 아침식사 결식률 추이(2022 국민건강영양조사)

3. 어린이와 청소년의 영양 관련 지역사회 활동

1) 학교급식

학교급식은 성장기 학생들에게 영양상 균형 잡힌 양질의 식사를 제공하고 급식을 통하여 올바른 음식습관 지도, 편식 교정, 공동체 의식, 전통음식문화 및 세계 음식문화의 체험, 식품의 생산과 소비에 대한 올바른 이해에 이바지할 수 있는 등 중요한 영양교육의 수단이 된다.

우리나라의 학교급식은 1953년 캐나다 정부가 원조한 분유를 결식아동에게 제공함으로써 시작된 이후, 1981년 「학교급식법」을 제정하여 학교급식 실시의 법적 근거를 마련했으며, 이후 초등학교를 중심으로 학교급식이 실시되었다. 1995년부터 부분적으로 중·고등학교 급식을 시작했으며, 학교급식의 전면 확대를 지향하는 정부 정책으로 특수학교는 1992년에, 초등학교는 1998년에 전면 급식이 이루어졌다. 2020년 현재 초·중·고등학교, 특수학교 모두 학교에서 급식을 실시하고 있다.

1996년에는 「학교급식법」의 개정에 따라 외부 위탁급식 업체에 의한 학교급식이 허용

됐다. 2006년 6월 수도권 지역 위탁 급식학교에서 발생한 집단 식중독 사고(46개교 3,613명의 설사환자 발생)를 계기로 '학교급식 개선 종합대책'이 마련되었으며, 「학교급식법」이 전부 개정되어 급식 운영 및 관리체제가 개선되었다.

(1) 학교급식 현황

학교급식 현황(교육부, 2020)은 표 9-3과 같다. 급식은 전체 학교가 100% 실시하고 있으며, 급식 형태별로는 직영급식이 98%, 위탁급식이 2%이다. 급식 학생 수는 전체 학생의 99.9%가 급식에 참여하고 있다.

표 9-3 급식학교 및 학생 수 현황

구분	학교 수(교)			학생 수(천 명)			운영형태(교)	
	전체	급식	%	전체	급식	%	직영(%)	위탁(%)
초등학교	6,127	6,127	100	2,698	2,698	100	6,121(99.9)	6(0.1)
중학교	3,226	3,226	100	1,316	1,316	100	3,200(99.2)	26(0.8)
고등학교	2,372	2,372	100	1,337	1,336	99.9	2,167(91.4)	205(8.6)
특수학교	178	178	100	26	25	99.3	175(98.3)	3(1.7)
합계	11,903	11,903	100	5,377	5,375	99.9	11,663(98%)	240(2%)

출처 : 교육부, 2020 학교급식 실시현황

(2) 학교급식 개선 종합대책

학교급식 개선 종합대책의 주요 내용은 위탁급식의 직영전환, 학교 급식시설 현대화, 학교 조리실 냉방시설 설치, 품질이 우수한 음식재료 사용여건 조성, 저소득층 및 농산어촌학생 급식비 지원 확대, 조리사 등 '비정규직 급식종사자' 처우 개선 등이며, 학교급식 운영평가제가 도입되었다표 9-4 그림 9-4.

2007년 1월 「학교급식법」 전면 개정으로 영양교사 배치 및 식생활 지도와 영양상담을 실시하도록 규정하였으며, 학교급식 영양관리 강화 목적으로 성장발달단계에 맞는 연령대별·성별 '학교급식의 영양기준량'이 설정되었다.

표 9-4 학교급식 개선목표

구분	2006년	2011년	비고
학교급식 만족도	55점	65점	
직영급식 실시율	86.5% (9,331개교)	97.3% (10,497개교)	
식중독 발생건수율	4건	1건	급식 10만 건당
학교 급식시설 현대화율	24.5% (2,205개교)	35% (3,215개교)	
조리실 냉방기 설치율	25% (2,254개교)	100% (9,186개교)	2010년 완료
식당 미보유 학교비율	23.7% (2,555개교)	20% (2,156개교)	
학생 고도비만율	8명	8명	학생 1,000명당
학부모 급식비 부담률	77.1%	75%	
학교급식비 지원율	17% (1,312천 명)	21% (1,633천 명)	특수, 농·산·어촌 포함
영양상담 실시율	-	0%	
우수 농산물 급식 지원	3,784교/563억 원	6,000교/1,000억 원	

출처 : 교육부, 2008

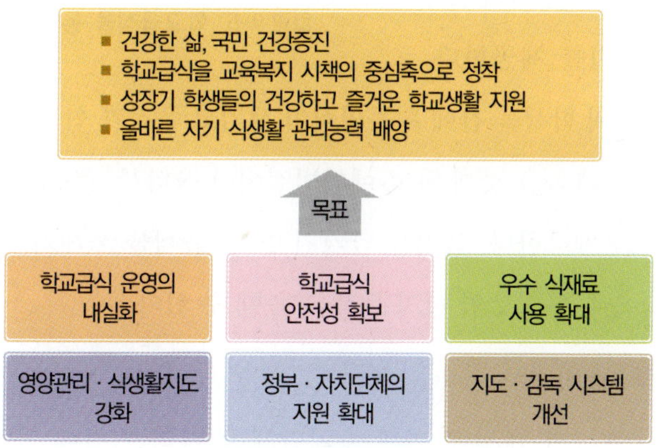

그림 9-4 학교급식 개선 종합대책 추진전략

(3) 학교급식을 통한 지역사회 영양활동

학교급식은 학생 심신의 건전한 발달을 도모하고 나아가 국민 식생활 개선에 이바지함을 목적으로 한다. 이와 같은 목적을 달성하기 위하여 국가와 지방자치단체는 학교급식을 원활히 수행하고 영양교육을 통한 음식습관의 개선을 위해서 필요한 시책을 마련해야 한다. 학교급식의 내용은 학생의 발육과 건강에 필요한 영양을 충족할 수 있는 식품으로 구성해야 하며, 급식관리에서는 위생과 안전에 철저해야 한다.

① 학교급식을 통한 영양활동

합리적인 영양섭취, 올바른 음식 습관 형성, 급식을 통한 영양교육, 협동·봉사·질서의식과 같은 공동체 의식 함양, 전통음식문화 계승 등의 활동이 있다. 적절한 영양 공급으로 아동의 건강증진과 체위·체력 향상에 이바지하고, 학교급식의 체험을 통하여 올바른 식사태도와 식습관을 몸에 익히도록 한다. 학교급식은 학생들에게 영양교육을 실시할 좋은 기회이며 집단 영양 지도의 기회를 제공한다. 같은 음식을 먹음으로써 학생들 간에 평등의식이 생기고 우정과 협동심을 키울 수도 있다.

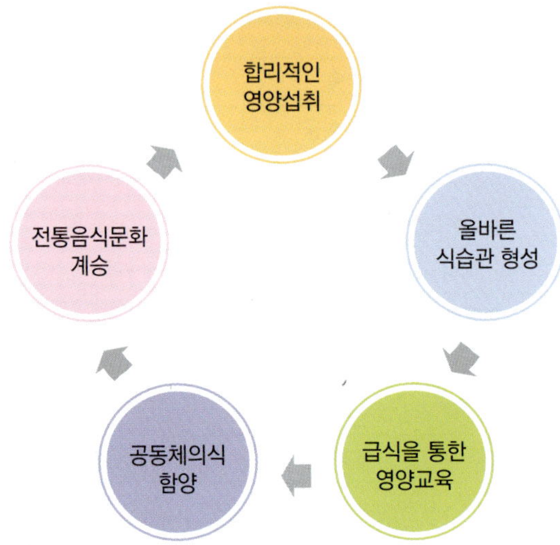

그림 9-5 학교급식을 통한 영양활동의 선순환

식사에 대해 감사한 마음을 갖게 하고 예의범절이나 올바른 생활태도를 익히도록 하며 식생활 개선의 기회를 제공한다. 음식물 남기지 않기, 음식물 쓰레기 최소화와 분리 등의 소비자 절약 실천교육과 환경오염 방지 등을 교육할 수 있다.

② 지역생산 농산물의 소비

2006년 「학교급식법」의 개정에 의해 자치단체별 지역 거점에 '급식지원센터'를 설치·운영할 수 있게 되었다. 급식지원센터는 안전하고 우수한 식자재를 공급하기 위한 전처리 시설을 갖춘 물류센터이다. 이는 직영급식이나 우수·친환경 농산물 사용, 무상급식이라는 목표를 실현할 구체적인 제도이다. 일반적으로 급식 재료는 생산지에서 학교에 도착하려면 5~6단계의 유통과정을 거친다. 기존의 급식 시스템은 저가 입찰제로 진행되는 음식재료의 안전성과 신선도, 투명성, 신뢰도를 보장해 주지 못하는 한계가 있었다. 따라서 학교급식지원센터의 완성은 학교가 있는 지역의 친환경 농산물을 직거래할 수 있어 건강하고 안전한 식재료의 공급을 가능하게 한다. 즉, 생산지에서 소비지까지의 이동

거리를 뜻하는 '푸드 마일리지'가 줄어들어 신선도가 보장되고 생산자 확인도 쉬워져 신뢰도를 높일 수 있다.

BOX 1 전통음식문화 계승의 예

1. 전통음식학교 시범운영

제주도 농업기술원은 어린이와 급식교사, 소비자 등 대상별 체계화된 교육으로 전통음식문화의 우수성을 알리고 균형 잡힌 녹색 음식생활 보급 등 한식 세계화를 위한 전통음식문화 계승사업을 추진하고 있다. 어린이 · 청소년 · 소비자에게 맞는 향토식단과 전통식품의 발굴 · 보급을 위한 교재, 교구, 프로그램 등을 개발 보급할 계획이다.

이에 따라 농업기술원은 5억 원의 사업비로 도내 5개 초등학교를 선정하여 전통음식 급식 식단(재래식 된장 및 장아찌) 보급사업과 자녀 · 학부모 전통음식문화 실천교육을 실시한다.

출처 : 연합뉴스, 2010. 5. 12.

2. 학교 장독대사업

전북 완주군이 지난해부터 추진하고 있는 학교 장독대사업은 학교 내에 전통옹기 장독과 장독대를 설치하고 지역에서 생산한 콩으로 학생 · 학부모 · 장류제조전문가 · 급식교사 등이 참여해 만든 된장을 급식 조리에 사용하는 것이다.

현재 완주군에서는 구이초등학교와 화산중학교에서 시범적으로 운영 중이다. 특히 구이초등학교는 학교 내 공터에 '콩쥐팥쥐 장독대'를 설치하고 주변에 쉼터와 건강장수를 기원하는 솟대를 설치, 학생들의 관심을 끌고 있다.

출처 : 농민신문, 2010. 7. 7.

③ 영양교사의 교육활동

영양교사의 교육활동은 급식을 통한 영양교육뿐 아니라 식생활문화 교육과 영양상담을 통한 교육 등 다양하게 이루어지고 있다.

특별활동 시간을 이용하여 음식생활문화반, 조리실습반, 영양정보 및 식품 자원 활동반을 운영하거나, 편식아반 운영을 통해 균형 잡힌 음식습관이 형성되도록 하며, 올바른 식품선택을 통하여 편식 습관을 없애도록 한다. 초등학생의 비만이 심각하게 증가하고 있어서 이들을 위한 영양상담실 운영의 필요성이 높아지고 있다.

각국에서는 다음과 같이 다양한 학교급식 관련 활동이 이루어지고 있다표 9-5.

표 9-5 각국의 특색 있는 학교급식 관련 활동

한국	일본	미국	영국	중국
• 특별활동 운영 - 조리실습반 - 식생활문화반 - 음식물 쓰레기 줄이기 운동 • 비만관리 프로그램 • 학생, 학부모 영양 상담 및 지도 • 지역별 결식아동 급식 • 학교급식 후원회를 통한 학교와 지역 사회의 공동 교육활동	• 학교 내의 활동 • 교류급식 - 동일 학년 내 - 다른 학년 내 - 전교 합동 • 행사급식 • 초대급식 • 뷔페, 카페테리아 • 가정, 지역과의 연계를 도모하는 활동 - 부모, 자녀의 급식 - 초대급식 - 시식회 - 뷔페, 카페테리아 • 빵식에 따른 식습관의 변화 우려 : 젓가락 사용 의도적 교육	• 다양한 학교급식 프로그램 운영 - special milk program - school breakfast program - summer food service program • 「Dietary Guideline for American」에 따른 학교 급식 제공 유도 • 학급, 학년 단위 운영	• 처음에 교사 중심으로 결식아동을 위한 급식 시작 • 요즘은 교사노조 활동에서 교사들의 학교급식 감독 거부 • 교사들의 거부를 배제하기 위해 급식 전담요원 확보 필요	• 점심급식학교 : 점심시간에 학부모 지역사회 지도자 초청, 현장시찰·시식 → 그 주의 식사 메뉴의 성분 영양가 제시 • 도시락 지침학교 : 사친회와 자모회의 영양에 관한 주기적 강연과 토론, 식품 선택 및 요리법 강의, 학부모·교사·어린이 참관

출처 : 조정순

BOX 2 영양교육

동화를 이용한 영양교육

표 1. 언어활동을 통한 동화교육 교수지도안

<table>
<tr><td>일시</td><td>2011. . .</td><td>대상</td><td>2학년 반 명</td><td>지도교사</td><td></td></tr>
<tr><td>프로그램</td><td colspan="3">영양교육 : 먹는 건 즐거워</td><td>쉬는 시간</td><td>40분</td></tr>
<tr><td>학습제재</td><td colspan="3">건강한 식생활의 중요성 인식 : 내가 만드는 건강밥상</td><td>수업모형</td><td>반응 중심 창의학습</td></tr>
<tr><td>학습목표</td><td colspan="5">다양한 식품을 섭취하여 건강한 식생활의 중요성에 대해 이해한다.</td></tr>
<tr><td rowspan="2">활동주제</td><td colspan="3">교수-학습 활동</td><td rowspan="2">시간</td><td rowspan="2">자료 및 유의점</td></tr>
<tr><td>교사발문</td><td colspan="2">아동 예상반응</td></tr>
<tr><td>전개 / 화면 보고 내용 파악하기</td><td>〈활동 1〉 '먹는 즐거움과 좋은 배변'을 읽고 내용 이해하기
• 준비한 PPT 자료를 보면서 설명
- 이야기의 제목이 무엇일까요?
- 바나나똥은 어떻게 만들어지나요?
- 잘했어요. 여러분이 이야기한 것들이 모두 다 맞았어요.</td><td colspan="2">• PPT 자료를 보며 대답하기
- 건강한 생활이요.
- 바나나똥 만들기요.
- 먹는 건 즐거워요.
- 골고루 즐겁게 먹어야 해요.</td><td>13분</td><td>• PPT 자료
• PPT 자료로 만든 동화를 보며 올바른 영양섭취에 대해 이야기한다.</td></tr>
</table>

(계속)

동화를 이용한 영양교육에 사용할 수 있는 책의 예

- 김아리. 밥 힘으로 살아온 우리 민족(우리의 음식문화 이야기). 아이세움, 2002
- 권은정. 맥도날드는 이제 그만 1, 2. 연리지, 2005
- 로렌 차일드. 난 토마토 절대 안 먹어. 국민서관, 2001
- B. 바움부숴 저. 이주헌 역. 음식(그림 보는 아이 8). 비룡소, 2003
- 서찬석, 한창수, 옛날 사람들은 어떤 음식을 먹었을까(손에 잡히는 옛 사람들의 지혜 11). 채우리, 2004
- 요시다 다카코 저. 양선하 역. 아프지 않게 몸을 지키는 먹을거리(비타민 · 섬유소)/키가 쑥쑥 크는 먹을거리(단백질). 언어세상, 2004
- 제인 욜런, 마크 티그. 아기 공룡은 밥도 잘 먹는대요! 꼬마 MEDIA 2.0, 2007
- 쥬디 바레트 저. 홍연미 역. 하늘에서 음식이 내린다면. 토토북, 2007
- 지호진. 우리 김치 이야기 : 세계 5대 건강음식. 청년사, 2007
- 양재홍 저. 윤숙자 감수. 너도나도 숟갈 들고 어서 오너라. 대교출판, 2006
- 조영선 저. 윤지현 감수. 초등과학학습만화 – Why? 식품과 영양. 예림당, 2008
- 최서영, 최강문. 우리 음식 안녕. 올벼, 2007
- 최신오. 음식에 숨은 알짜 상식. 창해, 2003

출처 : 대한영양사협회, 지역사회영양사업 사례집

2) 건강매점

건강매점은 「어린이 식생활안전관리 특별법」을 근거로 설립되었다. 건강매점은 학동기 및 청소년들에게 올바른 식품선택의 정보를 제공하고 지식을 실천할 수 있는 장이며, 위생적 · 영양학적으로 안전하고 건강한 먹을거리를 적절한 가격으로 구매할 수 있는 공간이다(http://www.healthytuckshop.or.kr).

건강매점은 빵 · 과자 · 음료수만 팔던 기존의 매점과는 달리 사과 · 귤 · 자두와 같은 신선한 과일이 판매된다. 과일은 학생들의 소비 수준에 맞춰 소량 단위로 묶어 500~1,000원에 판매되며, 농림축산식품부 및 과수협회의 지원을 받아 좋은 품질의 상품을 저렴하게 공급하고 있다. 건강매점은 과일을 판매하는 데 그치지 않고, 학생들에게 올바른 식생활과 영양에 관한 정보를 제공하는 공간으로도 활용된다. 한 예로, 매점에 액정 스크린을 설치해 각종 식생활 정보를 제공하는 한편, 녹색식생활 퀴즈를 통해 영양정보를 얻을 수 있는 터치스크린 모니터 및 영양표시제, 나의 비만도, 내가 먹는 음식 속의 나트륨 · 지방 함량 등의 정보를 제공하고 있다.

'굿모닝 아침밥 클럽'은 아침식사를 부득이 거르게 되었을 때 간단한 식사를 섭취할 수 있도록 지원함으로써 청소년의 성장을 도모하고 학습능력을 높이고자 하는 건강매점 특화 프로그램으로 아침밥 클럽 식품 후원기업과 함께 추진하는 사업이다.

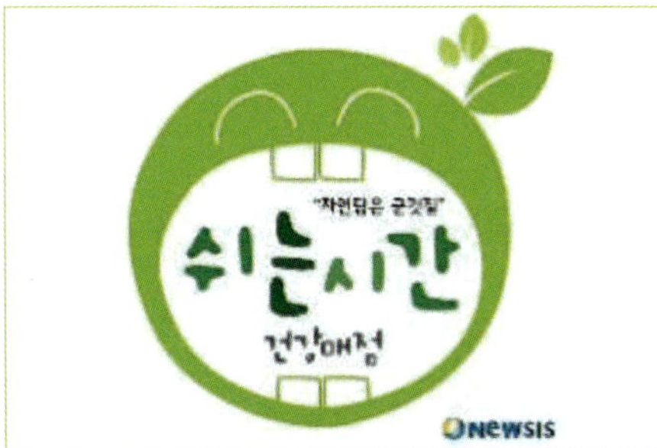

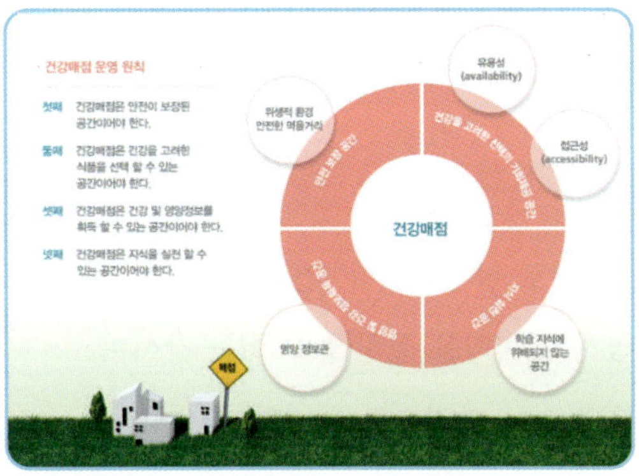

3) 보건소의 영양활동

주로 보건소에서 행해지는 어린이와 청소년을 대상으로 하는 영양사업에는 아침결식 실태조사 및 영양교실 운영을 통한 어린이 아침 결식 예방사업, 중증도 이상의 비만 학생을 대상으로 한 아동비만사업, 비만 이론교육 및 비만운동 실기교육을 통한 청소년 비만 사업 등이 있다.

우선 첫째로 건강증진에 필요한 기본 건강교육 및 식사예절 교육, 영양과 운동에 대한 보건교육 및 상담을 실시한다. 둘째, 학교를 통하여 실시되고 있는 규칙적인 건강검진 및 예방접종 서비스의 기회를 이용하여 문제 아동을 대상으로 양호교사 및 학교급식 영양사와 협조하여 영양지도를 실시한다. 셋째, 이들 사업과 병행하여 가능하면 식사섭취평가, 신체계측을 통한 비만도 측정, 식습관 및 생활습관조사를 통한 건강위험평가를 바탕으로 위험대상자의 조기발견에 주력하여 조기에 적절한 서비스가 제공되도록 한다.

(1) 초등학생 비만아동관리

BOX 3 보건소에서 실시되고 있는 영양 관련 활동의 예

1. 경기도 구리시 보건소

ggi (건강한 구리시 아이들) 비만아동관리사업

- 기간 : 연중 실시
- 대상 : 관내 초등학생 및 학부모
- 내용
  - 친구 만들기 영양교육 실시
  - 운동교실 운영 : ggi 농구교실, 성장체조교실
  - 어린이 조리교실 운영
  - 여름방학 영양캠프 가족 프로그램 운영 : 아빠와 등산을
  - 우수회원 선발 및 겨울스키캠프 운영
  - 학교 영양교육 지원사업 전개

(계속)

2. 대전광역시 서구 보건소

1) 건강줄넘기 장려운동

- 기간 : 4~9월
- 대상 : 관내 초등학생, 팀당 인원 12명
- 내용 : 단체줄넘기 개수 통과하기/최고기록 인정
- 시상 : 최고기록 기준으로 줄넘기를 상품으로 지급

2) 어린이 몸짱 교실

- 장소 : 해당 초등학교 또는 사회복지시설
- 대상 : 초등학교 4학년 이상 중 · 고도 비만아
- 내용 : 주 2회(화 · 목) 방학기간(1개월) 해당 장소에서 영양 및 운동교육 실시
- 보건소에서 개별접수(7월) → 기초체력검사(체지방, 혈당, 콜레스테롤 등) → 대상자 선정 및 교육일정 통보 → 교육 실시

(2) 청소년 비만 상담

최근 생활 수준의 향상으로 고지방·고열량식 및 운동부족에 의한 비만문제가 심각한 사회문제로 대두되고 있다. 특히 청소년기의 비만은 성인비만으로 이어질 뿐만 아니라 사춘기의 심리적·정서적인 면에서 부정적 요소로 작용할 수 있으므로 청소년 비만 상담 및 교육을 통해 자신의 현재 건강상태를 판단하여 스스로 식습관의 교정에 대한 필요성을 느끼게 함으로써 긍정적 자아상을 확립할 수 있도록 한다. 아울러 스스로 관리할 수 있는 능력을 키울 수 있도록 한다.

(3) 친구야, 아침 먹자

학령기 아동의 올바른 식생활 실천(제때에, 골고루, 알맞게)을 통해 건강증진을 도모하고자 시행되고 있다. 이 아침먹기 사업은 초등학생들의 식습관 교정과 영양문제 해결을 통한 실천사업으로 정착시키기 위해 도시형 보건소에서 건강증진사업의 일환으로 실시되고 있다. 학교에서 교사와 함께 운영할 수 있는 프로그램 모델을 개발·보급하였고(서울시 강북구 보건소), 이후 이 모델을 활용하여 전국의 보건소에서 이 사업이 실시되었다.

4) 지역아동센터

「아동복지법」 제16조에 근거하여 2004년부터는 전국에 있던 공부방 중 244개가 지역아동센터로 변경되어 정부로부터 운영비를 지원받으며 지역사회 빈곤·결손 아동에 대해 보호, 학습지원, 급식, 상담, 지역사회와의 연계 등 종합적인 아동복지서비스를 제공하게 되었다.

지역아동센터는 미취학, 초등학생, 중학생, 고등학생 등 18세 미만 아동을 대상으로 하며, 운영 프로그램으로는 지역사회 내 방임아동 보호, 생활지도, 위생지도, 급식제공 등의 보호 프로그램, 교육 프로그램, 문화 프로그램, 상담 및 부모교육 등의 복지 프로그램, 지역자원연계 프로그램, 주말·공휴일·일요일 프로그램, 야간 보호 프로그램이 있다.

보건복지부는 지역사회 아동에게 보호·학습·급식·문화·상담 등의 서비스를 제공하는 지역아동센터에 대해 지원을 확대하고 있다.

대한영양사협회는 사회공헌사업으로 지역아동센터 영양교육 지원사업을 진행하고 있으며, 인천 서구는 전국 최초로 아동급식요원(영양사)을 채용하여 지역아동센터를 위해 급식 및 영양지도, 식자재 관리 등을 순회 지도하고 있다.

5) 드림스타트사업

2007년부터 보건복지부 주관으로 시작된 드림스타트사업은 저소득층 아동에게 건강, 보육, 복지 등 맞춤형 지원을 통해 더 나은 교육환경을 제공하기 위한 국가 주도의 지원 프로그램이다. 최근 우리 사회에서 취약계층의 빈곤아동을 더 이상 소수의 문제로 방치할 수 없을 정도로 그 심각성이 대두되고 있으며, 이에 따라 아동발달 악영향 유발 및 부적절한 양육환경과 기회 불평등이 야기되고 있다. 따라서 공평한 기회보장과 아동·가족에 초점을 둔 통합 지원체계로서 시작한 것이 드림스타트사업이다.

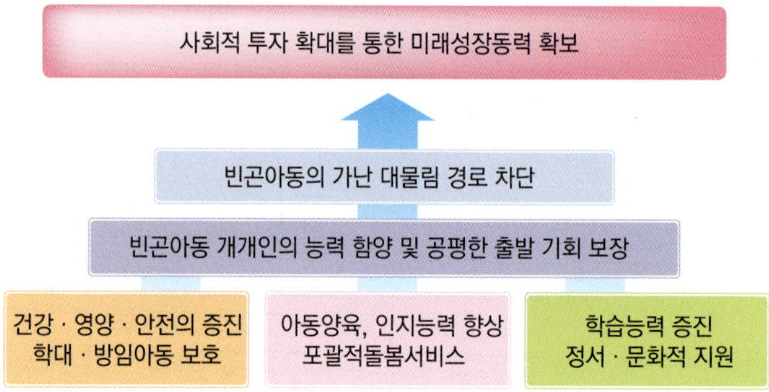

그림 9-6 드림스타트사업의 흐름

여기에 세부 항목으로 영양교육(요리교실 포함)이 포함되어 있어, 부모와 함께 하는 영양교육을 통해 실천력을 높일 수 있는 계기가 됨으로써 교육 효과를 증진할 수 있다. 주요 사업의 영역은 다음과 같다.

건강 서비스	• 취약계층 임산부의 건강한 출산 및 양육 지원 • 취약계층 아동의 신체적 · 정서적 건강 발달 증진 • 건강한 생활을 위한 사전예방적 부모교육 및 가족역량 강화 • 지역 내 유관기관과 연계하여 효율적 협조체계 구축
보육 서비스	• 예방 · 맞춤 · 통합형 아동발달서비스를 지향하며 수요자 중심의 지역보육 안정망 구축 • 아동양육 관련 실제적인 정보 및 훈련을 통한 부모의 역량강화 • 자아존중감 및 긍정적 성격 형성을 위한 가정 기능 회복, 강화
복지 서비스	• 취약계층 아동과 가족의 생활 안정, 삶의 질 개선, 빈곤 대물림 차단을 위한 종합적이고 능동적인 맞춤형 복지서비스 제공 • 가족지원서비스를 통한 가족 유대 강화 및 건강한 가정생활 • 사전예방적 교육을 통한 삶의 질 향상(아동학대 및 권리 교육 등)

4. 외국의 영양사업

1) 미국의 국가 학교급식 프로그램National School Lunch Program

미국 학교급식의 경우, 학교 점심 프로그램National School Lunch Program이 1946년 농무성USDA 주관으로 처음으로 시행되었으며, 이는 학교에서 영양적인 식사를 제공함으로써 학령기 아동들의 건강을 개선할 목적으로 만들어졌다. 2012년 현재 미국 공립학교의 95% 이상이 학교급식 프로그램에 참여하고 있고, 약 3,160만 명의 학생을 대상으로 연간 116억 달러 이상의 예산을 소모하고 있다. 1966년에는 아침식사 프로그램School Breakfast Program도 시행되었다. 주 정부의 법령에 따라 저소득층 아동에게는 할인된 가격으로, 결식 아동에게 무상으로 급식을 제공하고 있다.

2010년 건강하고 기아 없는 어린이를 위한 법령Healthy Hunger-free Kids Act of 2010에 따라 시행되는 식품 기준으로 스마트 스낵USDA Smart Snacks in School에 의하면 강한 몸과 스마트 두뇌를 구축하기 위해 학교일과 중 학교에서는 더 많은 과일, 채소, 저지방 유제품, 전체 곡물, 살코기를 제공하도록 하고 있다. 또한 어린이는 집에서 가져오는 간식도 이 기준에 부합하도록 하고 있으며 교내 행사에서 제공되는 음식도 이 기준을 따르도록 하고 있다.

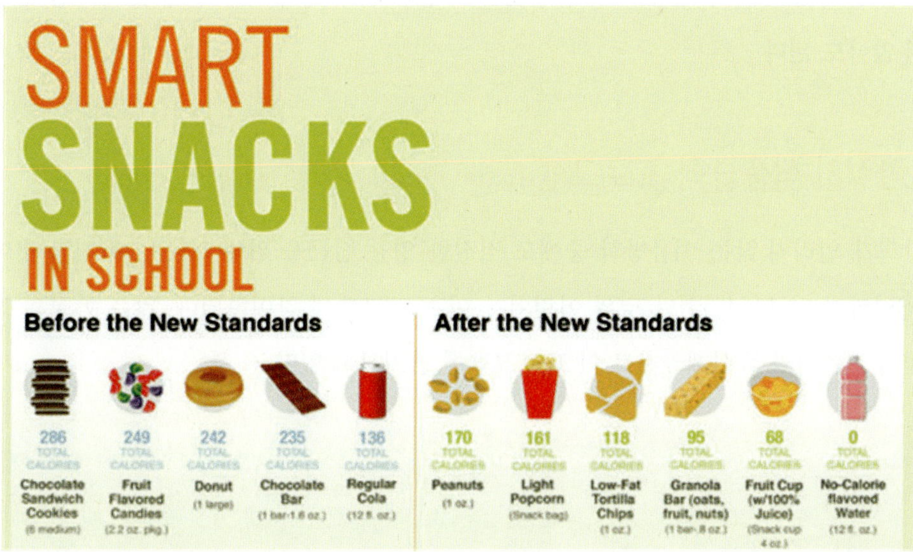

- 에너지 : 메인 음식(Entree item) ≤ 350 kcal
  간식이나 사이드 메뉴 ≤ 200 kcal
- 나트륨 : 메인 음식(Entree item) ≤ 480 mg,
  간식이나 사이드 메뉴 ≤ 230 mg(2016년 7월 1일부터는 200mg)
- 총지방 : ≤ 전체 에너지의 35%
- 포화지방 : ≤ 전체 에너지의 10%
- 단순당류 : ≤ 총당질 무게의 35%
- 음료 가이드라인 : 물, 탄산수는 크기 규정이 없으나 우유(저지방유, 무지방유 포함) 과일 혹은 채소 주스는 초등학교는 8oz 이하, 중·고등학교는 12oz 이하로 규정하고, 탄산음료(제로칼로리 음료 포함)은 초·중등학교에서는 허용하지 않고 있다.

2) 학교 아침급식 프로그램School Breakfast Program

이 프로그램은 1966년 어린이 영양 법안에 의해 예비 프로그램으로 시작되었다가 1975년에 영구 프로그램으로 정착되었다. 이 프로그램도 학교급식처럼 학생들의 경제적 수준에 따라 부담하는 비용이 다르다. DRI의 1/4에 해당하는 영양소를 제공하는 표준 식사패턴에 의해 급식이 진행되며, 점심 프로그램과 달리 필수식품 분배 프로그램에 참가하지 않아도 된다.

3) 하절기 식품급식 프로그램Summer Food Program For Children

학교가 열리지 않는 여름방학 중에도 적절한 영양 접근을 위해 1969년에 시작된 이래 2008년까지 약 11억 3천만 명의 어린이가 이 프로그램에 참여하였다. 많은 학교의 교육청들이 스폰서와 급식제공자로 이 프로그램에 참여하고 있다.

4) 팀 영양Team Nutrition

미국 농무성의 식품영양 서비스 프로그램이다. 이 프로그램의 목적은 어린이의 영양과 신체활동을 증진하는 데 있다. 이 프로그램을 위해 급식 계획안, 교실활동, 학교 수준의 이벤트, 가정활동, 지역사회 프로그램과 이벤트, 미디어 이벤트 등 6개를 잘 활용해야 한다. 이 프로그램을 위해서는 교육자·부모·학생의 유기적인 활동이 이루어져야 한다.

요약

- 어린이와 청소년의 에너지 필요추정량의 125% 초과섭취인구분율은 초등학생의 17%를 넘어서고 있다. 어린이는 현재의 에너지 섭취 수준으로 현 체중을 설명할 수 있다.
- 청소년 가운데 특히 여자 청소년은 체중조절 시도가 있어 섭취하는 에너지 수준으로 체중상태를 설명하기 어렵다. 남자 청소년의 경우 비만 유병률이 19.6%에 달하고 있어 심각한 편이다. 지난 10년간 비만 유병률은 2배로 증가하였다.
- 과체중 아동과 청소년은 혈당, 혈압 및 혈중 지질치가 높은 경향을 보였고, 저체중군은 빈혈 유병률이 높았다. 빈혈 유병률은 남학생에게는 나타나지 않았고, 여학생에게만 나타났다. 우리 사회의 아동과 청소년의 과체중 문제는 과잉 영양섭취, 특히 육류의 섭취와 비활동적 생활양식에 따른 에너지 섭취 및 소비의 불균형이 영향을 미치는 것으로 보인다.
- 어린이와 청소년에게 나타나는 문제 식사행동을 살펴보면 아침 결식 증가, 인스턴트식품의 소비 증가, 열량 위주의 간식 및 외식의 증가이다. 특히 아침 결식률은 청소년의 경우 30%에 달하고 있어 이에 대한 대책이 필요하다.
- 어린이와 청소년의 영양과 관련된 지역사회활동은 학교급식, 건강매점, 보건소의 영양활동, 지역아동센터, 드림스타트사업 등을 통해 이루어지고 있다.
- 학교급식을 통한 지역사회 영양활동으로는 지역생산 농산물의 소비, 영양교사의 교육활동 등이 있다.
- 건강매점은 현재 중 · 고등학교 청소년에게 올바른 식품선택의 정보를 제공하고 지식을 실천할 수 있는 장이 되며, 위생적으로나 영양학적으로 안전하고 건강한 먹을거리를 적절한 가격으로 구매할 수 있는 공간이다. 또한 아침밥 제공 장소로도 활용되고 있다.
- 보건소에서 행해지는 어린이와 청소년을 대상으로 하는 영양사업에는 아침 결식 실태조사 및 영양교실 운영을 통한 어린이 아침 결식 예방사업, 중증도 이상의 비만학생을 대상으로 한 아동비만사업, 비만 이론교육 및 비만운동 실기교육을 통한 청소년 비만사업 등이 있다.
- 지역아동센터는 지역사회 빈곤 · 결손 아동에 대해 보호, 학습지원, 상담과 함께 급식을 통하여 영양활동을 전개하고 있다.

연구문제

1. 현재 진행되고 있는 중 · 고등학생들을 위한 영양사업을 정리해 보자.
2. 중 · 고등학생의 건강관리에서 가장 부족한 요인을 찾아본 후 고등학생을 위해 학교에서 운영 가능한 영양사업을 제안해 보자.

C O M M U N I T Y   N U T R I T I O N

CHAPTER

10

성인과 노인

우리나라 성인에게서 영양과잉과 영양불량이라는 양극화 현상이 심화되고 있으며, 인구의 급속한 고령화현상으로 질병 양상이 급성질환에서 만성퇴행성질환으로 전환되면서 노인의 보건의료 및 복지서비스 문제가 심각한 사회문제로 대두되고 있다. 특히 우리나라의 경우 고령화사회로의 전환이 빠르게 진행되고 있어 이에 대한 준비가 시급한 실정이다. 본 장에서는 성인과 노인성 질병 및 영양상태의 특징을 학습하고, 다양한 국내외의 성인과 노인의 건강증진 및 복지 실현을 위한 영양서비스사업의 실시현황을 알아본다.

학/습/목/표

1. 우리나라 성인의 건강과 영양문제를 설명할 수 있다.
2. 성인을 위한 다양한 영양서비스사업의 구체적인 목적과 내용을 설명할 수 있다.
3. 우리나라 고령화에 따른 노인의 건강과 영양문제를 설명할 수 있다.
4. 국내외 노인을 위한 다양한 영양서비스사업의 구체적인 목적과 내용을 설명할 수 있다.

1. 성인의 건강과 영양실태

성인기는 연령, 성별, 수입, 교육 정도, 생활방식 등에 따라 식행동, 식태도 및 영양 지식이 다르며, 건강하지 않은 식생활 패턴은 성인질환 발생의 위험요인으로 작용할 수 있다. 우리나라 국민건강영양조사 결과 성인에서 비만, 고혈압, 당뇨병 등 만성질환의 높은 유병률을 보이고 있어, 이들 질환에 대한 적극적인 영양관리 및 지도가 요구된다표 10-1. 그러나 일부 성인 여성에서는 오히려 영양불량에 의한 빈혈, 감염 증가, 가임능력의 저하, 저체중아 출산 및 노년기의 골다공증 발현 등 여러 사회적인 문제점을 보이고 있다. 2019년 국민건강영양조사의 영양소 섭취량 분석 결과 칼슘, 비타민 A, 리보플라빈 및 비타민 C의 섭취가 부족한 인구비율이 특히 높았으며, 소득 수준이 낮은 집단에서 이러한 영양소의 부족비율이 더 높게 나타났다표 10-2.

표 10-1 성인인구의 만성질환 유병률

(단위 : %)

유병률	30~39세		40~49세		50~59세	
	남자	여자	남자	여자	남자	여자
비만(BMI≥25)	46.4	21.6	45.0	25.8	43.4	29.6
고혈압	15.1	3.4	26.5	11.1	35.7	28.8
당뇨병	2.7	1.9	9.7	4.1	18.2	8.7
고콜레스테롤혈증	12.5	7.2	20.4	12.3	26.0	36.4

출처 : 2019 국민건강통계, 2020

표 10-2 성인의 영양소 섭취 현황

(단위 : %)

영양소	영양섭취기준 미만 섭취 비율			소득수준				
	19~29세	30~49세	50~64세	하	중하	중	중상	상
에너지	42.3	33.8	32.6	38.2	35.2	34.3	33.5	29.7
단백질	24.6	18.2	23.9	25.9	20.9	19.6	17.2	14.3
지방	8.4	15.4	32.1	21.6	20.0	15.8	18.5	16.9
칼슘	70.9	66.4	66.0	71.8	71.4	68.6	68.4	65.3
인	17.7	11.6	13.0	24.7	20.0	19.8	18.2	15.0

(계속)

영양소	영양섭취기준 미만 섭취 비율			소득수준				
	19~29세	30~49세	50~64세	하	중하	중	중상	상
철	46.5	42.2	14.5	41.9	39.8	38.2	36.1	30.3
비타민 A	79.0	75.6	71.4	75.7	75.0	71.8	73.8	69.6
티아민	34.7	31.6	31.4	34.3	30.9	29.7	31.5	28.0
리보플래빈	31.5	26.1	32.7	35.5	28.6	26.8	26.1	22.5
니아신	48.3	44.2	53.5	51.3	47.6	48.0	46.7	39.7
엽산	70.5	59.1	46.8	63.6	58.7	59.8	55.5	53.6
비타민 C	77.5	71.1	68.3	73.6	71.2	70.7	66.9	63.7

영양섭취기준 : 한국인 영양섭취기준, 에너지, 필요추정량 75%, 지방, 지방에너지적정비율의 하한선, 그 외 영양소, 평균필요량

출처 : 2019 국민건강통계, 2020

2. 국내의 성인을 위한 영양사업

1) 보건소 건강증진사업

1986년 개최된 1차 '건강증진에 관한 국제회의'에서 오타와 헌장이 채택된 이후 건강증진에 대한 논의가 시작되었다. 우리나라에서도 1995년 「국민건강증진법」이 제정되었으며, 이에 따른 건강생활실천에 대한 지원이 시작되어 2002년 100개 보건소에서 시작된 건강생활실천사업이 2005년 246개 전국 보건소로 확대 시행되었다. 2008년부터는 건강생활실천사업의 문제점을 보완하여 지자체의 강력한 추진의지를 반영하고 지역사회 프로그램과의 연계 형태인 지역특화 건강행태개선사업이 실시되었고, 객관적 건강지표를 근거로 운동, 영양, 금연, 절주사업을 기본으로 실시하였다. 2013년부터는 지역사회 통합건강증진사업이 실시되고 있으며, 이는 지방자치단체가 지역사회 주민 대상의 건강생활실천 및 만성질환 예방, 취약계층 건강관리를 위한 사업을 통합하여 지역 특성과 주민 수요에 맞게 기획·추진하는 사업이다**그림 10-1**.

이 사업에서 필수 사업은 금연, 절주, 신체활동, 영양사업 등 생활습관 개선, 대사증후군 등 건강위험군을 위한 만성질환 예방과 관리사업, 치매검진사업이다.

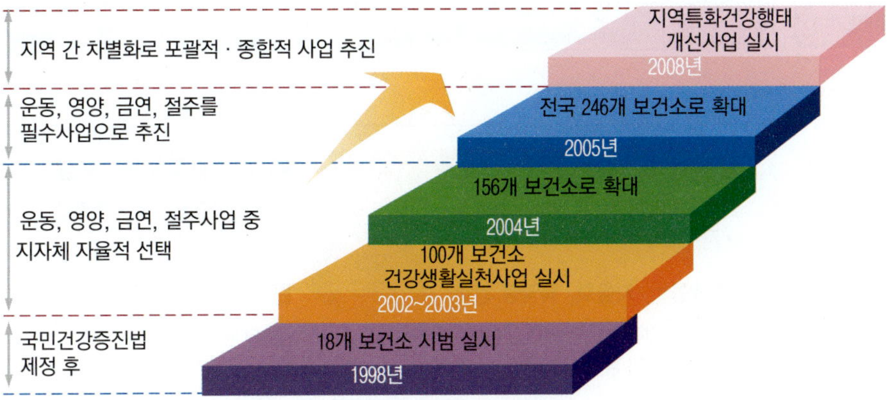

그림 10-1 보건소 건강증진사업 추진 경과

출처 : 보건복지가족백서, 2008

지역사회통합건강증진사업은 기존의 획일적인 국가 주도 사업에서 지방자치단체가 주도하는 지역 여건에 맞는 사업을 추진하는 것으로 그 방향이 개선되고 있다**표 10-3 그림 10-2**.

표 10-3 지역사회통합건강증진사업 도입 전후의 비교

구분	기존국고보조사업 (특정보도)	지역사회통합건강증진사업 (포괄보조)
목적	• 건강증진사업 일환이나, 지엽적 목적 달성만 가능 (예:금연클리닉-금연 실천)	• 개별사업 중심 아닌 HP 2030 목표에 맞춘 평가 도입국가 건강증진 정책방향과 지자체 건강증진 사업목적 일치시킴 (예:금연사업-흡연 예방 및 금연)
구성	• 17개 사업 간 연계성 없이 운영 • 사업 : 보건소 방문건강관리, 지역사회중심재활, 보건소건강생활실천통합서비스, 영양플러스, 금연클리닉, 모유수유클리닉, 철분제/엽산제 지원, 구강보건실 설치 운영, 어린이 구강건강관리, 노인 불소도포/스케일링, 수돗물불소농도조정 지자체 보조, 치매조기검진사업, 치매노인사례관리, 한의약건강증진허브보건소, 한의약지역보건사업, 아토피천식 예방관리, 심뇌혈관 질환 예방관리/교육	• 1개 사업으로 통합으로 총합, 포괄적 운영 • 금연, 절주, 신체활동, 영양, 비만, 구강보건, 심뇌혈관질환 예방관리, 한의약 건강증진, 아토피 천식 예방관리, 여성 어린이특화(모자보건), 치매관리, 지역사회중심재활,방문건강관리 • 사업영역 제시(HP2030에 맞춤)-지자체 선택 • 사업 간 칸막이 없이 유기적 연계, 사업 설계 가능
운영 체계	• 중앙 : 총괄, 조정기능 부재 • 지자체 : 17사업의 분절적, 획일적, 경직적 운영	• 중앙 : 건강정책과(사업 총괄조정) • 지자체 : 사업 영역 중 선택하여 지자체 자율적으로 세부사업 설계
평가	• 국고보조사업 산출결과 중심 평가	• 개별사업 중심 아닌 HP 2030 목표에 맞춘 평가 도입

출처 : 2021년 지역사회통합건강증진사업 총괄 안내서, 2021

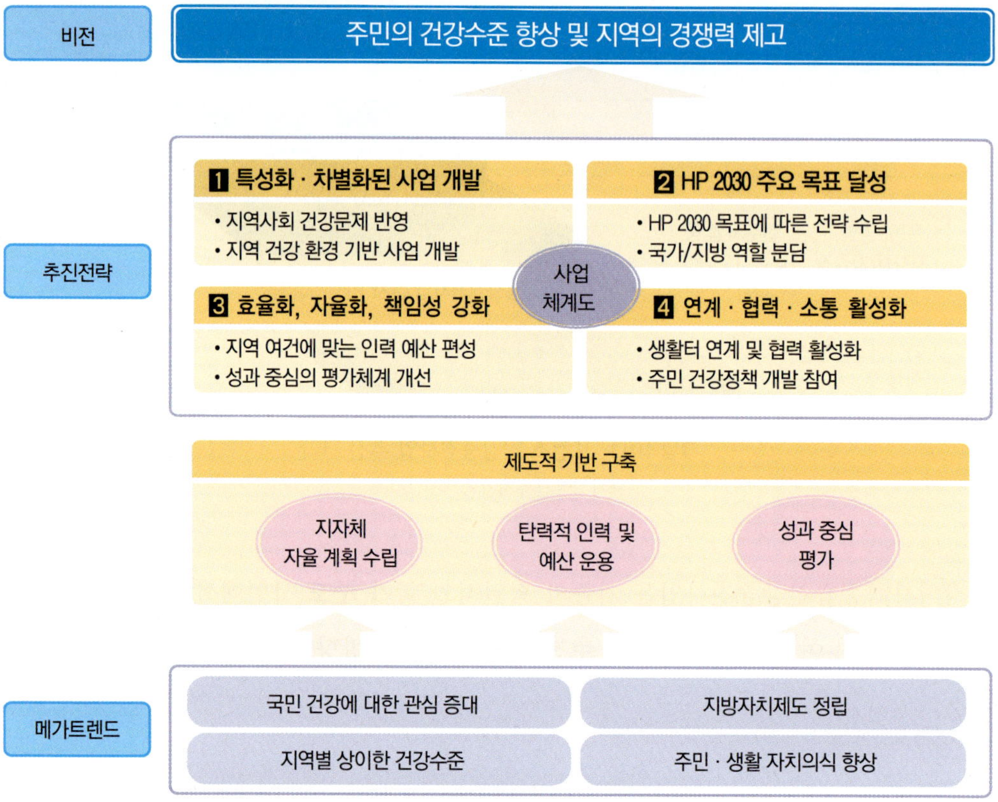

그림 10-2 지역사회통합건강증진 사업 체계

출처 : 2021년 지역사회통합건강증진사업 총괄 안내서, 2021

지역사회통합건강증진사업 관련 기사

대구 수성구보건소가 '2016년 지방자치단체 보건사업 통합성과대회'에서 지역사회통합건강증진사업 전국 최우수 지자체에 2년 연속 선정됐다. 수성구보건소는 지난해 성인 대상 만성질환 예방 및 건강생활 습관 실천을 위한 교육, 홍보, 지속적인 관리, 수성구 통합정신 · 치매센터를 통한 치매관리사업 확대 운영, 노년기 건강관리를 위한 100세 건강대학과 경로당 건강교실, 심뇌혈관질환예방관리 멘토교육 등을 실시해 큰 호응을 얻었다.

또한 초등학생 대상 건강증진사업인 '똑똑 건강학교', 유치원과 어린이집 대상의 '키즈 건강플러스', 영양플러스 사업을 운영하였다. 이외에 금연환경 조성, 건강환경 조성, 주민역량강화 등 주민참여형 맞춤 보건서비스를 제공하였다.

출처: 뉴스웨이, 2016. 5. 23.

2) 근로자 건강증진운동

급속한 경제 성장에서 근로자들의 건강한 노동력은 국가의 산업 발전 및 생산성 향상과 직결되고 의료비 절감 등 경제 활성화에도 기여하기 때문에 근로자의 질병예방을 위한 영양관리 프로그램은 체계적으로 운영되어야 한다. 그러나 산업체 근로자의 경우 과중한 업무와 스트레스에 시달리며 작업환경이나 조건상 잦은 음주와 결식, 외식 등의 영양 위험요인에 노출되어 영양 불균형이 초래될 위험성이 높다. 따라서 노동력의 향상과 기업의 생산성을 높이기 위해서는 근로자들의 건강한 식생활 관리가 요구된다. 이에 2009년 9월 「산업안전보건법」에 제시되어 있는 근로자 건강증진운동을 효율적으로 추진하기 위하여 '사업장건강증진운동실시지침'을 제정하였다. 실시지침의 주된 내용으로 사업주는 근로자의 건강증진을 도모하기 위하여 건강증진운동계획을 수립·실시하도록 하고 있으며, 이를 위하여 산업안전보건위원회 또는 노사협의회에서 실천계획을 수립하고 보건관리자가 이를 실천·운영하도록 하였다. 건강증진운동의 구체적인 내용은 건강교육 및 건강체조 보급 등에 관한 사항, 올바른 작업자세의 유지 등 작업관리에 관한 사항, 쾌적한 작업환경 유지 등 작업환경관리에 관한 사항, 그리고 금연, 절주, 스트레스(긴장) 해소, 운동 및 영양개선 등 건강관리에 관한 사항으로 구성되어 있다.

BOX 1 건강증진 우수사업 사례

Enjoy the Health–남양유업 세종공장

- 목적 : 근로자의 건강 위험성 저하, 비만과 생활습관병의 예방과 관리
- 운영내용
  1. 건강증진 프로그램: 걷기(8주)
     - 걷기 실천율 향상을 통한 대사증후군의 예방 및 관리
     - 대상: 대사증후군 주의군, 위험군 우선
     - 기초검사, 주 2회 함께 걷기(주 1회 걷기지도자의 지도), 건강강좌, 건강상담
  2. 스트레스 관리(6주)
     - 스트레스 대처 능력 향상으로 자기효능감 강화
     - 기초검사, 힐링요가, 힐링메일, 의사소통기술 교육, 스트레칭, 미술요법, 명상강의 등

(계속)

3. 비만 관리(12주)
   - 식습관 개선과 운동활동 증가로 비만 예방 및 관리, 신체상의 자신감 형성
   - 기초검사, 건강식 제공(503메뉴: 한 끼 500kcal, 3g 이내의 소금 사용), 운동 및 영양교육, 건강강좌, 개별상담

- 추진효과 : Enjoy the Health를 통한 생활습관(식습관, 걷기 실천율, 고위험 음주 등)과 비만율 개선, 생활습관병 관리

건강증진 프로그램 – ㈜성우하이텍

- 목적 : 근로자의 건강증진
- 운영내용
  - 보건 : 뜸치료, 보건상담 서비스, 건강검사기구 설치, 금연 프로그램, 월별 건강데이 캠페인
  - 영양 : 저염식 식단, 식단 이원화: 당뇨 및 고혈압, 질병 예방을 위한 저염식 식단 운영
  - 정신 : 옥상정원 조성, 유연근무제 시행
- 추진효과 : 질환(고혈압, 당뇨병 등) 관련 요관찰자 및 유소견자 감소

출처: 2015년도 근로자 건강증진활동 우수사례 발표대회 자료집, 2015

BOX 2 근로자 영양교육 프로그램의 목표 설정 및 운영방안 예

목표 설정

- 영양관리의 중요성 인식
- 영양정보 제공, 식습관 및 생활습관 교정을 위한 동기부여
- 잘못된 식습관과 영양문제 개선을 위한 교육 및 캠페인 실시
- 비만과 과체중 감소 및 예방을 위한 방안 제시
- 개인의 영양진단을 통해 적절한 체중감소와 지속적인 체중조절 지도
- 올바른 식생활을 통해 혈압, 혈당, 고콜레스테롤 수치의 감소를 위한 방안 제시
- 건강한 삶을 위한 생활습관 교정(흡연, 절주, 운동, 스트레스 관리 등)을 위한 방안 제시(급식을 실시하는 사업장의 경우 건강 지향적인 급식관리를 위한 급식조건의 분석 및 개선)

프로그램 운영

- 근로유형(사무직, 생산직 등) 선정에 따른 영양관리 구체화
- 식생활 정보 제공을 통한 영양관리의 중요성 인식
  - 근로자를 위한 영양교육 및 건강 프로젝트 실시
  - 비만, 만성질환과 영양에 관한 패널 및 예방식단 전시
  - 영양정보 제공을 위한 리플릿, 소책자 등 자료 배부
- 근로자의 영양 : 식습관 조사, 영양섭취 진단, 비만도 측정
- 근로자의 체력 측정 및 비만도 진단(한국산업안전공단 의뢰)

(계속)

신청안내	체력측정 실천을 사업장에 공문으로 안내
신청서 접수 및 자체 계획 수립	자체 계획 수립(근로자 수에 따라 측정 날짜 조정)
체력 · 비만도 측정 실시	이동식 체력측정 장비(10개 정도)로 기초체력도 측정 비만도 측정 : Inbody 4.0 사용 * 체력측정실 운영 매뉴얼에 근거하여 실시
측정 결과 상담	운동처방사가 근로자에게 측정 결과를 상담
보고서 작성 및 발송	사업장에 보고서 발송(30일 이내) 체력측정 결과에 대한 사후관리 방안제시
종합분석결과 제출	근로자 체력측정 분석 결과보고서 제작 및 사업장에 발송 자료 첨부 : 운동요법, 스트레칭 등
영양상담 및 교육	종합분석결과에 의해 영양상담 및 교육 * 예시 : 급식을 실시하는 사업장의 경우 • 음식 조리 시 소금량 줄이기 • 기름 사용량 줄이기(조리법 변경) • 채소 섭취량 늘리기(채소 자율배식)

• 근로자 걷기 동호회 결성(목적 : 비만과 과체중 감소 및 예방, 건강실천 생활화 분위기 고양)
  - 걷기 동호회 회원 모집(부서별)
  - 걷기 지도 강의, 중식시간 걷기
  - 부서별 걷기대회 행사

*프로그램의 목표를 합리적으로 명확하게 설정하기 위해서는 해당 직장의 목표와 조직문화를 고려해야 한다.

3) 푸드뱅크

푸드뱅크는 식품 제조업체와 유통기업 및 개인으로부터 여유식품 등을 기부받아 식품과 생활용품의 부족으로 어려움을 겪고 있는 결식아동, 독거노인, 재가장애인 등 저소득계층에 식품을 지원해 주는 민간단체 중심의 사회복지 분야 물적 자원 전달체계이다.

1967년 미국에서 '제2의 수확Second Harvest'이라는 이름으로 처음 시작된 이래 1981년 캐나다, 1984년 프랑스, 1986년 독일 등 유럽연합 국가들과 같이 주로 사회복지 선진국들을 중심으로 발전하였다. 한국에서는 1998년 서울·부산·대구·과천에서 처음으로 시범사업을 실시했으며, 결식 해소를 위한 '민간사회안전망' 역할 수행과 식·생활필수품 나눔문화 확산을 통해 상시 지원 가능 전달체계 구축을 목표로 2020년 12월 기준으로 전국적으로 458개소의 푸드뱅크·마켓이 설치 운영 중에 있다**그림 10-3**.

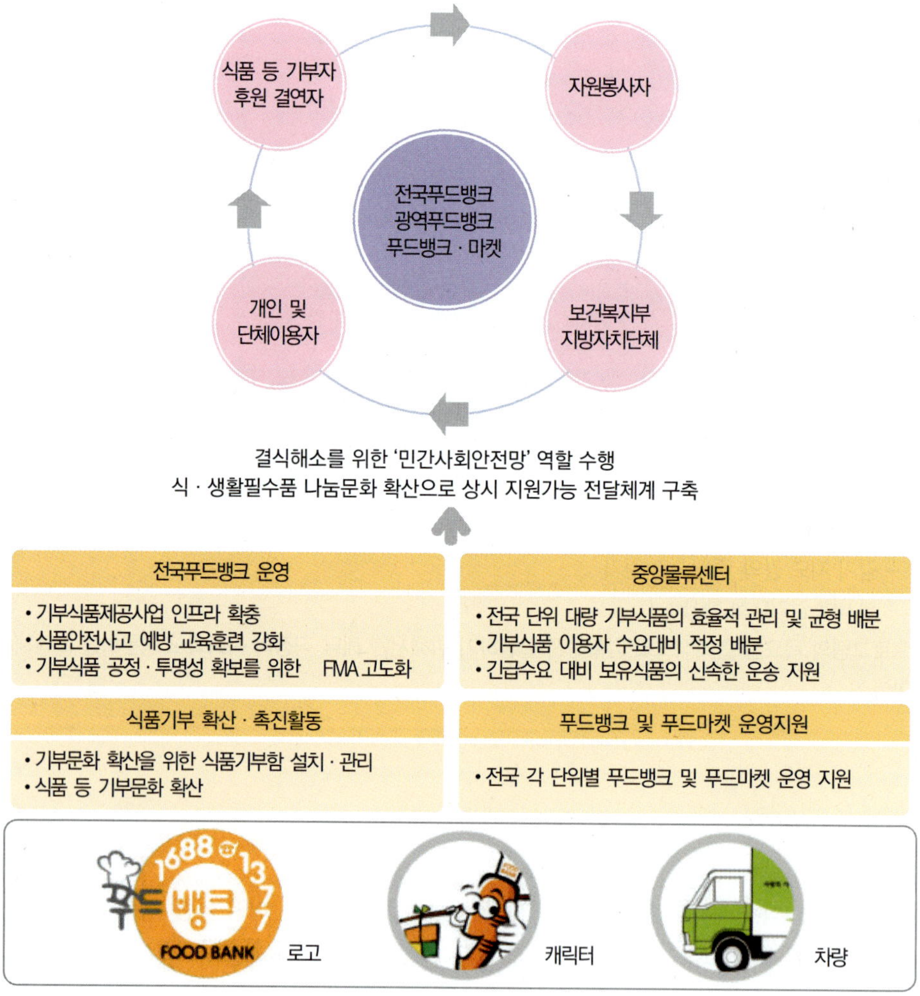

그림 10-3 푸드뱅크의 운영체계 및 목표

4) 모바일 헬스케어 서비스

최근 디지털 기술과 헬스케어 산업을 연계한 시장은 점점 발달하고 있어 현대인들의 필수품인 스마트폰, 노트북, 스마트 워치 등 각종 모바일 기기를 활용하여 건강데이터를 관리할 수 있는 모바일 헬스케어 서비스가 2016년, 2017년 2년 동안 시범사업을 통해 사업 효과성을 검증받았으며 2018년부터 단계적으로 전국에 확대되었다. 모바일 헬스케어 서비스란 건강위험요인이 있는 사람에게 모바일 앱을 통해 보건소 전문가(의사, 간호사, 영양사, 운동전문가)가 언제 어디서나 맞춤형 건강관리 서비스를 제공하여 건강상태 개선을 유도하는 서비스이다. 의료서비스의 접근성 및 편리성을 향상하기 위해, 생체정보측정센서, 동작감지센서, 무선통신 기술 등 최근 기술을 활용하여 의료취약계층 해소, 의료서비스 수준 향상, 사회적 안전망 확충 등 사용자 중심의 공공의료서비스를 중점적으로 추진·확대되고 있다. 의료 및 건강증진 서비스의 효율성 증진, 건강정보 접근성 제고, 지속적인 건강관리 측면에서 환자뿐만 아니라 건강한 사람들도 활용할 수 있어 활용도가 높다. 서비스의 내용으로는 신체활동 및 운동관리, 건강상담 및 분석 리포트, 커뮤니티 및 건강랭킹, 영양 및 비만관리, 건강 이상정보 모니터링, 건강 컨텐츠 및 건강실천 미션이 있다**그림 10-4**.

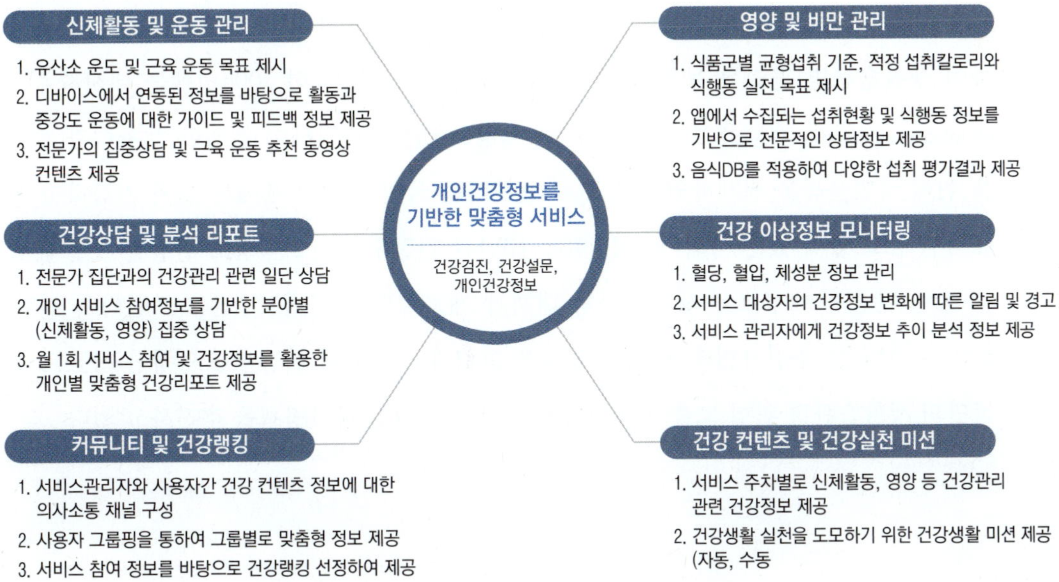

그림 10-4 모바일 헬스케어 서비스 내용

살은 쏙쏙, 건강 쑥쑥 프로그램

이천시보건소에서는 코로나19 장기화로 대면 건강증진 업무 대신에 비대면 서비스의 수요가 증가되는 것을 보고 비대면으로 비만 예방사업을 운영하였다. 프로그램 대상자는 이천시민 중 체지방 표준 이상자로 하였으며 주요 내용은 SNS를 활용하여 개인별 영양교육 및 운동지도, 개인별 식단일기 점검 및 균형 잡힌 식단을 위한 영양교육, 운동실천 인증사진 업로드 및 피드백(운동자세, 방법 등), 홈 트레이닝을 위한 운동용품 제공 및 운동 영상 제공 등을 이용하여 프로그램을 운영할 계획이다. 이 프로그램의 기대효과로는 체지방률 0.5% 감량을 하는 것이다.

3. 외국의 성인을 위한 영양사업

1) 일본

일본은 건강검진제도를 개편하면서 '생애전환기 건강진단' 실시기준을 마련하여 2007년 '생애전환기 건강진단'을 새로 도입하였다. 만 40세(암, 심뇌혈관계 질환 등 만성질환 발병률이 급상승하는 시기)와 만 66세(신체기능이 저하되고 낙상·치매 등 노인성 질환의 위험 증가 시기)의 국민건강보험 검진 대상자에게 기존 1, 2차로 분리 실시되었던 검진항목을 통합하고 생애주기별·성별·연령별 예방관리를 고려한 의사 상담과 5가지(흡연, 음주, 운동, 영양, 비만) 건강 위험요인에 대한 생활습관 평가 및 처방·상담을 제공하여 생활습관병 관리를 목표로 한 전략을 세우고 있다. 특히 2004년에는 대사증후군 metabolic syndrome 개념을 도입하여 운동, 영양, 금연과 관련하여 건전한 생활습관 형성을 위해 국민운동을 전개하였으며, 2005년부터는 국민 개개인 생애에 걸쳐 건강하고 활동적인 밝고 활력 있는 사회 구축을 위해 10년간 건강수명을 2년 정도 연장할 것을 목표로 국민 각층을 대상으로 생활습관병 대책과 개호예방 차원에서 '건강 프런티어 전략, 2005~2014'를 추진하였다. 이처럼 일본은 고령화 사회에서 건강수명 연장을 목표로 전국민의 생활습관병 위험 노출에 대처하기 위한 적극적인 국가정책을 추진하고 있다.

2) 핀란드

순환계 질환, 특히 관상동맥질환 위험요인을 감소시키기 위한 지역사회 중심의 건강증진사업인 'North Karelia Project'가 1972년부터 일부 지역을 중심으로 시범사업으로 실시되어 핀란드 전역에서 전개되고 있다. 본 사업의 실시 결과 노스카렐리아North Karelia 지방에서의 흡연율, 활동량 및 식습관 변화 등 관상동맥질환의 건강 위험요인 수준이 크게 변화하였으며, 특히 채소 섭취량 증가와 버터 이용률 감소를 목표로 실시된 식습관 변화사업의 전개로 혈중 콜레스테롤이 17% 감소하는 효과를 낳았다. 이로써 노스카렐리아 지방의 관상동맥질환에 의한 남자 사망률이 2006년 기준으로 사업 전보다 85% 감소하였다.

3) 미국

건강체중을 유지하기 위한 프로그램의 하나인 'Sisters Together'는 처음에는 NIDDK National Institute of Diabetes and Digestive and Kidney Diseases 지원으로 보스턴 지역에서 비만율이 높은 흑인 여성을 대상으로 시범실시되었으며, 현재는 전국적으로 실시되고 있다. 이 프로그램의 대상은 18세 이상의 흑인 여성으로 식사조절과 운동요법을 통한 체중감량을 목표로 하고 있다. 이 프로그램의 특징은 프로그램의 참여자가 지역사회 내에서 같이 체중감량을 시도할 동료와 연계하여 목표를 함께 설정하고 다양한 활동에 참여하는 것이다. 회합이나 운동 프로그램의 실시 장소로 지역의 집회장이나 YWCA를 활용하고 있으며, WIC 사업과도 연계하여 진행하고 있다. 특히 지역사회 신문과 방송매체 등을 활용하여 행사 홍보에 적극적으로 이용하고 있어 지역사회를 기반으로 사회마케팅 전략을 실시한 대표적 프로그램이다.

4. 노인의 건강과 영양실태

1) 노인의 만성질환 유병률

노인의 만성 퇴행성질환 유병률은 2020년 노인생활실태 조사자료에 의하면 65세에서 74세까지 전기 노인의 만성질환 유병률은 각각 75.6%, 83.8%로 나타났고, 75세 이상 후기노인의 만성질환 유병률은 각각 89.8%, 90.8%, 93.1%로 나타나 전기노인보다 후기노인의 만성질환 유병률 높았으며, 이러한 질환을 가진 노인은 더욱 증가할 것으로 전망되고 있다. 특히 인구 고령화로 75세 이상 후기 노령층 인구의 비중이 높아지면서 치매노인, 거동불편노인 등 장기요양보호 대상 노인이 매우 증가할 것으로 전망된다. 질병별로는 고혈압(56.8%), 당뇨병(24.2%), 고지혈증(13.5%), 고관절염 또는 류머티즘 관절염(16.5%), 요통 및 좌통신경통(10.0%)의 순으로 나타났다. 노인에게서 일단 만성 퇴행성질환이 발생하게 되면, 이 질환의 특성상 일상생활에서도 자립성과 활동성을 상실하게 되어 다시 회복할 수 없는 삶의 질이 저하된다.

2) 노인의 영양문제

노화는 여러 요인에 의해서 복합적으로 일어나는데 특히 영양은 노화와 관련된 체내기관의 변화를 조절하는 역할을 하므로, 적절한 영양소 섭취는 건강 유지의 필수 요소이다. 2019년 국민건강영양조사에서 나타난 65세 이상 노인의 1인 1일 평균 영양소섭취량은 전국의 평균섭취량 및 영양권장량과 비교할 때 낮은 결과를 나타내고 있다. 특히 비타민 A, 리보플라빈, 칼슘, 비타민 C의 섭취 부족률은 65세 이상 노인에서 매우 높아 이들 영양소를 평균필요량 미만으로 섭취하는 노인의 비율이 50% 이상으로, 우리나라 노인의 영양섭취 양상의 취약한 면모를 보이고 있다표 10-4.

2009년 국민건강영양조사 자료에 의하면 지난 1년간 경제적인 문제로 먹을 것이 부족했다는 노인의 비율이 26.6%로 높고, 절대빈곤층이나 차상위층의 경우도 식량 부족의 비율이 높았다. 특히 독거노인의 영양섭취가 저조한 것으로 나타났는데, 독거노인 중에서도 질환노인의 경우가 영양섭취 불량이 더 심각한 것으로 나타났다. 노인 단독가구의 증가는 노령으로 장애가 생겨 몸을 스스로 유지하기 어려울 때나 혹은 사별하여 배우자를 잃고 혼자 지낼 때 노인의 생계 유지, 영양 및 질병 간호와 관련된 여러 문제를 야기할 수 있다.

표 10-4 영양소별 영양섭취 기준에 대한 평균 섭취비율 및 영양소별 영양섭취 기준 미만을 섭취한 대상자 비율 (단위 : %)

영양소	권장섭취량(RI)에 대한 평균섭취비율				평균필요량(EAR) 미만[1)]을 섭취한 대상자비율			
	남자		여자		남자		여자	
	50~64	65≤	50~64	65≤	50~64	65≤	50~64	65≤
에너지	101.5	90.9	88.1	83.1	26.0	34.2	39.1	44.3
단백질	132.9	116.3	115.2	99.9	20.4	28.0	27.4	47.5
지방	46.7	33.0	35.8	23.3	31.3	47.9	32.9	53.7
칼슘	77.7	74.9	61.7	49.7	61.5	66.8	70.4	81.3
인	170.0	145.1	131.9	106.6	7.6	13.1	18.3	35.5
철	139.8	137.8	133.8	116.1	14.5	21.0	10.8	19.4
칼륨	92.0	80.8	77.7	63.7	75.2	81.1	67.6	81.6
나트륨	201.8	166.2	138.3	117.6	-	-	-	-
비타민 A	56.7	52.0	61.9	54.9	75.2	81.1	67.6	81.6
티아민	127.6	108.5	105.0	87.9	24.0	32.9	38.8	52.7
리보플라빈	117.6	92.8	117.4	84.3	35.2	53.9	30.2	58.3
니아신	88.9	73.0	75.6	60.5	43.2	62.0	63.7	78.1
엽산	98.7	88.2	83.1	67.8	38.6	51.3	54.9	68.4
비타민 C	68.8	61.4	75.6	58.7	71.4	76.3	65.1	74.9

1) 에너지: 필요추정량(EER)의 75% 미만, 그 밖의 영양소: 평균필요량(EAR) 미만
출처 : 2019 국민건강영양조사, 2020

5. 국내의 노인을 위한 영양사업

1) 노인건강증진사업

최근 급속한 고령화, 생활습관 변화 등에 따라 만성퇴행성 질환이 증가하고 노인의료비 등 국민의료비가 급등하고 있으나, 노인의료 서비스 대부분이 질병관리 위주이며 예방 및 건강증진 프로그램이 부족하여 2006년도부터 2년간 시범사업 실시 후 전국 보건소로 노인의 운동 및 영양개선을 주요 내용으로 하는 노인건강증진사업이 실시되었다. 사업의 기본 목적은 건강한 고령자를 비롯하여 허약 노인의 건강 수준을 증진해 생활기능의 장애상태를 축소하고 건강한 노후생활을 영위하여 건강수명을 연장하는 데 있다**그림 10-5**.

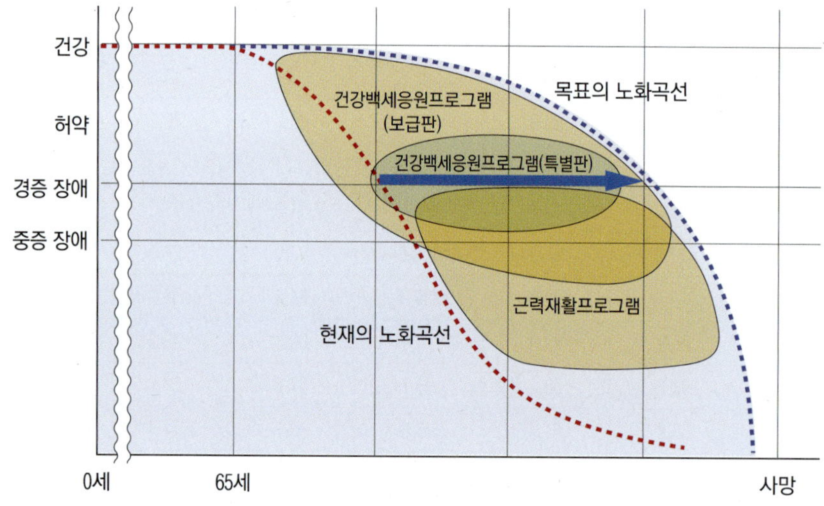

그림 10-5 노인건강증진사업의 목표(건강노화)

특히 노인의 경우 체력 향상을 통하여 낙상 등 일상생활의 사고를 예방하고 주요 만성질환을 예방 관리하여 생활기능의 장애로 장기요양상태에 처하는 것을 조기에 방지하고 지연시키는 데 있다. 사업의 내용은 예방중심의 질환별 노인건강 관리와 치료가 진행되

목적	노인에게 적합한 건강증진, 건강검진 등 예방 사업을 통해 노년기 신체 미치 인지 건강·기능 상태를 유지 및 향상함
추진방향	• 예방중심의 노인건강관리 지원사업 지속 추진 – 노인 운동 지원, 만성질환 관리, 실명 예방 및 개안 수술, 전립선질환예방, 무릎관절 수술 등 • 치매의 예방–조기발견–치료관리–돌봄 체계의 내실화 추진 및 가족의 간병 부담 완화를 위한 지원체계 마련 • 노인의 안정 및 권리(학대 방지)보호 강화
세부 추진방향	
만성질환 관리	• 지자체에 일차의료지원센터를 설치하고 지역의 일차의료기관(의원)과 일차의료지원센터 언계하여 지역사회의 만성질환 관리 • 고혈압·당뇨병의 지속적인 관리 강화와 의료기관 기능 재정립을 위해 '의원급 만성질환 관리제도' 추진
실명예방 및 개안 수술	• 노인성 백내장, 망막증, 녹내장 등 시력회복이 가능한 개안 수술 지원 • 검진을 희망하는 자치단체 선정 안과 무료 정밀검진 실시 지원
전립선질환 예방 및 치료	• 전립선에 대한 인식증진을 위한 전립선 건강강좌 실시 • 도서벽지 등 취약지역 노인(연 2~3회), 저소득층 노인 대상(월 2~3회) 전립선 치료 • 전립선질환예방 관리 홍보, 전립선 질환 검진 자료 분석 및 데이터베이스 구축
무릎관절 수술 지원	• 만 65세 이상 생활이 어려운 어르신 중 건강보험급여 인공관절치환술 인정기준에 준하는 질환자에 대한 무릎인공관절 수술비 지원 • 무릎관절지환관리 교육 및 홍보
치매관리 체계 구축	• 치매예방 : 금연, 금주, 건강식단, 꾸준한 운동, 정기적 건강검진을 실천하도록 하는 수칙 및 치매예방실천지수개발·보급 등 • 조기발견 : 보건소 치매상담센터를 통해 선별, 진단, 감별 검사 실시, 만 75세 이상 독거노인이나 인지저하자등에 대한 관리 및 치매정밀검진 급여 전환 등 • 치료·관리 : 증상 악화 지연을 위한 치매 진료·약제비 본인 부담금 비원, 치매전문병동운영, 24시간 단기 방문요양 제공 및 장기요양치매유니트 설치 확대 등 • 돌봄 : 경증치매환자 대상 인지활동형 프로그램 실시, 용양시설과 주야간보호시설에 치매유니트 설치를 통해 돌봄서비스 제공 등 • 가족지원 : 치매환자 가족에게 돌봄정보 및 스트레스 상담제공을 위한 치매상담콜센터 운영, 치매가족 여행바우처 지원, 치매가족 온라인 심리검사 지원, 치매환자 소득공제홍보 등 • 인식개선 : 치매파트너즈, 치매안심마을지정 등을 통해 치매에 대한 부정적 인식 개선 및 치매 증상, 돌봄 방법 정보 제공

그림 10-6 노인건강증진사업의 내용

며, 특히 치매의 예방과 관리에 대한 지원체계 마련에 역점을 두고 실시되고 있다. 구체적인 건강증진 사업의 수행방법은 **그림 10-6**과 같다.

2) 맞춤형 방문건강관리사업

맞춤형 방문건강관리사업은 국민의 의료이용 편의 향상, 국민 의료비 절감 유도, 주민 스스로의 건강 유지 및 증진과 삶에 대한 자립의지를 고취할 목적 등으로 1990년대부터 실시되고 있다**그림 10-7**. 이 사업은 전 국민의 건강관리 강화·확대 제공을 위해 2007년 2,000명의 인력이 충원되었고, 2011년에 2,750명으로 확대되었으며 2013년부터 지역사회통합건강증진사업 중 하나로 운영되고 있다. 사업 운영 체계는 보건소 단위로 대상자를 선정하여 서비스를 제공하고 있으며, 각 보건소의 원활한 사업 진행을 위하여 권역 교육기관과 건강증진사업지원단과의 긴밀한 연계를 통해 기술 및 전문인력을 지원하고 있다**그림 10-8**.

맞춤형 방문건강관리사업은 보건기관의 전문인력이 지역 주민의 가정 또는 시설에 방문하거나 보건소 내 지역사회 제반 시설 등을 이용하여 가족 및 가구원 건강문제를 가진 가구를 발견하고 건강증진, 질병예방 및 관리, 만성질환자 관리를 위하여 적합한 보건의

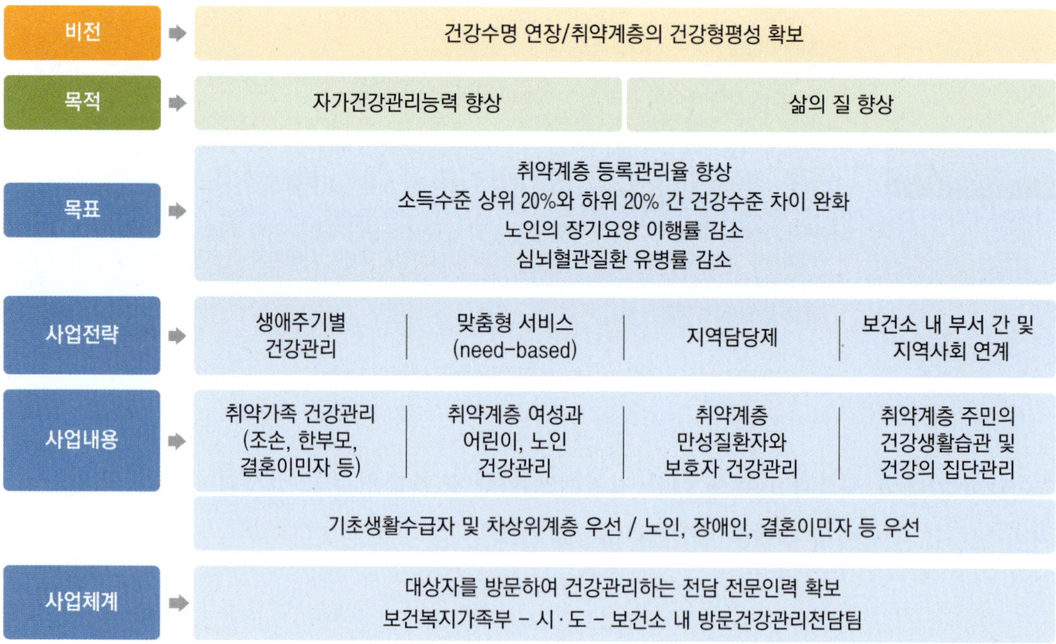

그림 10-7 맞춤형 방문건강관리사업 추진 방향

출처 : 건강증진사업지원단, 맞춤형방문건강관리 사업안내, http://chc.hp.go.kr/

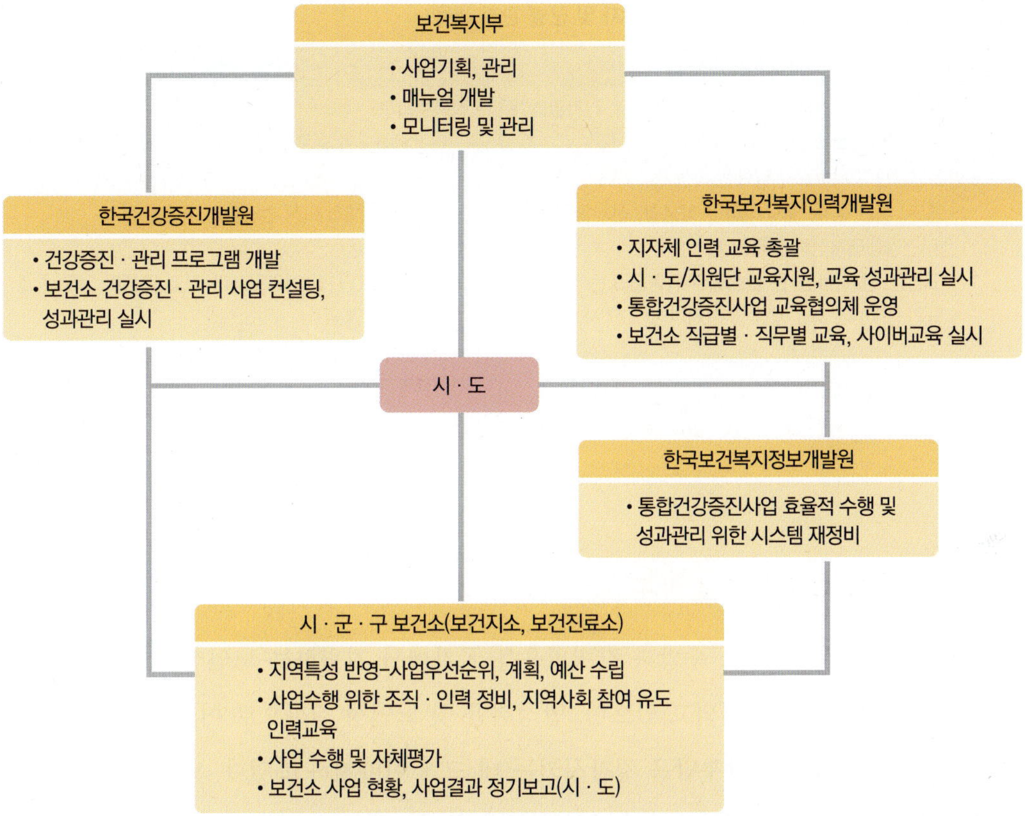

그림 10-8 맞춤형 방문건강관리사업 수행 체계도

출처 : 건강증진사업지원단, 맞춤형방문건강관리 사업안내, http://chc.hp.go.kr/

료 서비스를 직접 제공하거나 의뢰 · 연계함으로써 가족과 지역주민의 자가건강관리능력을 개선하여 건강 수준을 향상시키는 방법으로 수행되고 있다표 10-5.

표 10-5 맞춤형 방문건강관리사업의 대상자 및 군별 관리 내용

사업대상자	서비스 내용
• 건강관리서비스 이용 및 접근이 어려우면서, 건강관리가 필요한 지역사회 주민 • 방문건강관리 서비스가 필요한 대상 - 흡연, 잦은 음주, 불규칙적인 식생활, 신체활동 부족 등 건강행태개선이 필요한 자 - 고혈압, 당뇨, 비만 등 만성질환 위험군 또는 질환군 - 노인 중 허약(노쇠) 예방 및 관리가 필요한 자	• 집중관리군 - 건강위험요인 및 건강문제가 있고 증상조절이 안되는 경우 - 3개월 이내 8회 이상 건강관리 서비스 실시 • 정기관리군 - 건강위험요인 및 건강문제가 있고 증상이 있으나 조절이 되는 경우 - 3개월마다 1회 이상 건강관리 서비스 실시 • 자기역량 지원군 - 건강위험요인 및 건강문제가 있으나 증상이 없는 경우 - 6개월마다 1회 이사 건강관리 서비스

3) 노인장기요양보험제도

노인 환자를 대상으로 수발과 간병비용을 국가에서 지원하는 노인장기요양보험제도가 2008년 7월부터 실시되고 있으며, 만성질환 및 노인성 질환으로 어려움을 겪고 있는 노인들과 가족들의 부양부담을 경감시키는 데 크게 이바지하고 있다. 노인장기요양보험제도의 가입자는 국민건강보험에 가입한 국민과 의료급여 수급권자를 포함하는 전 국민을 대상으로 하고 있으며, 대상자는 65세 이상 노인 또는 64세 이하의 치매·중풍 등 노인성 질병을 가진 자로서 거동이 현저히 불편하여 장기요양이 필요한 자, 또는 각 시·군·구에 설치된 등급판정위원회로부터 6개월 이상 일상생활을 혼자서 수행하기 어렵다고 인정되어 장기요양을 받을 자로 결정된 자이다. 장기요양등급은 심신상태 및 요양 필요 정도에 따른 기준에 의거하여 판정한다 . 장기요양급여의 종류는 크게 재가급여, 시설급여, 특별현금급여로 나뉘며 , 재가급여는 수급자 가정을 방문하여 요양 서비스를 제공한다.

65세 이상으로 장기요양보험의 대상이 되는 노인의 경우 치아, 소화기능 등의 건강 특성에 맞춰 일반 성인과는 다른 영양관리, 식품의 선정 및 조리방법이 필요할 뿐만 아니라, 이들의 경우 만성질환 보유율이 높아서 당뇨, 고혈압 등의 전문적인 특별식 준비가

요구되며, 특히 치매, 중풍 등 노인 환자의 경우 영양섭취가 질환의 개선 또는 악화를 가져올 수 있는 주요 요소이다. 따라서 전문적인 영양관리는 장기요양급여로 필수적으로 제공되어야 하나 현재 장기요양보험의 재가급여 내 방문영양은 별도로 마련되지 않았으며, 방문요양 및 방문간호에 제한적으로 일부 실시되고있다표 10-8.

표 10-6 장기요양 등급판정기준

등급	상태	인정점수
1등급	일상생활에서 전적으로 다른 사람의 도움이 필요한 상태	95점 이상
2등급	일상생활에서 상다 부분 다른 사람의 도움이 필요한 상태	75~94점
3등급	일상생활에서 일정부분 다른 사람의 도움이 필요한 상태	60~74점
4등급	일상생활에서 일정 부분 다른 사람의 도움이 필요한 상태	51~59점
5등급	치매환자	치매환자로서 45~50점

출처 : 보건복지부

표 10-7 서비스의 종류와 내용

급여종류	서비스종류	세부활동
시설급여		노인의료복지시설(노인전문병원제외)에 장기간 동안 입소하여 신체활동 지원, 심신기능의 유지·향상을 위한 교육·훈련 등을 제공
재가급여	방문요양	요양보호사가 가정에 방문하여 신체활동 및 가사활동 등 필요한 각종 서비스 제공
	방문목욕	요양보호사가 가정에 방문하여 목욕 서비스 제공
	방문간호	의사나 간호사가 가정에 방문하여 간호 서비스 제공
	주·야간 보호	주야간 보호시설에 입소하여 필요한 각종 편의를 제공하여 생활 안정 및 심신기능을 유지·향상을 도모
	단기 보호, 기타	단기보호시설에 보호하여 신체활동 지원과 심신기능의 유지/향상을 위한 교육·훈련 등을 제공
특별현금 급여	가족요양비	도서, 벽지 지역이나 천재지변 등으로 장기요양기관이 실시하는 장기요양을 받아야 하는 자에게 현금 지급
	특례 요양비	유보
	요양병원 간호비	유보
복지용구		심신 기능이 저하되어 일상생활을 영위하는데 지장이 있는 노인장기요양보험대상자의 편의를 도모하고 자립적 생활이 가능하도록 혜택을 주는 용품 지원

표 10-8 방문요양 및 방문간호의 장기요양급여제공 기록지

방문요양		방문간호
• 신체활동 지원 - 세면도움 - 구강청결 도움 - 식사도움 - 몸단장 - 옷 갈아입기 도움 - 머리감기도움 - 몸 씻기 도움 - 화장실 이용하기 - 이동도움 - 체위변경 - 신체기능의 유지·증진	• 인지활동(인지활동형 방문요양) - 인지자극 지원 - 일상생활 함께하기 • 인지관리 지원 - 인지행동변화 관리 등 • 정서지원 - 의사소통 도움, 말벗, 격려 등 • 가사 및 일상생활지원 - 개인활동 지원 - 식사준비, 청소 및 주변 정돈, 세탁	• 건강관리 - 관절오그라듦 예방 - 투약관리 - 기초건강관리 - 인지훈련 • 간호관리 - 욕창관리 - 영양관리 - 배설관리 - 당뇨발관리 등 - 호흡기간호 - 투석간호 - 구강간호

자료 : 노인장기요양보험법실시규칙 서식 12·14

4) 결식 우려 노인 무료급식 지원

보건복지부는 가정형편이 어렵거나 부득이한 사정으로 식사를 거를 우려가 있는 노인(기초수급자 노인 및 차상위계층 노인, 저소득 독거노인)에게 무료로 식사를 제공하고, 그 이상의 일정한 경제적 능력을 갖춘 노인에게는 실비로 식사를 제공하여 자체적인 노인급식 수준 제고 기반 조성을 목적으로 '결식 우려 노인 무료급식 지원' 사업을 실시하고 있다 표 10-9.

표 10-9 경로 무료급식사업

서비스명	서비스 내용
경로식단 무료급식	• 대상자 : 가정형편이 어렵거나 기타 부득이한 사정으로 식사를 거를 우려가 있는 60세 이상 노인 • 지원 대상 급식기관 : 경로식당 일일평균이용자 수가 20인 이상이고 주 3회 이상 급식을 하는 곳으로 한다. 다만, 지역의 여건을 감안하여 필요하다고 인정하는 때에는 이용자가 20인 이상이고 주1회 이상 급식을 하는 곳 • 급식비용 : 시장·군수·구청장은 식당의 급식인원수, 급식횟수, 재정형편 등을 고려하여 지원인원을 결정 - 보조금은 주식·부식 등 직접적인 급식지원비로 사용한다. - 다만 시·도지사 및 시장·군수·구청장은 보조금의 10% 내에서 경로식당 운영에 필요한 집기류 등의 구입비로 지원

(계속)

서비스명	서비스 내용
거동불편 저소득 재가노인 식사배달	• 대상자 : 거동이 불편한 경로연금 수급대상자 - 도시근로자 월평균소득 미만인 가구의 65세 이상 노인으로 거동이 불편하여 경로식당을 이용하지 못하여 식사를 거를 우려가 있는 노인 - 기타 시·군·구청장이 필요하다고 인정되는 자 • 급식내용 : 다양한 형태(밥, 국, 밑반찬, 죽)로 제공, 대다수 노인들이 만성질환을 보유하고 있으므로 치료식(당뇨병, 고혈압) 제공 권장 • 급식비용 : 보조금은 주식·부식 등 직접적인 급식지원비로 사용한다. 다만 시·도지사 및 시장·군수·구청장은 보조금의 5%내에서 식사배달사업 운영에 필요한 집기류(도시락 용기, 운반가방) 등의 구입비로 지원할 수 있다. - 시장·군수·구청장은 가정봉사원 파견사업 및 Food Bank 사업 등을 급식사업과 연계하여 실시할 수 있다. - 60세 이상 기초생활수급 노인 및 차상위계층 노인(독거노인 포함)에게는 무료로 제공, 그 이상의 일정한 능력을 갖춘 노인의 경우 실비수준의 급식비 수납 가능

6. 외국의 노인을 위한 영양사업

1) 미국

노인들에게 어려움을 주는 여러 사회·경제적 문제, 즉 저소득, 식품조리의 어려움, 운송수단, 치아부실 등의 문제에 의해 노인의 영양상태가 악화되면서 이를 해결하기 위해 연방정부와 주정부가 노인영양 프로그램을 수행하고 있다. 미국 노인의 영양 관련 서비스는 주로 미국 보건후생성Department of Health & Human Service Organizational Chart, DHHS에 의해 이루어지고, 그중에서 노인영양개선 프로그램 및 급식 서비스는 주로 노인청 주관으로 실시되고 있다. 노인에 대한 영양지원 프로그램은 노인청과 농무성에서 제공하는 프로그램으로 나눌 수 있으며, 농무성은 재원과 식품을 직접 노인에게 제공할 뿐만 아니라, 재원과 식품이나 상품을 제반 노인 관련 사업을 총괄하는 노인청에 제공하여 노인영양지원 프로그램을 지원하기도 한다.

(1) 농무성 지원 노인영양 프로그램

미국 농무성의 FNSFood and Nutrition Service는 지원이 필요한 어린이와 저소득층에 식품이나 양질의 식사 및 영양교육을 제공하는 다수의 영양지원 프로그램을 운영하고 있다. 영양취약계층의 식품요구를 충족시키기 위하여 영양지원 프로그램이 범국가적으로 식품·영양 안전 네트워크를 형성하여 개인과 가족에 대한 식량 확보를 보장해 주고 동시에 건강하고 영양적인 식생활을 영위할 수 있도록 돕고 있다. FNS에서 운영하고 있는 주요 노인 영양지원 프로그램은 표 10-10과 같다.

표 10-10 농무성 지원 노인영양 프로그램

프로그램명	서비스 내용
Seniors Farmers' Market Nutrition Program(SFMNP)	• 저소득층 노인에게 과일, 채소, 허브 등 농산물 공급 • 국내 농산품 소비증진 목적 • 미국 각 주와 인디언 Tribal government에서 저소득 노인에게 쿠폰 발급 • farmers' markets, roadside stands, community supported agriculture programs 에서 식품으로 교환 가능
Commodity Supplemental Food Program(CSFP)	• 60세 이상의 노인들에게 건강 향상을 위해 식사와 USDA commodity foods를 지원 • 현물로 지급 • 영양교육 제공
The Emergency Food Assistance Program(TEFAP)	• 비상식품과 영양지원을 제공하여 노인 및 홈리스를 포함한 저소득 미국인의 식사를 보충
Supplement Nutrition Assistant program (SNAP)	• 영양개선과 건강증진 목적 • 저소득층 가구의 식품구매 지원 • 지정된 소매점에서 종이쿠폰 형태 또는 전자쿠폰 지급, 필요한 식료품 구매 가능 • 수혜자 : 2015년 기준, 4,576만 명 • 지급 가정의 70% : 어린이가 있는 가정, 25% : 노인 또는 장애인이 있는 가정

(2) 노인청 지원 노인영양 프로그램

노인청Administration on Aging, AOA은 미국 노인을 위한 다방면의 종합적 지원을 목적으로 하는 조직이다. 1965년 노인법이 통과되면서 설립되었으며, 노인에 관한 모든 서비스 프로그램을 담당하고 있다. 미국 노인법Older Americans Act, OAA의 Title III에는 노인과 관련된 지역사회의 계획과 사회복지 서비스, 연구·개발 및 인력훈련 등을 위해 각 주에 재정지원을 하도록 정하고 있다표 10-11. 영양관리에 관한 내용은 취약자를 대상으로 하는 영양 프로그램Nutrition Program이 1972년 동법에 추가되었으며, 적절한 영양이 건강, 신체기능, 그리고 삶의 질에 주요한 결정요소임을 인정하여 현재는 전 노인을 대상으로 한 노인영양 프로그램Older Americans Act Nutrition Program, OAANP이 실시되고 있다.

표 10-11 노인청 지원 노인법OAA 수행 서비스

서비스명	서비스 내용
지원 서비스Supportive Service	• 진료, 슈퍼마켓, 약국 등의 외출 시 차량 제공 • 노인의 집에서 돌보미 서비스 제공
영양 서비스Nutrition Service	• 회합형 식사 • 가정방문 식사배달 • 영양교육, 건강검색 및 영양상담 제공
예방적 건강 서비스Preventive Health Service	• 건강증진과 질병예방을 통한 삶의 질 향상 • 교육을 통해 노인이 건강한 삶을 선택할 수 있도록 도움
국가 가족돌봄지원 서비스 프로그램National Family Caregiver Support Program, NFCSP	• 2000년에 실시 • 돌봄 서비스에 관한 서비스의 이용방법, 개별 카운슬링 정보 제공
취약노인의 권리보호 서비스 Services that Protect the Rights of Vulnerable Older Persons	• 노인 학대 예방 • 장기요양 고충해결 프로그램 실시 • 노인 관련 보험상담사 교육 지원
미국 원주민에 대한 서비스 Services to Native American	• 하와이 원주민 지원조직과 부족단체에 재원과 식품 지원 • 시설에 들어갈 위험이 있거나 조기에 시설에 의존할 위험이 있는 노인을 대상으로 영양과 이동 지원, 돌보미 지원사업 진행

노인영양 프로그램OAANP은 노인법OAA에 명시된 바에 의해 노인영양 서비스 재원을 지원하여 참가자들의 식이섭취 향상과 새로운 친구를 만날 기회의 장을 제공함으로써 비공식적 지원 네트워크를 형성할 기회를 얻게 해준다. OAANP는 회합형 식사와 가정방문 식사배달을 제공하며, 영양 서비스는 노인센터, 학교, 개인의 집을 포함한 다양한 장소를 통해 제공되고 있다. 이 프로그램을 통해 제공되는 식사는 최소한 1일 식이섭취권장량의 1/3을 충족시켜야 하며, 실제로 이 프로그램 참가자들이 대부분 필요영양소의 40~50%를 이 프로그램을 통해 섭취하고 있다. 또한 aging network 내 약 4,000명의 영양 서비스 제공자들을 통해 영양검색, 평가, 교육, 상담을 포함한 다양한 영양 서비스를 제공하고 있다. 이러한 서비스는 노인의 건강상태(고혈압, 당뇨 등)와 관련하여 개별적인 영양 요

구도를 알 수 있게 해주어 노인 참가자들이 경제적이면서도 자신의 건강을 향상시킬 수 있는 식사를 계획, 구입, 준비할 수 있도록 도와주고 있다.

① 회합형 식사 프로그램 Congregated Meals

노인의 사회 참여를 유도하여 고립감을 해소하기 위해 사회적 서비스 및 사교의 기회를 제공하는 프로그램으로, 지역사회의 60세 이상 노인과 그 배우자를 대상으로 1일 1회(주 5회)의 따뜻한 점심식사를 제공한다. 노인들이 잘 모이는 곳, 노인복지회관 또는 공공시설에 노인 전용 급식소를 마련하여 지역사회 노인들에게 식사 제공 및 영양교육을 주 5일 실시한다.

② 가정방문 식사배달 서비스 Home-delivered meal 또는 meals on wheels

가정방문 식사배달 서비스 또한 정부에서 지원하는 기금과 시민 또는 종교단체가 지원하는 기금을 바탕으로 지역사회의 비영리단체가 후원하는 전국적인 사업으로 연방정부에서 실시하는 노인대상 영양 서비스의 지역 간 격차를 해소하기 위한 프로그램이다. 이 서비스는 회합형 식사 프로그램의 확장된 형태로 시작되었다. 회합형 식사 프로그램은 신체적으로 거동이 비교적 자유로운 노인의 경우는 문제가 없으나, 거동이 불편하여 공공장소에 올 수 없는 노인의 경우 영양요구를 해결할 방법이 없었다. 이렇게 거동이 불편한 노인들에 대한 해결책으로서 식사를 노인의 가정에 배달하는 서비스로 발전되었다. 가정방문 식사배달 서비스는 집 안에만 있는 노인들을 대상으로 하며, 병원에서 퇴원한 노인, 움직임이 불편한 노인 또는 심장질환이나 당뇨 등 건강상의 문제를 지닌 노인들이 주를 이룬다.

2) 일본

일본 노인들의 영양개선을 위해 국가적으로 도입된 영양케어·매니지먼트는 개호보험을 기반으로 시작되어 전 일본의 지역사회 예방사업에서도 실시되고 있다. 일본의 영양서비스는 영양교육과 상담 위주로 수행되고 있으며, 관련 기관에 대한 감독 업무 또한 보건소 배치 영양사에게 주어져 있다. 따라서 다양하고 실용적인 영양교육자료가 개발되어 있고 전산 프로그램을 이용한 식생활 분석과 상담도구가 일반화되어 있다. 최근 보건 서비스와 복지 서비스의 연계 및 통합화가 이루어지고 있으며, 특히 민간단체가 많은 영양 서비스를 수행하고 있다. 일본은 노인영양개선을 위한 국가적 제도로서 영양케어·매니지먼트를 수립하고 지방정부는 이를 수행하도록 권고받아 지자체의 성격, 재정 및 인력적 환경에 맞게 변형시켜 실시하고 있다.

(1) 영양케어 · 매니지먼트Nutrition Care and Management

일본의 개호보험제도는 2000년 4월에 도입되었으며, 개호대상 노인을 둘러싼 복지 서비스, 보건의료 서비스 제공체제, 보험급여에 소요되는 비용, 국민부담 추이 및 사회경제 등 여러 상황을 고려하여 2006년에 개정되었다. 주요 개혁의 배경은 경증개호인정자(요지원, 요개호 1)는 100% 이상 증가했지만, 중증 등 이상자는 40~50% 정도 증가에 머물러 요개호상태를 개선하기 위한 급여 마련과 지역사업에 중점을 두지 않았던 데 대한 개선책을 도모하기 위한 것이었다. 따라서 기존의 개호보험제도를 예방중시형 시스템으로 전환하여 예방 서비스(케어매니지먼트)와 지역지원사업을 신설한 것이 가장 주요한 내용이라고 할 수 있다. 영양케어·매니지먼트는 일반 고령자에 대해서는 저영양상태 등의 예방·개선, 경증의 병을 가진 고령자에 대해서는 중증화를 억제하는 것에 목적을 두어, 일반 고령자가 요지원 고령자가 되는 것을 예방하고, 요지원 고령자가 개호고령자가 되는 것을 예방하며, 경증 노인의 건강상태가 더 나빠지지 않도록 하고 있다**그림 10-9**.

(2) 급식 서비스

일본의 행정 주체가 실시한 최초의 노인급식 프로그램은 1973년 국고보조사업으로 실시했으나, 현행 일본 급식 프로그램은 국고보조가 폐지되었으며, 실시 주체는 국공립기관인 기초자치제로, 재가복지 서비스의 중심으로 자리 잡고 있다. 급식 서비스의 형태는 만남형, 생활원조형, 방문조리형 및 식권형 등 다양한 형태의 프로그램으로 운영되고 있다. 만남형 급식 프로그램은 재가노인에게 타인과의 교류 기회를 제공하고자 한 달에 1~2회 한자리에 모여 회식 형태로 진행된다. 생활원조형 급식 프로그램은 1일 1식 또는

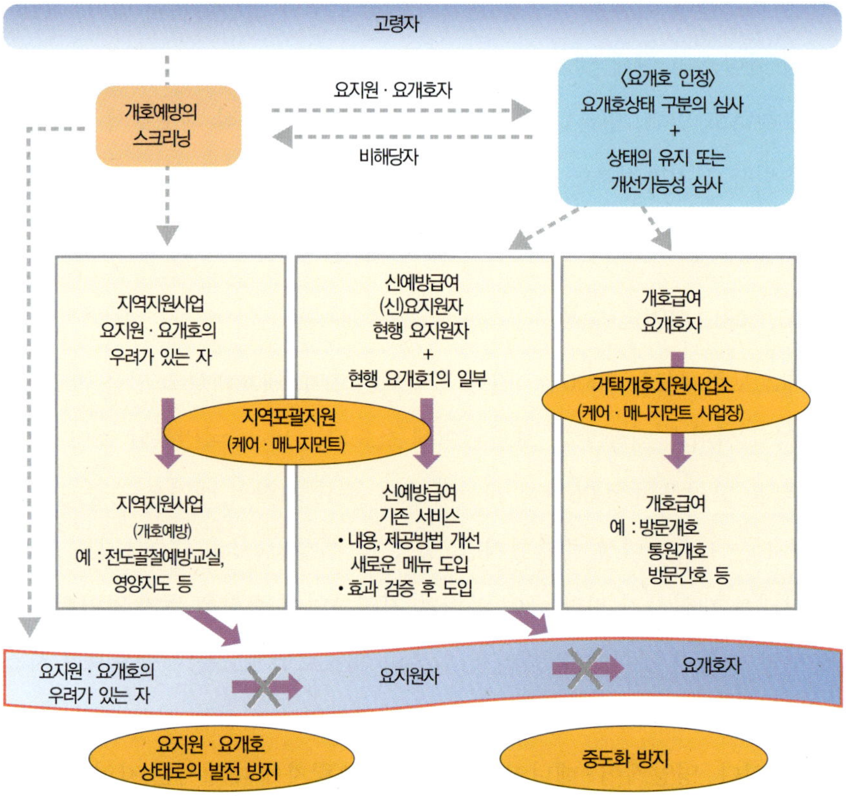

그림 10-9 개호 예방중시형 시스템의 전체 개요

1일 3식을 규칙적으로 제공함으로써 노인의 영양을 유지하고 지역사회 내에서 안전하고 원활한 생활을 유지할 수 있도록 하고 있다. 방문조리형 급식 프로그램은 주간보호사업인 방문서비스사업과 연계되어 자원봉사자에 의해 수행되며, 식권형 급식 프로그램은 미국의 푸드스탬프Food Stamp와 유사하다. 이 외에도 결식노인 전용의 전문식당을 지정하여 급식을 제공하는 전문식당 이용형 급식 프로그램과 노인복지시설이나 복지기관과 연계하여 실시되는 연계형 급식 프로그램이 수행되고 있다.

요약

- 우리나라 성인에서 영양과잉에 의한 비만, 고혈압, 당뇨병 등 만성질환이 높은 유병률을 보이고 있지만, 한편에서는 영양불량에 의한 빈혈, 감염질환의 증가, 골다공증 발현 등의 문제점도 발생하고 있다.
- 성인을 위한 영양사업으로 전국 보건소에서 지역사회통합건강증진사업이 진행되고 있으며 사업장에서는 「산업안전보건법」에 따른 '사업장 건강증진운동 실시지침'에 따라 근로자를 위한 건강교육, 운동 및 영양개선활동이 실시되고 있다. 또한 결식 해소를 위한 '민간사회 안전망' 구축을 목표로 사회 저소득계층에 식품을 지원해 주는 푸드뱅크 사업이 보건복지부 협력하에 민간단체 중심으로 활발히 전개되고 있다.
- 우리나라는 인구 고령화로 말미암아 치매노인, 거동불편노인 등 장기요양보호 대상 노인이 점차 증가할 것으로 전망되고 있어 이에 대한 대책 마련이 시급한 실정이다.
- 국내에서는 건강한 고령자와 허약노인의 건강 수준을 증진시켜 생활기능의 장애상태를 축소하며 건강수명을 연장하기 위해 전국 보건소에서 노인건강증진사업이 실시되고 있다. 보건기관의 전문인력이 지역 주민의 건강증진, 질병예방 및 관리, 만성질환자 관리를 위하여 가정 또는 시설을 방문하여 관리하는 맞춤형 방문건강관리사업도 진행되고 있다.
- 2008년 7월부터 국가에서 노인 환자들을 대상으로 수발과 간병 비용을 국가에서 지원하는 노인장기요양보험제도가 실시되고 있다. 서비스 종류로는 방문요양, 방문목욕, 방문간호, 주야간 보호 및 단기보호 등이 있다. 경제적으로 궁핍하거나 결식 우려가 큰 노인들에게 식사를 제공하는 결식 우려 노인 무료급식사업도 실시되고 있다.
- 미국의 경우도 노인의 영양상태 악화를 예방하고 개선하기 위하여 농무성과 노인청 지원으로 다양한 노인영양 프로그램이 운영되고 있다.
- 일본은 개호보험제도하에 일반 고령자에 대해서는 저양양상태의 예방 · 개선, 경증의 병을 가진 고령자에 대해서는 중증화 억제를 목표로 개호예방중시형 영양케어 · 매니지먼트 시스템이 운영되고 있다.

연구문제

1. 영양 과잉과 결핍이라는 양극화 현상을 나타내고 있는 우리나라의 영양문제를 고려하여 이에 대한 해결방안을 생각해 보자.
2. 최근 급속히 확산되고 있는 소셜 네트워크 서비스SNS를 활용하여 영양 서비스를 확대할 수 있는 방안을 모색해 보자.
3. 모바일 헬스케어 시스템을 활용한 지역사회통합건강증진사업의 확대를 위한 영양 서비스 프로그램을 계획해 보자.
4. 만성질환을 가진 독거노인의 영양문제를 파악하고 이를 개선하기 위한 영양 서비스 프로그램을 계획해 보자.

PART 4

영양 관련 정책

CHAPTER 11 영양정책의 수립과 적용

CHAPTER 12 국내외의 영양정책

CHAPTER 13 세계 영양문제와 국제기구의 영양개선활동

C O M M U N I T Y N U T R I T I O N

CHAPTER 11

영양정책의 수립과 적용

1. 영양정책의 수립 | 2. 영양정책의 적용 | 3. 국가의 영양감시체계
4. 우리나라의 국민건강영양조사 | 5. 국민건강증진종합계획

식생활에 대한 관심이 증가하고 식생활과 질병의 연관성에 대한 과학적 증거가 확인되면서 건강증진을 위한 효과적인 수단으로 국가의 영양정책이 매우 필요하다. 본 장에서는 영양정책의 의미, 입안과정, 정책 입안과정에서 영양전문인의 참여방법을 알아보고, 영양정책에 포함되는 다양한 영양프로그램의 종류와 함께 국가의 영양감시체계 및 영양정책 수립의 근거가 되는 국민건강영양조사와 국민건강증진종합계획에 대해 알아본다.

학/습/목/표

1. 영양정책의 의미와 입안과정을 설명할 수 있다.
2. 영양정책의 입안과정에서 영양전문인의 참여방법을 활용할 수 있다.
3. 국가의 영양감시체계를 알고 영양전문가로서 역할을 수행할 수 있다.
4. 국민건강영양조사의 방법을 이해하고 결과를 활용할 수 있다.
5. 국민건강증진종합계획에 맞게 영양사업을 계획하고 수행할 수 있다.

1. 영양정책의 수립

영양은 개인의 건강상태를 결정하여 삶의 질을 유지하게 하는 기본 요소로, 국민의 좋은 영양상태는 경제적·사회적 발전의 원동력이 되어 국가의 번영과 복지에 기여하게 된다. 우리나라 헌법에 '모든 국민은 건강하고 문화적인 최저한도의 생활을 할 수 있는 권리를 가지고 있다'고 명시된 바와 같이 국가는 국민의 복지 향상, 사회보장 및 건강증진을 위하여 영양정책이 잘 이루어지도록 해야 한다. 이에 영양정책의 의미, 입안과정에서 영양전문인의 참여방법 등에 대해 알아본다.

1) 영양정책의 의미 및 중요성

정책은 목적과 목표를 가지고 조직, 지역사회 또는 정부가 어떻게 운영해야 하는가에 대한 의사결정 시 기본 구조를 제공한다. 정책의 내용은 경쟁적인 목표들 간에 우선순위를 정하여 프로그램의 방향을 선택하도록 제시한다.

영양정책nutrition policy은 초기에는 식량정책이나 농업정책으로 시작되어 자연재해나 전쟁 및 비상시에 국민의 영양요구량을 충족시키기 위한 식품 확보를 목표로 한 정책들이었고, 60년대에는 의료활동, 식품생산, 영양상태에 대한 주기적인 평가, 영양교육과 훈련 및 연구조사 등이 국가계획에 포함되었다. 국제연합식량농업기구FAO는 1972년 처음으로 '영양정책은 예상되는 식품수요, 식품공급, 영양필요량을 충족시키기 위해 교육적·경제적·기술적·입법적 수단을 결합한 복합적인 노력이다'라고 정의하였다. 당시 세

BOX 1 영양정책nutrition policy의 다양한 표현

- 영양계획nutrition planning
- 부문 간 영양계획intersectoral nutrition planning
- 다분야 영양계획multisectoral nutrition planning
- 식품영양전략food and nutrition strategy
- 식품공급 및 영양정책food supply and nutrition policy
- 식품건강정책food and health strategy

계보건기구WHO는 '식품영양정책이란 전체 인구집단의 영양상태를 최적화하되, 영양부족 위험이 높은 인구집단의 보호에 중점을 두고, 정책을 조정하는 체계'라고 정의하였다. 그 밖에 여러 정의가 있으나, 일반적으로 '영양정책이란 올바른 영양을 통해 국민 건강을 증진시키기 위한 정부의 명시적인 업무활동'으로 이해되고 있다.

1970년대에 영양정책의 다양한 요소의 통합을 시도하며 다분야적 영양계획multisectoral nutrition planning 개념이 확립됨에 따라 현대에는 국민을 위한 영양정책은 여러 분야가 함께 참여해야 한다는 다분야적 특성이 매우 강해졌다. 실제로 여러 분야의 정책이 영양정책과 연결되어 실시될 경우 각 분야 정책의 효과가 더 확대될 수 있다.

영양정책은 국민의 기본적인 영양요구량과 식량공급을 충족시키고, 국가의 발전을 유지할 수 있도록 식품·보건·사회·농업·교육 등 다양한 분야를 통합하고 조정하는 계획을 말하며, 이들은 보건의료정책·환경정책·교육정책·사회경제정책·과학정책 등과 다양하게 연결되는 집합체로 존재한다. 영양정책은 국민의 건강증진을 통하여 인적 자원의 질을 향상시켜 국가발전에 기여하고 영양정책의 존재 여부가 국가의 질병패턴에 영향을 미치며, 특히 영양적으로 취약한 계층을 대상으로 한다는 데 의의가 있다.

2) 영양정책의 입안과정

정책 입안은 예방 가능한 문제를 확인하고 개선목표를 달성할 수 있는 정책을 입안하여 수행하고 평가하는 과정을 말한다그림 11-1. 해결방법이 없거나 효과가 없는 문제에 대한 영양정책은 의미가 없으므로 정책개입으로 발생 가능한 효과와 잠재적인 부작용을 함께 고려하여 필수적인 정책을 개발해야 한다.

(1) 문제확인problem recognition

문제확인이란 국민 다수에게 공공의 영양문제가 있음을 다른 사람에게 확신시키는 일이다. 영양권장사항에 대한 과학적인 증거에 기초하여 판단해야 하며, 특히 영양문제의 규모, 심각성, 영양과 건강과의 관련성, 개입의 효과에 대한 증거자료 등을 바탕으로 문제의 우선순위를 정한다.

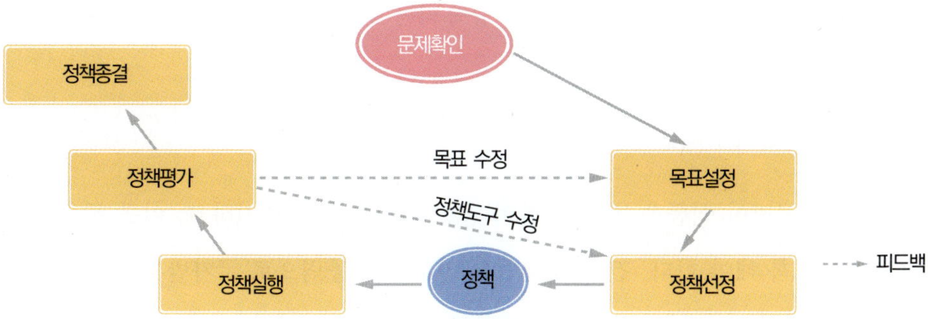

그림 11-1 영양정책의 입안과정

(2) 목표설정agenda setting

문제해결의 구체적인 목표를 설정하는 과정이다. 정책개입으로 발생 가능한 효과와 잠재적인 부작용을 함께 고려하여 목표를 설정한다.

(3) 정책선정policy adoption

정책선정 단계에서는 문제를 해결하기 위한 도구와 기구를 선정한다. 정책도구는 법규, 기금, 세금감면, 인증제, 가격통제, 공공투자, 정부보조 프로그램 등이다. 도구를 활용해 문제해결을 위한 창의적 대안alternative을 작성하여 정책 입안자에게 보내 국회, 정부행정기관 등에서 토론과정을 거쳐 정하게 된다.

(4) 정책실행policy implementation

선정된 정책은 수행할 기관의 문제해결 목표에 맞춰 필요한 수정을 거친 후 문제에 대한 해결책으로 실제 수행된다.

(5) 정책 평가 및 종결policy evaluation & termination

정책평가는 문제확인 단계에서부터 시작되어야 하는 과정으로 정책수행의 목표를 제대로 달성하고 있는지, 주요 대상인 국민 계층에게 잘 접근하는지, 프로그램의 성취 결과가 무엇인지, 정책으로 혜택을 받는 계층이 누구인지 파악하여 정책의 개선 및 종결을 판단하고자 하는 것이다. 만약 국민의 요구가 충족되었거나 문제가 바뀐 경우 및 정치적 기반이 없어졌거나 민간기관에 의해 요구가 충족되는 경우에는 정책을 종결한다.

3) 영양정책의 구성

영양정책은 국민이 식품을 잘 섭취하여 좋은 영양상태를 유지하고, 이를 통해 건강이 유지·증진되도록 해야 한다. 건강한 국민은 건강한 노동력으로 국가발전에 기여하게 되고, 질병에 걸리지 않아 개인적으로 의료비의 지출도 적어지며, 국가적으로는 의료보험의 재정 지출도 줄여 국민도 행복하고 국가경제면에서도 큰 도움이 된다.

(1) 영양정책의 구성범위

영양정책에서 고려해야 할 정책범위에는 식품의 공급·분배, 식품품질, 식품소비, 영양소 이용, 건강관리 시스템 등이 포함되어야 한다.

① 식품의 공급과 분배

영양정책은 식품을 충분히 생산하여 국민에게 값싸게 공급하는 것이 가장 중요하다. 따라서 식품생산을 관리하는 농업정책, 농업에 영향을 미치는 환경정책, 식품수입에 관련된 경제정책, 가공식품의 생산 및 외식산업에 관련된 산업정책, 식품의 분배에 관련된 사회복지정책과 경제정책 등이 포함되어야 한다. 이러한 업무를 담당하는 부서는 농림축산식품부, 환경부, 보건복지부, 여성가족부 및 경제 관련 부처 등이다.

② 식품의 품질

식품의 안전, 식품첨가물, 위생감시, 영양소 강화, 질환예방을 위한 식품, 대체식품, 건강을 증진시킬 수 있는 식품 등 식품의 질을 보장하는 정책이 포함되어야 한다. 이러한 업무를 담당하는 부서는 주로 농림축산식품부와 보건복지부이다.

③ 식품의 소비

모든 국민에게 경제적 수입과 무관하게 충분한 식품이 보장되어야 하며, 이를 위해서는 식품의 가격과 식품구입을 위한 소득 등의 경제정책, 정보 제공을 위한 홍보 및 교육 등과 관련된 정책이 필요하다. 이러한 업무를 담당하는 부서는 경제 관련 부처, 식품의약품안전처 등이다.

④ 영양소의 이용

영양소의 이용은 개인의 영양소 요구량과 질병 유무에 따라 다르므로 국민의 적절한 영양소 이용에 대한 정책은 질병 치료와 예방에 관련된 보건정책 및 의료정책과 관련된다. 이러한 정책은 주로 보건복지부가 담당한다.

⑤ 건강관리 시스템

국민이 좋은 건강상태를 유지하기 위해서는 영양상태가 좋아야 한다. 또한 국민의 건강증진을 위한 보건정책, 근로복지정책 등 대상자에 따른 여러 복지정책이 영양정책에 포함되어야 하며, 이러한 업무를 담당하는 부서는 보건복지부이다.

이와 같이 정책은 다양한 분야를 포함하고 있으며, 이들이 모두 일관성 있게 움직이도록 구성·관리되어야 한다. 국가 발전을 위하여 국민의 기본적인 영양요구량을 설정하고, 이의 충족을 위하여 농업·교육·보건·복지·노동·경제의 다분야를 통괄하는 정책이어야 한다.

(2) 영양정책의 구성체계

영양정책은 농업생산, 식품산업, 경제, 의료 서비스 등 다양한 분야의 정책과 연결되어야 하며, 모든 분야가 일관되게 종합적으로 지속 관리되어야 한다. 영양정책의 기본 골격은 국가 발전을 유지하기 위하여 국민의 건강상태를 증진시키고, 바람직한 식품환경을 조성하여 삶의 질을 향상시키는 것이다**그림 11-2**. 이를 위하여 식품공급-소비-영양소이용의 기본 축은 농업·보건·복지·노동·사회경제·과학·교육·환경 분야의 다양한 정책이 기여하는 집합체로 존재한다.

최근에는 건강에 대한 개념이 단순한 치료와 예방 차원을 넘어서 건강증진의 개념으로 확장되었고, 보건정책의 범위가 더 넓어져 다분야를 포함하는 형태가 되었으며, 이를 지원하는 영양정책의 포괄적 체계도 중요해지고 있다.

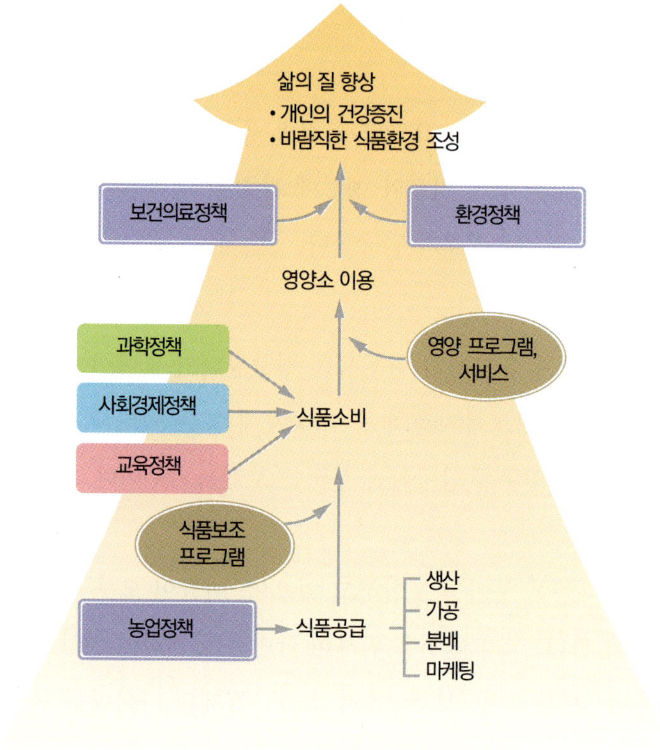

그림 11-2 영양정책의 구성체계

4) 지역사회영양사의 정책 입안과정 참여

(1) 정책 입안과정 참여방법

사회에는 식품안전 문제, 학교급식 문제, 저소득층 식품지원 문제, 식생활교육문제 및 영양사 지위와 제도 등 지역사회영양사가 관심을 가지고 참여해야 하는 문제들이 많다. 국가의 지도자들에게 정책의 타당성, 국민 대상의 응용가능성, 정책의 실현성과 효율성 등을 설득하여 영양정책과 서비스 제공의 필요성을 확신시키는 일은 영양학자, 의료전문가, 식품영양전문가가 함께 해야 할 책임이라 하겠다.

일반적으로 사회문제에 대한 참여 수준은 개인 간에 차이가 커서 관조자에서부터 동조자, 비판자, 핵심권력자의 단계까지 다양하게 나타난다. 지역사회영양사는 지역사회의 영양문제에 대한 참여도를 현재보다 높여 적극적으로 참여해야 한다. 지역사회영양사가 정책 입안과정에 참여할 수 있는 구체적인 방법은 다음과 같다.

① 개인적 견해 알리기

- 건강한 식습관이 국민의 건강상태에 중요한 역할을 한다는 것을 대중매체나 영양교육 프로그램을 통하여 교육시킨다.
- 특정 식품영양 문제에 관해 자신의 견해를 매스컴에 밝힐 수 있다.

② 직접 참여하기

- 지방자치단체나 중앙정부에 들어가 정책 입안에 참여한다.
- 대한영양사협회에서 활동하면서 정책 입안에 기여하고 청원을 위한 서명운동에 동참한다.
- 관련 정책 입안에 앞장서고 있는 정치가에게 후원금을 보낸다.

③ 이익단체 가입 활동

- 이익단체는 공동의 정치적 관심사를 이루기 위하여 조직적으로 같이 일하며, 공공정책에 영향을 주고 압력을 가하는 단체이다.
- 여성단체협의회, 소비자단체 등의 이익단체에 가입하여 지역사회영양사의 연대 능력을 높인다.

④ 정치적 영향력의 행사

- 중요하다고 믿는 정책 입안이나 행정내용을 정치가나 국회의원에게 설득하는 로비를 펼친다.
- 정책입안을 위하여 다른 조직이나 단체와 연대를 구축하여 정치계에 영향을 미친다.

⑤ 정치적 활동

- 지방자치단체나 중앙정부에서 직접 로비스트 역할을 담당한다.
- 간접적으로 정부관료, 공무원, 국회의원에게 편지나 전화로 정책의 중요성을 알린다.
- 신문, 잡지, 라디오, TV 등의 대중매체에 이슈에 대한 의견을 제시하거나 기자에게 자료를 제공하고 의견을 제시한다.

BOX 2 지역사회영양사의 정치적 참여 사례

국민영양관리법의 제정

2010년 2월 26일은 「국민영양관리법」이 국회 본회의에서 참석 국회의원의 전원 찬성으로 의결된 날이다. 대한영양사협회와 영양 관련 학회가 국민영양기본법의 제정을 요구함에 따라 2005년부터 정책토론회 및 관련 기관의 대표들로 구성된 위원회에서 의견을 수렴하고, 보건산업진흥원에서 체계적인 틀을 마련한 후 2007년부터 발의되었으나, 회기마감으로 자동 폐기되었다. 그 후 2008년 11월 손숙미 국회의원(전 대한영양사협회 회장)의 대표발의로 「국민영양관리법」이 입법 발의되었다. 국민영양관리를 위한 단독법 제정에 대한 부정적 견해와 영양전문 인력에 대한 인식 부족으로 많은 난관이 있었으나 영양 관련 학회 및 관계자들의 지원으로 제정되었다.

영양플러스사업 인력의 기간제 사용기간 제한 예외 적용

2005년 1차 시범사업 실시 이후 2008년부터 전국 단위로 실시된 영양플러스사업에서 수행인력인 보건영양사가 비정규직으로 고용되어 사업을 효과적으로 수행하는 데 어려움이 있어 정부에 강력하게 건의하였다. 이에 2010년부터 보건소의 인력규정에서 영양플러스사업 수행인력에 대해 특별한 사유가 없는 한 기간제 담당자를 1년 미만 사용하고 해고하는 사례를 자제하고, 같은 담당자가 24개월 이상 근무할 수 있도록 노동부가 조치한 바 있다.

학교 영양사 식생활지도수당 지급 근거 마련

대한영양사협회와 전국학교영양사회는 교육부, 국회 등 관련기관을 대상으로 비정규직영양사의 처우 개선을 위해 정책활동을 적극적으로 전개해 오면서, 2021년도 예산안에 "교육부는 비정규직 학교 영양사와 영양교사의 지나친 임금 격차 경감을 위해 시·도교육청이 적정 규모의 식생활지도 수당을 지급할 수 있도록 협의한다"는 부대의견이 2020년 12월 2일에 채택, 의결되게 하였다.

(2) 지역사회와 국가 차원에서의 역할

영양전문가는 국민건강에 필요한 정책을 입안하기 위해 지방자치단체나 지역사회 및 국가 차원에서도 역할을 수행해야 한다.

지역사회 차원에서의 역할은 지역 주민의 호응을 이끌어내기 위한 조직을 구성하거나 영양에 관하여 주민의 요구를 대변할 수 있는 문서를 만드는 일이다. 지방자치단체에서 영양업무와 관련된 직책의 기능 및 상호관계와 입법의 계획과정을 알아야 한다. 정책 결정자에게 자문을 하거나 도움을 주는 사람이 누구인지 파악하여 지역의 관심사를 알아보고, 영양사업을 어떻게 실시하면 영양문제를 해결할 수 있을지 설명할 수 있어야 한다.

또한 지역의 영양문제에 동조하는 모임을 주선하고, 주장을 뒷받침할 수 있는 연구 데이터나 실태조사 자료의 정보를 제공하고 도움을 받는다. 필요시 공청회 등을 개최하여 관심사를 여론화함으로써 적절한 호응을 얻도록 준비한다.

국가 차원에서는 영양 관련 법안의 제정을 위하여 영양 관련 단체를 통해 관련 자료를 준비하고 적극적으로 설명해야 한다. 공청회나 토론회 등을 이용하거나 평소에 영양문제에 관심을 표명하던 국회의원 후보가 당선되도록 도와 영양과 관련된 법안이 제정되도록 하는 것도 가능하며, 법안 제정에서 중심 역할을 하는 당사자에게 이익단체를 통해 전화·방문 등을 계속 시도하여 어떤 법안의 제정에 국민이 관심을 가지고 있는지를 보여주어야 한다.

5) 영양정책 입안과정의 주요 요인

영양 관련 정책의 입안에는 여러 요인이 중요하게 작용한다.

영향력 있는 인사의 조력

정책 제안과 결정에는 소수의 영향력 있는 인사들이 많은 영향을 미친다. 보건및 영양 관련 법안은 국회 보건복지위원회의 국회의원과 전문위원, 여성정책에 관심이 많은 여성의원의 도움이 중요하다.

국가 예산과 경제면의 가정과 예측

새로운 정책을 시행하게 되면 그에 따른 인력의 급여 비용과 사업예산 및 부대비용을 예측하여 국가와 지자체 예산에 대한 편익면의 효율성을 평가해야 한다.

여론과 대중매체의 영향력

영양 서비스의 필요성에 대하여 국회의 인식이 높아지고, 지방자치단체에서 지역 주민의 강력한 요구사항임을 인식한다면 정책의 입안가능성이 더 높아진다. 따라서 영양전문가는 새로운 영양 관련 정보를 지역 주민에게 제공하고 문제의식을 심어주기 위해 대중매체에 기고하여 여론을 확대해야 한다.

로비와 이익단체의 역할

영양정책의 입안을 관철시키거나 바람직하지 않은 영양정책의 규제 움직임이 있을 때 정부 관련 부처와 정당 등의 관련 기관에 그 문제에 대하여 로비하거나, 여성단체협의회 같은 이익단체와 연계하여 행동력을 보이는 것이 중요하다.

기존의 영양 프로그램에 관한 정보

새로운 정책이 입안되고 집행될 때 어떤 효과를 기대할 수 있는지 예측하려면 기존 프로그램에 대한 정보가 필요하다. 이때는 단순한 보고서뿐 아니라 기존 프로그램을 수행하고 있는 당사자의 의견도 새로운 프로그램에 대한 확신을 줄 수 있다.

공신력 있는 국가기관의 보고서

통계청이나 식품의약품안전처, 질병관리청 등 정부기관의 보건·영양 실태를 제시하는 보고서가 국가 정책입안의 방향을 잡을 수 있게 한다.

2. 영양정책의 적용

국가에 따라 다양한 내용의 영양정책과 프로그램이 개발되어 실시되고 있는데 여러 가지 영양정책에서 사용되는 영양 프로그램은 몇 가지 핵심 내용으로 분류될 수 있다. 그러나 대부분이 한 가지가 아닌 여러 가지 프로그램을 조합하여 필요에 따라 다양한 정책으로 실시되고 있으므로, 각 영양 프로그램의 장단점을 알고 현장에 적용해야 한다. 또한 모든 영양정책의 사업은 영양교육 요소를 포함하고 있어 영양교육을 통하여 정책의 효과를 높일 수 있으며, 때로는 영양교육 프로그램이 바로 영양정책이 되기도 한다.

1) 보충급식 프로그램supplementary feeding

보충급식 프로그램은 지역사회의 고위험군을 대상으로 그들의 식생활에서 부족하기 쉬운 영양소를 충족시키는 한도 내에서 급식을 실시하거나 식품으로 보조하는 형태이다. 성공적인 영양정책으로 평가받고 있는 미국의 WIC 프로그램과 우리나라의 영양플러스사업, 제3세계에서 이유기 어린이나 영양실조 상태의 어린이를 대상으로 보충식을 제공하는 사업 등을 예로 들 수 있다.

미국의 WIC 프로그램과 우리나라의 영양플러스사업이 성공한 이유는 프로그램과정에 영양교육 요소가 포함되어 있기 때문으로 평가되며, 영양교육 요소는 프로그램 진행 중뿐만 아니라 혜택기간 이후에도 건강한 식생활을 스스로 영위하는 데 큰 영향을 미친다. 따라서 보충급식 프로그램에 영양교육 프로그램을 포함하는 경우가 많다.

2) 식량가격보조 프로그램food subsidy

식량가격보조 프로그램은 식량 수급에 어려움이 있는 저소득층을 보호하기 위하여 주로 주식이 되는 식품의 가격보조정책을 통해 주식의 구매력을 높여 영양상태의 향상을 꾀하는 정책이다. 우리나라의 이중곡가제는 가을철 수확기에 쌀값이 폭락하여 농민들이 타격을 입는 것을 방지하기 위하여 정부가 시장가격보다 높은 값으로 추곡을 수매하고, 일정 기간 보관 후 낮은 가격으로 소비자에게 팔고, 공급량을 늘려 쌀값 안정화에 기여함으로써 국민의 주식식품의 안정을 도모하는 정책이다.

이러한 정책에는 영양교육 요소가 없는 것처럼 보이지만, 주식식품 가격의 안정에 기여하는 정부의 노력이 국민에게 필요 열량과 영양소의 충족, 건강에 대한 식생활의 관련성 등에 대하여 이해시키고 영양의 중요성을 강조하는 계기가 될 수 있다.

3) 식품의 영양소강화 프로그램food fortification

식품의 영양소강화 프로그램은 국민의 영양상태에 악영향을 끼치는 부족 영양소를 상용식품에 강화시켜 특정 영양소의 부족을 방지하는 정책이다. 요오드 결핍증이 심각한 나라에서 소금에 요오드를 첨가한 요오드화소금iodized salt 개발, 곡류제품에 비타민 $B_1 \cdot B_2$·니아신 첨가, 우유 및 유제품에 비타민 A·D 강화를 예로 들 수 있다. 미국에서는 이러한 영양소의 강화를 통하여 펠라그라와 갑상선종goiter의 예방에 효과를 본 바 있다.

국가는 영양표시제도를 통하여 소비자에게 강화영양소에 대해 알릴 수 있으며, 소비자는 강화영양소에 대해 관심을 가짐으로써 영양소의 역할과 건강의 관계를 인지하게 되는 영양교육 효과가 있다.

4) 조제식품 프로그램formulated food

조제식품 프로그램은 심각한 영양결핍과 함께 환경을 신속히 개선하기 어려운 상태에 처한 이유기 어린이에게 필요한 영양소가 함유된 식품을 먹기 쉽게 조제하여 사용법 지도와 함께 배급하는 프로그램이다. 이러한 정책은 조제식품의 사용방법, 함유 영양소의 역할 및 건강과의 관계 등에 대해 알리는 영양교육이 중요한 요소로 포함되어 있다.

5) 식량원조 프로그램food aids

식량원조는 주로 국제적인 자선단체나 국가 간의 협약에 의하여 식량난에 처한 위급한 상황의 국가에 식량을 원조하는 정책이다. 세계식량프로그램WFP, 국제아동기금UNICEF 등의 산하 국제기관, 선명회 같은 종교단체에서 아프리카나 동남아시아에 원조하고 있고, 미국에서는 자국의 잉여농산물을 수혜국의 사정에 따라 무상 또는 차등화된 가격으로 원조하는 일을 농림부 산하의 AIDAids for International Development에서 담당하고 있다.

식량원조 프로그램은 농산물 수요를 늘려서 자국의 농민을 보호하고 시장확보에 기여하며 세계 평화에 기여하는 긍정적 측면과 장기적으로 수혜국의 고유한 식문화를 왜곡시키고 자립의 기회를 감소시킨다는 부정적 측면이 있다. 그러나 식량원조 프로그램은 식생활을 통하여 인간의 생명을 유지하고 생산활동에 참여할 수 있게 하는 등 영양교육적 요소가 포함되어 있어 인간의 기본적인 요구를 충족시키는 데 기여하고 있다.

6) 영양재활 프로그램nutrition rehabilitation

영양재활 프로그램은 병원 등에서 시급한 영양실조 상황의 환자에게 의료진이 임상적인 관리와 동시에 급식 프로그램을 실시하여 영양상태를 회복시키는 정책이다. 영양재활 프로그램이 실시되는 동안 영양교육은 필수요소이며, 회복 후에도 건강유지를 위하여 영양교육 요소가 포함되어야 한다.

7) 소득증대정책income generation program

소득증대정책은 식품 구매력이 낮은 저소득층의 영양문제를 해결하기 위해서 식량보조나 일시적인 급식 프로그램보다 구매력을 높일 수 있는 근본적인 프로그램이다. 예를 들면 농촌에서 개발정책으로 도로를 확충하고 공장을 유치하거나 가내 부업 또는 고소득 농산물 재배를 지도한다거나, 도시 저소득층에게 취로사업의 기회를 부여하여 수입을 늘리게 하는 것 등이다. 농촌에서 고소득 작물 재배로 전환한 경우 자본을 많이 투자해야 하고, 수확기에 일시에 목돈이 들어오는 경우가 많아 증가된 소득이 식생활에 쓰이기보다 사치품이나 시급한 용도로 사용될 수 있다. 따라서 소득증대분이 식생활 개선으로 연결될 수 있는 영양교육이 반드시 필요하다. 실제 아프리카에서 커피 재배 이후에 영양실조 인구가 오히려 더 증가한 예가 있다.

8) 영양교육 프로그램nutrition education program

영양교육 프로그램은 모든 계층을 대상으로 장기적인 영양불량의 예방 역할을 수행할 수 있으며, 시급한 영양부족 현장에서는 보조적인 역할이나 프로그램의 효과를 증진시키는 역할을 할 수 있다. 국가적인 차원에서는 비만 방지 캠페인, 당뇨 걷기 대회, 저염식사 운동과 미국의 콜레스테롤 교육 프로그램National Cholesterol Education Program, 영양표시제 시행 등이 대표적인 예이다. 좋은 영양교육 프로그램이 실현되기 위해서는 영양상태에 대한 실태조사가 필요하고, 영양교육 프로그램의 입안·실시·평가가 효율적으로 수행되기 위하여 관련 법규의 입안 또는 개정과 같은 영양정책이 수반되어야 한다.

9) 신소재식품 개발new material food development

신소재식품 개발은 세계적인 식량난에 장기적으로 대처하기 위한 정책으로, 바다의 플랑크톤 같은 단백질원을 이용하는 방법을 연구하거나 채식을 해야 하는 사람을 위하여 식물성 단백질로 고기의 맛과 질감을 내는 식품을 개발하는 등의 활동을 말한다. 다양한 신소재식품이 개발됨에 따라 소비자의 개별적인 필요와 요구에 맞는 제품의 선택을 위하여 영양교육이 필요하다. 때로는 저염간장, 콜레스테롤이 제거된 계란 등 영양관리를 위하여 새로이 개발되는 제품도 있다.

10) 영양연구지원 프로그램nutrition research

영양연구 지원은 영양학의 발전과 지역사회의 영양문제 해결을 위한 영양학의 적용을 위하여 연구·개발 사업에 지원하는 정책으로, 연구결과는 영양교육 프로그램을 위한 기초자료가 되거나 영양정책의 주요 내용이 될 수 있다.

3. 국가의 영양감시체계

1) 영양감시체계의 개념

인간은 적절한 식품섭취를 통하여 영양을 얻은 결과로 신체의 건강을 유지한다. 이러한 식품과 건강 사이에는 여러 요인이 관련되어 있으며, 이 같은 요인의 변화에 따라 전체 인구집단의 영양상태와 건강상태가 달라지므로 많은 나라에서 국가 수준의 관심을 쏟고 있다.

국가는 제한된 자원 속에서 국민의 삶의 질과 국가의 생산성을 높이기 위하여 국민의 건강 및 영양상태를 관리한다. 영양감시체계는 인구집단의 식품소비나 영양상태의 변화를 파악하기 위하여 식생활과 영양상태를 주기적으로 조사하고 판정하는 일이다. 영양평가, 영양검색, 영양모니터링, 영양감시 등의 방법을 통하여 정보를 얻으며, 이들을 합해서 영양모니터링nutrition monitoring 또는 영양감시nutrition surveillance라고 한다. 영양감시체계에서는 다음과 같은 4가지 방법을 이용하여 정보를 얻는다.

영양평가nutrition assessment

건강과 관련된 식사 섭취상태와 영양상태를 나타내는 지표를 측정하는 것으로, 영양부족부터 영양과잉까지 영양불량 문제의 발생빈도, 특성, 수준 등을 나타낸다.

영양검색nutrition screening

주로 지역사회에서 영양사업이나 보건사업을 실시할 때 대상집단을 결정하기 위해 특정한 개인을 규명하는 체계이다.

영양모니터링nutrition monitoring

영양 변화 추이 관찰이라고도 하며, 주기적으로 인구집단의 영양상태와 식사 섭취상태를 평가하여 변화를 알아낸다.

영양감시nutrition surveillance

인구집단의 영양상태를 계속적으로 평가하여 변화의 추이를 알아내고, 인구집단의 영양상태 증진을 위한 행동을 결정하기 위해 영양상태를 계속 관찰하는 것이다.

영양감시의 결과는 국가 영양정책의 방향을 결정하는 데 중요하게 활용되며, 일반적으로 생활습관병이 문제가 되어 영양 위험인자의 변화에 대한 추이 관찰이 중요한 나라는 monitoring이라고 종합하고, 식품 부족 상황에 대한 대비가 중요한 나라에서는 surveillance라고 종합하기도 한다.

2) 영양감시체계의 목적

(1) 목적

국가 영양감시의 목적은 인구집단의 적절한 영양상태를 확인하는 데 필요한 정보를 주기적으로 구하여 해석하고 널리 알려 정책에 활용하는 것이다. 수집된 데이터는 국가와 지역의 건강계획과 정책의 제안, 영양사업 프로그램 관리와 평가, 위급한 식량부족을 막기 위한 시기 적절한 경고와 개선 노력에 사용된다. 또한 데이터는 직접적인 연구활동에 쓰이며, 영양보조 프로그램이나 영양표시 및 교육 등의 다양한 정책결정에 필수적이다.

국가 영양감시는 나라마다 영양과 관련된 문제가 다르고, 그 목적과 내용이 다르므로 국가별로 조금씩 다른 형태로 구성되어 실시되고 있다. 일반적으로 조사하는 분야는 영양상태와 건강에 관련된 영양문제 측정, 식품과 영양소의 섭취량 조사, 식품성분과 영양소 함량의 데이터베이스 구축, 지식·태도 및 행동진단 조사, 식품생산량 조사 등으로 구성되어 있다.

(2) 목표

영양감시체계의 목표는 다음과 같다.

① 인구집단의 건강과 영양상태를 판정하고, 특히 위험집단의 판정에 중점을 둔다.

② 시기에 따른 건강과 영양상태의 변화를 모니터링한다.

③ 원인과 관련 인자의 분석에 필요한 정보를 제공하여 예방 가능한 방법(영양적, 비영양적)을 선택할 수 있도록 지도한다.

④ 각 인구집단 내에서 건강과 영양 변수들 간의 관련성에 대한 정보를 제공한다.

⑤ 대상집단과 관련된 요구의 충족 여부를 결정하기 위하여 영양 프로그램을 모니터링하고 효과성을 평가한다.

BOX 3 국가 영양감시체계의 활용

국가 영양감시에서 수집된 자료는 영양 · 보건 분야 정책 및 프로그램의 개발 · 관리 · 평가와 위급한 식량부족 상황을 예방하는 데 활용된다. 또한 식량보조 프로그램, 영양표시제도, 영양교육 등의 정책결정에 활용되고 연구활동의 방향을 제시해 주며, 식품섭취량, 영양상태 및 건강상태 간의 상관성을 분석하는 데에도 활용된다.

3) 영양감시체계의 자료

영양감시는 영양평가조사를 통하여 영양상태의 변화를 추적하고, 문제가 생겼을 때 적절한 행정 조치가 이루어지는 보건행정체계와 연결되어 있어야 한다. 영양평가 결과에 따라 영양감시체계에서 어떤 영양소에 주목해야 하는지가 정해진다. 이때 영양지표는 임상영양관리의 지표만큼 예민할 필요는 없으나 문제점을 미리 발견하여 적절한 조치를 취할 수 있는 시간을 가질 정도의 예민도는 있어야 한다. 일반적으로 이용되는 자료는 식품수급표, 식품소비조사 및 건강영양조사의 자료이며, 나라마다 조사의 종류·크기·실시 주기가 다르게 이루어지고 있다. 우리나라에서는 식품수급표와 국민건강영양조사를 실시하여 국민영양감시를 하고 있다.

4) 미국의 국민영양모니터링

1990년에 농무부에서 'The National Nutrition Monitoring and Related Research Act of 1990'를 제정하여 필요한 정보를 적절한 때에 공급하도록 법적으로 정하고 있으며, 이에 따라 10년마다 종합계획10 year comprehensive plan을 세우고 미국인의 영양상태에 관한 보고서를 국회에 제출하도록 하고 있다. 그리고 이 법에 의거하여 농무부USDA와 보건복지부HHS가 공동으로 50여 가지나 되는 감시활동을 하며 국민의 건강과 영양상태를 평가·관리하고 있다.

미국의 국민영양모니터링과 관련 연구 프로그램National Nutrition Monitoring and Related Research Program, NNMRRP의 목표는 다음과 같다.

① 국민의 영양상태와 건강 면에서 국가적으로 질 좋은 식품의 공급을 유지하고 개선하기 위한 과학적인 기초를 제공한다.

② 국민의 식생활과 영양상태, 식량의 영양적 우수성, 식품소비패턴 및 영양에 대한 소비자의 지식과 태도에 관하여 시기에 따라 적절한 자료를 수집, 분석, 배포한다.

③ 영양개선활동과 식품보조 프로그램을 시행할 수 있도록 영양 관련 문제를 가지고 있는 영양취약집단 및 이들의 지리적 위치를 규명한다.

④ 공급되는 식량의 영양학적 질과 건강성에 영향을 미칠 수 있는 식량생산, 가공처리, 분배에 관한 농업정책의 변화를 평가한다.

미국의 국민영양모니터링은 국민의 건강에 영향을 미치는 식생활과 영양상태 및 이에 관련된 모든 요인에 대한 정보를 제공하기 위하여 5가지 분야에서 서로 연관된 여러 활동을 통하여 자료를 수집한다표 11-1.

표 11-1 미국의 국민영양모니터링 분야

분야	내용
영양상태 및 영양 관련 건강조사 nutrition and related health measurements	국가건강영양검진조사NHANES Ⅰ·Ⅱ·Ⅲ·Ⅴ 시리즈, 소아영양감시체계PedNSS
식품 및 영양소섭취량 조사 food and nutrient consumption	국가식품소비조사, 개인의 식품섭취량 조사, total diet survey
지식·태도·행위 진단조사 knowledge, attitudes and behavior assessments	영양과 만성질환의 관계에 관한 소비자의 지식 수준, 암과 생활양식 관계에 대한 소비자의 태도
식품성분 분석과 영양소 함량 데이터베이스 구축food composition and nutrient databases	영양소 데이터베이스 확대·강화
식품공급량 조사food supply determination	미국인의 식품공급량 조사

4. 우리나라의 국민건강영양조사

우리나라에서는 국민영양감시로 식품수급표와 국민건강영양조사를 실시하고 있다. 최근 사회·경제적 발전에 따라 잘못된 식생활 습관, 운동부족, 흡연, 음주 등의 이유로 암, 뇌혈관질환, 당뇨병 등의 만성 생활습관병의 빈도가 높아지고 있다. 따라서 국민의 영양불량과 질병의 발생을 최대한 조기에 발견하여 빠른 시간 내에 치료함으로써 치료의 효과를 높이고 적절한 재활 서비스를 제공하여 장애를 최소화하는 종합적인 건강관리체계의 요구가 특히 높아지고 있어 국민의 식품섭취와 영양상태의 파악이 더 중요해지고 있다.

우리나라에서 국민 대상으로 조사된 건강과 영양에 관한 자료로는 1969년부터 매년 실시된 국민영양조사와 1989년부터 매년 실시된 국민건강조사가 있었다. 그러나 이 두 조사는 각각 독립적으로 조사 수행되어 그 결과를 서로 연계하여 분석할 수 없어 국민의 질병과 관련한 영양문제를 해석하여 정책을 개발하는 데 한계가 있었다. 국민영양조사는 가구당 식품섭취량으로 조사되어 개인의 식품섭취와 영양상태의 관련성을 파악할 수 없었으며, 국민건강조사는 질병의 상대적인 규모만을 파악하여 질병의 원인에 대한 정보가 부족하였다. 따라서 우리나라 국민 전체를 대상으로 질병 유형과 이에 영향을 미치는 식생활 요인을 파악하여 보건정책과 영양정책의 방향을 결정하는 데 활용할 수 있도록 신뢰성 있는 자료가 절실히 요구되었으며, 이에 새롭게 시행된 것이 국민건강영양조사이다.

1) 조사목적

국민건강영양조사는 국민의 건강 및 영양 상태에 관한 현황 및 추이를 파악하여 정책적 우선순위를 두어야 할 건강취약집단을 선별하고, 보건 정책과 사업이 효과적으로 전달되고 있는지를 평가하는 데 필요한 통계를 산출하고, 또한 세계보건기구WHO와 경제협력개발기구OECD 등에서 요청하는 흡연, 음주, 신체활동, 비만 관련 통계자료를 제공하는 데 목적이 있다. 이는 국가 건강목표의 우선순위를 결정하고 국민의 질병예방, 영양개선 및 건강증진을 위한 보건정책 수립 및 평가에 필요한 기초 자료가 된다.

국민건강영양조사의 주요목표는 다음과 같다.

① 국민건강증진종합계획의 목표지표 설정 및 평가 근거자료 산출
② 흡연, 음주, 영양소섭취, 신체활동 등 건강위험행태 모니터링
③ 주요 만성질환 유병률 및 관리현황(인지율, 치료율, 조절률 등) 모니터링
④ 질병 및 장애에 따른 삶의 질, 활동제한, 의료이용 현황 분석
⑤ 국가 간 비교 가능한 건강지표 산출

2) 조사방법

(1) 조사방법의 변화

국민건강영양조사는 1995년 공표된 「국민건강증진법」 제16조에 의거해 국민의 건강 및 영양 상태를 파악하기 위해 실시되고 있으며, 작성된 통계는 「통계법」 제17조에 의거한 정부지정통계(제 117002호)이다.

국민건강영양조사는 동일한 표본에 대하여 국민영양조사(보건복지부 주관)와 국민건강 및 보건의식행태조사(질병관리청 주관)를 함께 실시하는 통합조사체계를 적용하였으며, 각 조사 간 중복항목을 조정하였다. 1998년 제1기 조사를 시작했으며, 현재 제9기(2022~2024) 조사가 진행 중이다. 국민건강영양조사는 2007년에 시작된 제4기부터 조사방법이 변화되었다. 제4기 조사방법과 기존의 제1~3기 조사방법의 변화는 **그림 11-3**과 같다. 제4기에서는 연중 상시 조사체계로 전환하여 계절적인 변이의 고려가 가능해졌고, 전문조사 수행팀을 구성하여 훈련된 조사원에 의한 체계적인 조사자료 수집이 가능해졌다. 또한 표본을 기존의 3배로 통합, 조사대상자를 확대하여 연단위 전국 통계산출과 2~3년 단위의 시도 통계의 산출이 가능해졌으며, 조사항목의 확대 및 추적 조사체계가 구축되었다.

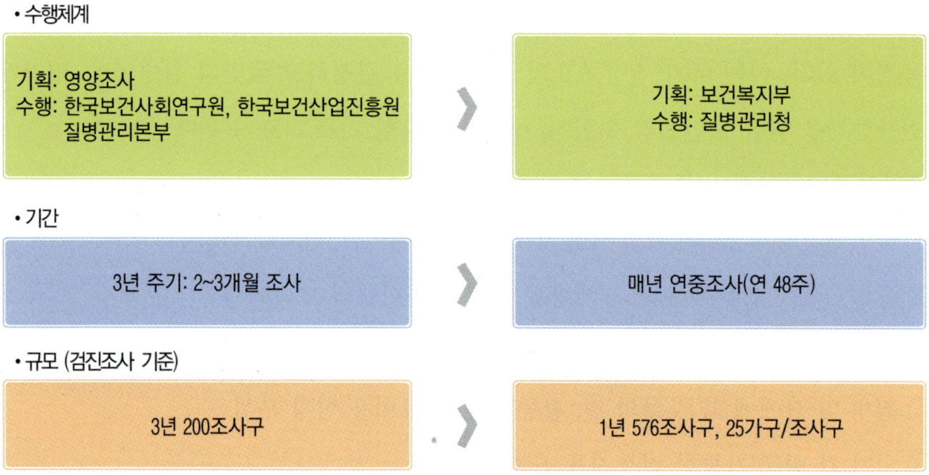

그림 11-3 제1~3기와 제8기(2019~2021)의 조사방법의 변화

출처 : 국민건강영양조사. http://knhanes.cdc.go.kr/knhanes

(2) 조사수행체계

제4기(2007~2009) 국민건강영양조사부터의 조사수행체계는 **그림 11-4**와 같이 질병관리청에서 수행하며 자문위원회와 표본설계/통계팀이 전문적으로 구성되어 지원하고 있다. 실제 조사팀은 건강설문조사팀, 검진조사팀 및 영양조사팀으로 구성되어 수행하고 있다. 한 지역의 조사기간은 3일이며, 조사기간에 질병관리청의 이동검진차량이 조사구

내 대상자들이 방문하기 쉬운 장소로 이동한다. 두 개의 차량에서 검진조사 내용이 실시되며, 영양조사는 검진 및 건강설문조사 1주 후 가정방문으로 조사된다.

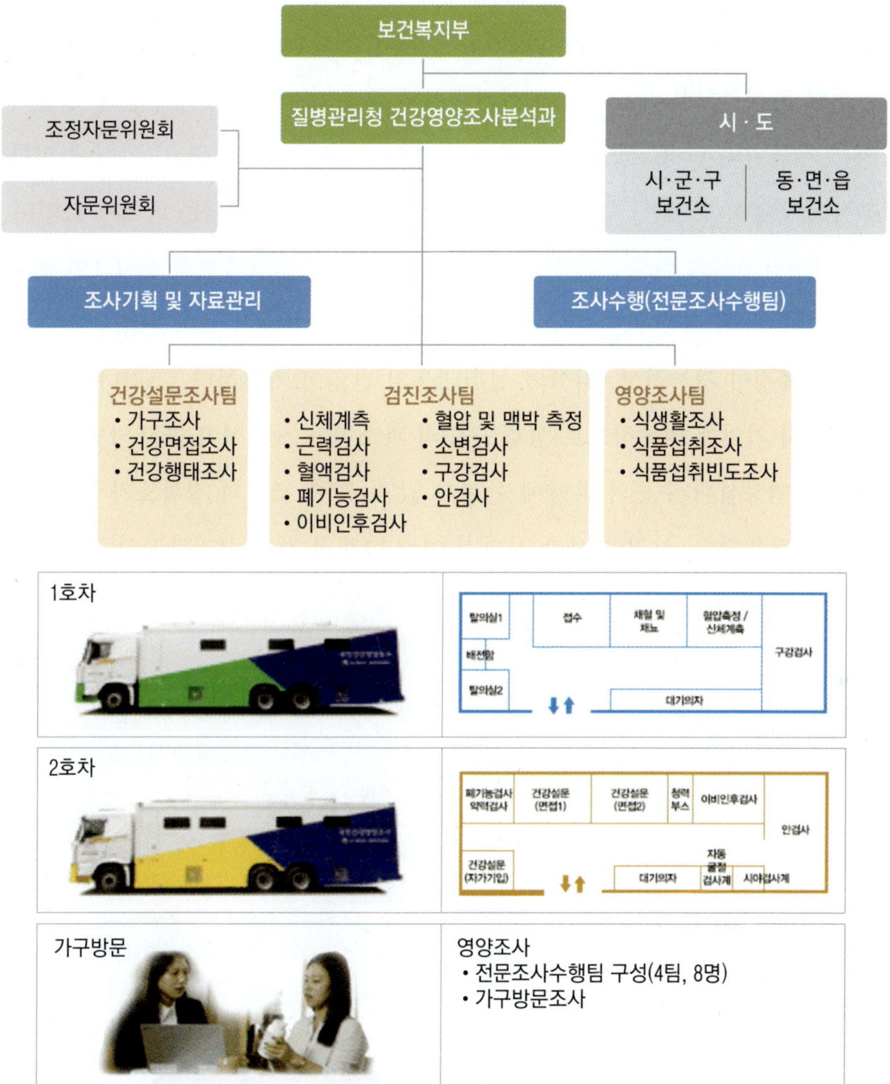

그림 11-4 국민건강영양조사의 수행체계 및 순서

출처 : 국민건강영양조사. https://knhanes.kdca.go.kr/knhanes[2022.1.31.]

(3) 영양조사방법의 변화

과거의 국민영양조사에서는 영양조사방법이 가구별 조사법이었으나, 국민건강영양조사에서는 개인별 조사로 24시간 회상법과 식품섭취빈도법으로 개선되어 실시되고 있다표 11-2. 국민영양조사의 가구별 칭량법은 식품과 조리된 음식의 무게를 직접 측정하고 가구 단위의 음식섭취량을 조사하여 섭취대상자 수로 나눠 1인당 섭취량을 산출하였다. 이 방법은 가구원의 연령, 성별 등 개인적인 요인의 반영이 어려웠고, 외식에 의한 섭취량이 조사되지 않아 유제품, 주류, 음료수 등의 섭취가 과소평가되는 한계가 있었다.

국민건강영양조사의 식품섭취량 조사는 1일의 24시간 회상법으로 조사 1일 전 식사내용을 회상하게 하여 식품과 음식 섭취량을 조사함으로써 과거 조사방법에 비해 개인별 영양섭취량 측정이 가능하고, 외식의 섭취내용의 반영이 가능하다. 그러나 24시간 회상법은 조사자의 기억에 의존하므로 섭취 수준의 과소평가 가능성이 높고, 1일간만 조사하므로 평소의 영양섭취 수준의 파악에 한계가 있다. 또한 조사의 정확도가 영양조사원의 숙련 정도에 좌우되고, 섭취량 산출 시까지 여러 단계의 자료 처리과정이 필요하여 노력과 시간이 많이 걸리며, 각 처리단계에서 오차의 발생가능성 등의 제한점이 있다.

표 11-2 영양조사방법의 변화

구분	국민영양조사	국민건강영양조사
식사조사방법	• 가구별 칭량법	• 24시간 회상법(1일) • 식품섭취빈도법
장점 및 제한점	• 가구원의 연령, 성별 등 개인적인 요인의 반영 어려움 • 외식에 의한 섭취량 조사 불가	• 개인별 영양섭취량 측정 가능 • 외식의 섭취내용의 반영 가능 • 조사의 정확도가 조사원의 숙련 정도에 좌우됨 • 여러 단계의 자료 처리과정이 필요

3) 조사내용

조사내용은 전문위원회를 통하여 계속적인 문제점을 고쳐가며 변화되고 있다. 조사의 종류별 주요 내용은 표 11-3과 같다.

표 11-3 국민건강영양조사의 내용

종류	내용
건강면접조사	• 개인별 면접조사, 설문지 이용 • 질환이환조사 - 손상(사고및 중독) - 활동제한 및 삶의 질 : 한 달간 침상 와병 일수, 활동제한시간, 삶의 질(EQ-5D) - 의료이용조사 : 2주간 외래 의료 이용
건강행태조사	• 개인별 본인 직접 기입조사 • 성인 : 흡연, 음주, 비만 및 체중조절, 안전의식, 정신건강, 구강건강 • 청소년 : 흡연, 음주, 비만 및 체중조절, 안전의식, 정신건강, 구강건강 • 소아 : 비만 및 체중조절(6세 이상), 안전의식, 구강건강, 교육수준
검진조사	• 신체계측 및 혈압 측정 • 혈액검사 : 총콜레스테롤, 중성지방, HDL-C, 당화혈색소, 공복혈당, C형간염항체 등 • 소변검사 : 요비중, 요단백 등 • 구강검사 : 치아우식, 치주질환 • 폐기능검사 : 폐활량 • 이비인후검사 : 소음노출, 순음청력검사 등 • 안검사 : 시력 및 굴절검사
영양조사	• 훈련된 조사원이 가구 방문 • 식품섭취조사 : 조리 레시피, 끼니별 섭취식품의 종류 및 섭취량 • 식생활조사(만 1~3세) : 식습관, 식이보충제 섭취, 영양지식, 영유아의 모유·조제분유·수유기간·이유보충식 시작시기, 생우유 시작시기, 영양제 • 식품섭취조사 : 조사 1일 전 섭취 음식의 종류 및 섭취량(24시간회상법), 조사 1일 전 가구에서 섭취한 음식에 대한 조리 내용 • 식품인정성조사 : 최근 1년 동안 식생활 형편

5. 국민건강증진종합계획

국민의 건강과 영양상태를 증진시키고 삶의 질을 향상시키기 위한 큰 목적의 영양 서비스들은 하위 수준의 구체적인 목표를 세워 두어야 하며, 이들은 영양 서비스의 결과평가를 위하여 계측 가능한 목표여야 한다. 우리나라에서는 「국민건강증진법」 제4조 제1항에 근거하여 보건교육, 질병예방, 영양개선 및 건강생활의 실천 등을 통하여 국민의 건강을 증진시키고자 하는 국가의 시책으로 국민건강증진종합계획을 수립하고 있다. 보건복지부는 우리나라의 2010년 새국민건강증진종합계획을 제시한 이후, 제3차 국민건강증진종합계획Health Plan 2020을 거쳐 현재 국민건강증진종합계획Health Plan 2030을 확정하였다.

정부는 국민건강증진사업에 대한 분야별 목표를 설정하고, 국민이 스스로 실천하여 건강생활을 관리할 수 있도록 하고 있다. 이를 위하여 건강증진사업의 추진체계는 「국민건강증진법 시행령」에 의해 보건복지부와 한국건강증진개발원이 개발한다.

BOX 3 **국민건강증진법 제4조 제1항 :** 보건복지부장관은 국민건강증진종합계획을 수립하여야 한다.

제1차 국민건강증진종합계획 (2002~2005)
제2차 국민건강증진종합계획 (2005~2010)
제3차 국민건강증진종합계획 (HP2020, 2011~2015)
제4차 국민건강증진종합계획 (HP2020, 2016~2020)
제5차 국민건강증진종합계획 (HP2030, 2021~2030)

1) 비전과 총괄목표

국민건강증진종합계획 2030은 '모든 사람이 평생 건강을 누리는 사회'를 비전으로 하고, 성, 계층, 지역 간 건강형평성을 확보, 적용 대상을 모든 사람으로 확대하여 출생부터 노년까지 전 생애주기에 걸친 건강권을 보장하고, 정부를 포함한 사회 전체를 포괄하는 것으로 한다. 국민건강증진종합계획의 총괄목표는 '건강수명 연장, 건강형평성 제고'로 건강수명은 2030년까지 73.3세를 달성하고, 건강형평성은 건강수명의 소득간, 지역간 건강형평성을 확보하는 것이다.

국민건강증진종합계획은 수립-추진-평가 전 과정에 걸쳐 다음과 같은 원칙을 따른다(https://www.khealth.or.kr).

① 국가와 지역사회의 모든 정책 수립에 건강을 우선적으로 반영한다.

② 보편적인 건강수준의 향상과 건강형평성 제고를 함께 추진한다.

② 모든 생애과정과 생활터에 적용한다.

④ 건강친화적인 환경을 구축한다.

⑤ 누구나 참여하여 함께 만들고 누릴 수 있도록 한다.

⑥ 관련된 모든 부문이 연계하고 협력한다.

2) 중점 과제

국민건강증진종합계획 2030의 기본틀은 **그림 11-5**와 같고, 중점 과제는 6개 분야이다.

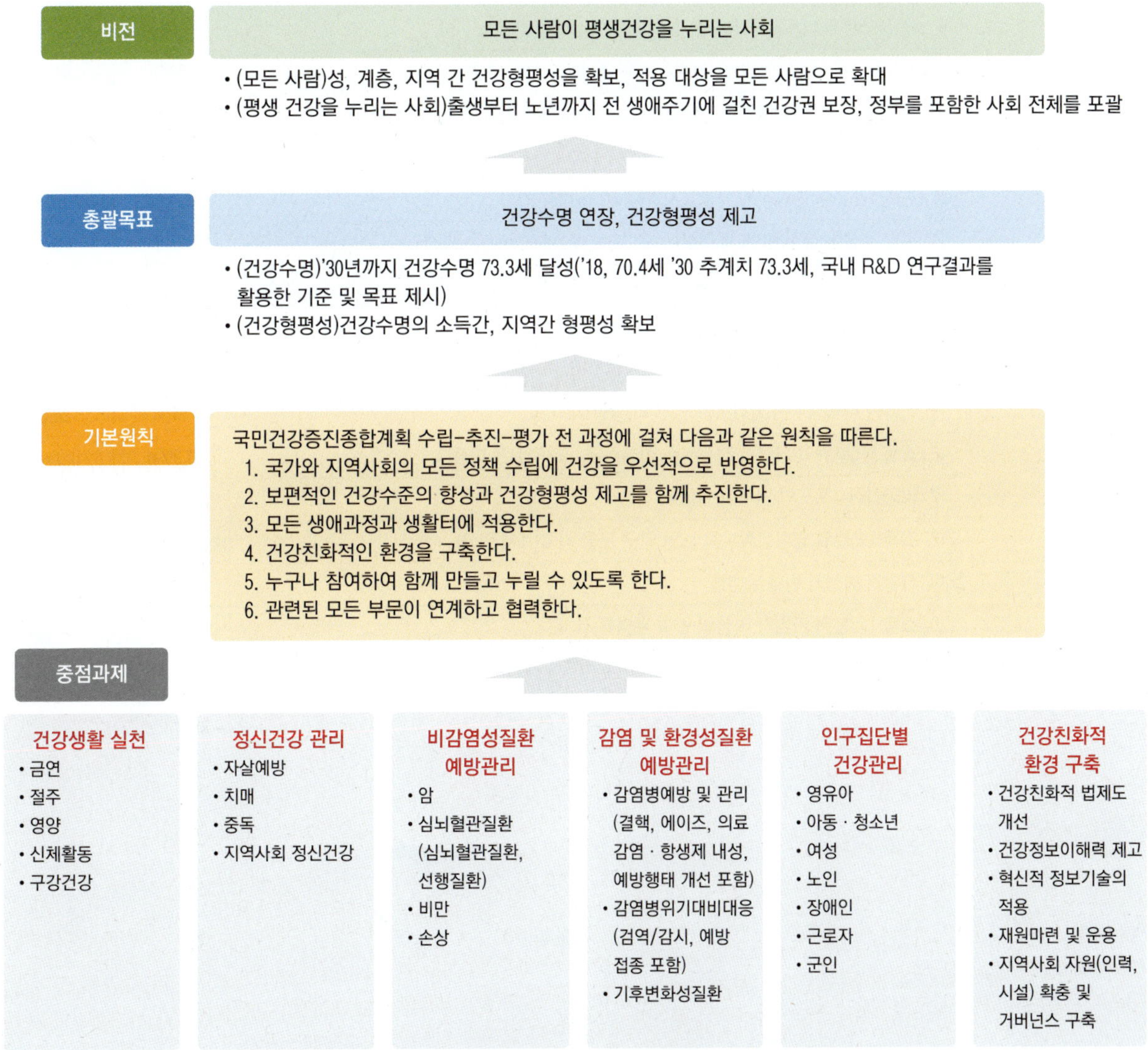

그림 11-5 HP 2030 기본틀

출처 : 한국건강증진개발원, https://www.khealth.or.kr[2022.1.31]

표 11-4 제5차 HP 2030의 '영양' 중점과제의 성과지표

성과지표	2018년(%)	2030년(%)
1. 식품안정성 확보 가구분율	96.9	97.0
2. 소득 1-5분위 식품안정성 확보 가구분율 격차	11.4%p	7.0%p
3. 포화지방산을 적정수준으로 섭취하는 인구 비율(만3세 이상)	56.5	74.0
4. 소득 1-5분위 포화지방 적정수준 섭취 인구 비율 격차(만3세 이상)	-3.7%p	0.0%p
5. 나트륨을 1일 2,300mg 이하로 섭취하는 인구 비율(만9세 이상)	33.2	42.0
6. 소득 1-5분위 나트륨 적정수준 섭취 인구 비율 격차(만9세 이상)	-7.9%p	-0.2%p
7. 과일/채소를 1일 500g 이상 섭취하는 인구 비율(만6세 이상)	29.3	41.0
8. 소득 1-5분위 과일/채소를 1일 500g 이상 섭취 인구 비율 격차(만6세 이상)	9.7%p	6.0%p
9. 가공식품의 영양표시 이용률(만7세 이상)	26.4	31.7
10. 소득 1-5분위 가공식품 영양표시 이용 인구 비율 격차	4.4%p	4.0%p
11. 건강 식생활 실천율(만6세 이상)	41.5	50.6
12. 소득 1-5분위 건강 식생활 실천율 격차	7.7%p	4.4%p
13. 칼슘 적정수준 섭취하는 인구 비율(만1세 이상)	16.5	21.0
14. 소득 1-5분위 칼슘 적정수준 섭취율 격차(만1세 이상)	3.9%p	2.0%p
15. 비타민 A 적정수준 섭취하는 인구 비율(만1세 이상)	11.4	24.0
16. 소득 1-5분위 비타민 A 적정수준 섭취 분율 격차(만1세 이상)	0.9%p	0.0%p
17. 영양섭취부족노인 인구 비율(75세 이상)	18.5	12.0
18. 소득 1-5분위 영양섭취부족 노인 인구 분율 격차(75세 이상)	5.4%p	0.0%p
19. 가임기 여성의 빈혈 유병률	13.1	11.0
20. 소득 1-5분위 가임기 여성의 빈혈 유병률 격차	2.8%p	0.0%p

출처 : 관계부처합동(2021). 제5차 국민건강증진종합계획(Health Plan 2030, 2021~2030)

요약

- 영양정책은 국민의 기본적인 영양요구량과 식량공급을 충족시키고, 국가의 발전을 유지할 수 있도록 식품·보건·사회·농업·교육 등의 다양한 분야를 통합하고 조정하는 계획을 말하며, 보건의료정책·환경정책·교육정책·사회경제정책·과학정책 등의 다양한 정책을 연결하는 집합체로 존재한다. 영양정책은 국민의 건강을 향상시켜 인적 자원의 질을 높임으로써 국가 발전의 원동력이 된다. 이러한 영양정책은 국가의 질병패턴에 영향을 미칠 정도로 중요하며 특히 영양적으로 취약한 계층을 대상으로 한다는 데 의의가 있다.
- 영양감시체계는 인구집단의 식품소비나 영양상태의 변화를 파악하기 위하여 식생활과 영양상태를 주기적으로 조사하고 판정하는 것으로 영양평가, 영양모니터링, 영양감시, 영양검색 등의 방법을 통하여 정보를 얻으며, 이들을 통합하여 영양모니터링 또는 영양감시라고 한다. 국가 영양감시에서 수집된 자료는 영양·보건정책과 프로그램을 개발·관리·평가하며 위급한 식량부족 상황을 예방하는 데 활용되고 정책 결정 및 연구활동의 방향을 제시해 주며, 식품섭취량, 영양상태, 건강상태의 상관성을 분석하는 데 활용된다.
- 국민건강영양조사는 전국 규모의 대표성과 신뢰성이 있는 조사를 통하여 국민의 주관적·객관적 건강상태, 건강에 대한 의식 및 식품·영양소 섭취실태 및 주요 질병 간의 연관관계를 분석할 수 있는 통계자료 및 추이에 관한 자료를 제공하는 데 그 목적이 있으며, 이는 국가 건강목표의 우선순위를 결정하고 국민의 질병예방, 영양개선 및 건강증진을 위한 보건정책 수립 및 평가에 필요한 기초 자료가 된다. 현재 국민건강영양조사에서는 영양조사방법이 개인별 조사로 24시간 회상법과 식품섭취빈도법으로 개선되어 실시되고 있다.
- 우리나라는 보건교육, 질병예방, 영양개선 및 건강생활의 실천 등을 통하여 국민의 건강을 증진시키고자 하는 국가의 시책으로 건강수명의 연장과 건강 형평성 제고가 주요 목표인 국민건강증진종합계획을 수립하고 있다.

연구문제

1. 우리나라에서 시급히 필요하다고 생각되는 영양문제와 이를 정책으로 입안하기 위해 단계별로 해야 할 일을 구체적으로 생각해 보자.

2. 우리나라에는 어떤 영양정책이 있는지 알아보고, 개선점을 생각해 보자.

3. 우리나라의 영양감시 자료를 조사한 후 이를 다른 나라(특히 미국, 일본)의 자료와 비교해 보자.

4. 우리나라에서 가장 최근의 국민건강영양조사가 어떻게 실시되고 있는지 조사해 보자.

5. 외국의 국민건강증진종합계획을 찾아보고 우리나라와 비교해 보자.

CHAPTER 12

국내외의 영양정책

우리나라 행정조직에서 국민의 영양관리에 기여하고 있는 영양정책을 알아본다. 영양정책 시행의 구체적인 주요 내용을 정한 법규가 어떻게 국민의 영양관리를 향상시키는 데 기여할 수 있는지, 영양정책이 관련 법규에 맞게 잘 운영되고 있는지를 현재 사회와 비교해 보고 미국과 일본의 영양정책을 공부한 후 법규와 영양정책의 개선점은 무엇인지 이해하고 토론하고자 한다.

학 / 습 / 목 / 표

1. 현재 우리나라에서 정부조직별로 실시되고 있는 영양 관련 정책을 설명할 수 있다.
2. 각 행정조직의 영양정책의 방향과 내용을 설명할 수 있다.
3. 우리나라의 영양정책에 맞춰 영양사업을 계획할 수 있다.
4. 현재 영양정책의 개선점을 찾을 수 있다.
5. 미국과 일본의 영양정책을 이해하고 특징을 설명할 수 있다.

1. 우리나라 행정조직의 영양 관련 정책과 법규

국가마다 주요 사망원인에 대한 의료비 증가가 사회적 부담이 되고 있다. 기존의 의료 전달 체계만으로는 국민의 건강증진에 한계가 있으므로 건강을 위해 바르게 먹고 올바른 영양관리를 할 수 있도록 질병예방과 건강증진 및 영양 서비스에 투자하는 것이 의료비를 절감하는 데 매우 효과적이다. 따라서 정부는 제도적으로 영양문제를 다루는 정책을 개발·시행하며 국민 식생활의 질적 향상과 영양관리를 위해 노력하고 있다.

우리나라에서는 국민 전체를 대상으로 영양개선을 지원할 수 있도록 영양관계법규가 제정되어 있다. 여러 법령에서 부분적으로 영양 관련 사항에 관한 법적 근거를 포함하고 있는데, 현재 행정조직별로 영양관리와 관련된 법률을 정리하면 표 12-1과 같다.

표 12-1 영양정책에 관련된 주요 법률

행정조직	담당과	법률명	영양 관련 주요 내용
보건복지부	건강증진과	국민영양관리법	국민영양관리 시행계획 수립, 영양사, 임상영양사에 대한 규정
	건강정책과	국민영양관리법	국민건강증진사업, 건강증진서비스 공급기반 조성을 위한 사항, 위생사에 관한 법령의 개정 및 관련 제도의 개선
		지역보건법	지역보건의료기관의 전문인력 배치기준에 영양사 포함 지역보건의료계획의 수립 및 운영, 보건교육사 관련 제도의 수립 및 운영
	보건의료정책과	의료법	의료기관 내 영양사 배치 의무기준, 입원시설의 환자 식사 관리·제공
	아동복지정책과	아동복지법	아동복지시설 종사자 중 영양사의 직종별 자격기준
	노인정책과	노인복지법	노인의료복지시설의 직원배치기준, 시설기준 노인주거복지시설의 식단 및 위생관리 고령친화산업과 관련된 종합계획
	출산정책과	모자보건법	모성과 영유아의 건강을 유지·증진하기 위한 조사·연구 임산부 등의 건강관리 모유수유시설의 설치 등
	기초생활보장과	국민기초생활보장법	수급권자에게 최저 생활을 위한 급여 지급 차상위계층 기준
	보육정책과	영유아보육법	어린이집 급식관리 기준, 보육시설 영양사 배치 기준

(계속)

행정조직	담당과	법률명	영양 관련 주요 내용
식품의약품안전처	식품안전정책과	식품위생법	식품영양표시제도, 영양사 자격조건
	식품기준과	식품위생법	식품의 기준과 규격
	식품안전표시인증과	식품위생법	HACCP 업무, 표시·광고 업무
	건강기능식품정책과	건강기능식품에 관한 법률	건강기능식품 제조업과 판매업의 허가, 신고
교육부	학생건강정책과	학교급식법	학교급식의 운영원칙 및 관리기준, 위생 및 안전점검 규정
	학교혁신정책과	초·중등교육법	학교급식 영양교사 배치 기준
	유아교육정책과	유아교육법	유치원 유아의 건강검진과 급식

출처 : 각 행정조직 홈페이지, 2022. 1.

1) 보건복지부

보건복지부는 가장 핵심적 역할의 영양행정기관으로 국민영양사업을 기획·총괄하며 「국민건강증진법」의 시행과 「지역보건법」, 「어린이 식생활안전관리 특별법」, 영양사 국가시험 등을 관장하고 있다. 영양 관련 업무를 담당하는 주요 부서는 건강정책국 건강정책과와 건강증진과가 있다. 영양행정과 관련된 보건복지부 산하기관의 주요 행정내용은 표 12-2와 같다.

표 12-2 보건복지부 산하기관과 주요 영양행정

행정조직	주요 영양행정
질병관리청	• 국립보건원에서 2004년에 확대 개편, 산하에 국립보건연구원과 국립검역소 및 지방 13개 검역소를 둠 • 2020년 9월 질병관리청으로 승격 • 만성질환관리과 : 지역사회건강조사 • 건강영양조사분석과 : 국민건강영양조사 • 보건분야 지역사회 조사감시체계 구축 및 운영 • 국가손상통합감시체계 구축 및 정책개발 지원 • 국가 만성병 예방관리정책 지원
질병관리청 국립보건연구원	• 유전체역학과 : 한국인유전체역학조사사업을 통해 한국인의 대규모 유전체역학 코호트 구축 • 식이패턴과 건강지표에 영향을 미치는 유전자 탐색 등의 영양연구 수행

(계속)

행정조직	주요 영양행정
한국보건산업진흥원	• 1999년 설립 • 국내외 환경변화에 대응할 수 있는 보건산업의 육성·발전과 보건 서비스의 향상을 위한 지원사업 수행 • 의료서비스혁신단(건강영양관리팀) : 건강·영양 관련 사업 및 정책 개발 지원, 영양식생활 실태 모니터링 및 평기
한국보건사회연구원	• 1981년 가족계획연구원과 한국보건개발연구원을 통합하여 발족 • 국민 보건의료, 사회보장, 사회복지 및 사회정책 부문의 정책연구와 중·장기 발전계획 수립 • 보건정책연구실에서 식품영양 관련 업무 수행 1. 건강증진 중·장기 발전전략 수립 및 평가 2. 지역사회 보건사업 및 정책에 관한 연구
보건소	• 1995년 보건소법이 지역보건법으로 개정되면서 지방자치단체에서 건강증진에 역점을 둔 사업을 추진하도록 변화됨 • 지역의료기관의 설치·운영, 지역보건의료사업 • 영양개선사업, 식품위생행정, 영양교육 등
한국건강증진개발원	• 국민건강증진법에 의거한 건강사업지원단 → 건강증진재단(2011. 1.) → 건강증진개발원(2014. 7.) • 국민건강증진종합계획 수립 • 일차의료 만성질환관리 시범사업 • 지역보건사업, 맞춤형 방문건강관리사업, 건강증진사업, 금연사업 등 • 건강실천팀에서 영양플러스사업 관리

(1) 국민영양관리법(2010. 3. 26. 제정, 2020. 9. 12. 시행)

2010년 3월 26일에 제정된 「국민영양관리법」은 '영양'을 단독으로 다룬 최초의 독립법이라는 데 큰 의미가 있으며, 「국민영양관리법」, 「식품위생법」, 「지역보건법」에 산재되어 있던 영양 관련 내용을 통합하였다. 이 법에서는 영양정책이 건강정책의 일부이던 기존 방식과 달리 영양 분야에 대한 단독정책이 마련되어, 국가 및 지방자치단체가 국민의 영양관리를 위하여 필요한 대책을 수립하고 시행하도록 의무사항으로 규정되어 있다. 특히 보건복지부는 5년마다 국민영양관리기본계획을 수립하여 발표하도록 규정함으로써 국가가 국민의 영양관리를 위하여 관련 정책을 주도적으로 수립하고 발표·검증하는 시스템을 제도화하였다. 또한 임상영양사 제도를 법제화하여 임상영양사 자격증을 법적 자격증으로 격상하였으며, 「식품위생법」에 규정되었던 영양사 관련 조항이 포함되었다.

기존의 급식관리 관련 업무 외에 영양·식생활 교육 및 상담, 식품영양정보의 제공이 영양사 업무에 추가적으로 규정되었다.

「국민영양관리법」의 주요 내용

제7조(국민영양관리기본계획) ① 보건복지부장관은 관계 중앙행정기관의 장과 협의하고 「국민건강증진법」 제5조에 따른 국민건강증진정책심의위원회(이하 "위원회"라 한다)의 심의를 거쳐 국민영양관리기본계획(이하 "기본계획"이라 한다)을 5년마다 수립하여야 한다.

② 기본계획에는 다음 각 호의 사항이 포함되어야 한다.

1. 기본계획의 중장기적 목표와 추진방향
2. 다음 각 목의 영양관리사업 추진계획
   가. 제10조에 따른 영양 · 식생활 교육사업
   나. 제11조에 따른 영양취약계층 등의 영양관리사업
   다. 제13조에 따른 영양관리를 위한 영양 및 식생활 조사
   라. 그 밖에 대통령령으로 정하는 영양관리사업

제10조(영양 · 식생활 교육사업) ① 국가 및 지방자치단체는 국민의 건강을 위하여 영양 · 식생활 교육을 실시하여야 하며 영양 · 식생활 교육에 필요한 프로그램 및 자료를 개발하여 보급하여야 한다.

제11조(영양취약계층 등의 영양관리사업) 국가 및 지방자치단체는 다음 각 호의 영양관리사업을 실시할 수 있다.

1. 영유아, 임산부, 아동, 노인, 노숙인 및 사회복지시설 수용자 등 영양취약계층을 위한 영양관리사업
2. 어린이집, 유치원, 학교, 집단급식소, 의료기관 및 사회복지시설 등 시설 및 단체에 대한 영양관리사업
3. 생활습관질병 등 질병예방을 위한 영양관리사업

제15조(영양사의 면허) ① 영양사가 되고자 하는 사람은 다음 각 호의 어느 하나에 해당하는 사람으로서 영양사 국가시험에 합격한 후 보건복지부장관의 면허를 받아야 한다.

1. 「고등교육법」에 따른 대학, 산업대학, 전문대학 또는 방송통신대학에서 식품학 또는 영양학을 전공한 자로서 교과목 및 학점이수 등에 관하여 보건복지부령으로 정하는 요건을 갖춘 사람
2. 외국에서 영양사면허를 받은 사람
3. 외국의 영양사 양성학교를 졸업한 사람

제17조(영양사의 업무) 영양사는 다음 각 호의 업무를 수행한다.

1. 건강증진 및 환자를 위한 영양 · 식생활 교육 및 상담
2. 식품영양정보의 제공
3. 식단작성, 검식 및 배식관리
4. 구매식품의 검수 및 관리
5. 급식시설의 위생적 관리

(계속)

6. 집단급식소의 운영일지 작성
7. 종업원에 대한 영양지도 및 위생교육

제20조(보수교육) ① 보건기관 · 의료기관 · 집단급식소 등에서 각각 그 업무에 종사하는 영양사는 영양관리 수준 및 자질 향상을 위하여 보수교육을 받아야 한다.

제22조(영양사협회) ① 영양사는 영양에 관한 연구, 영양사의 윤리 확립 및 영양사의 권익증진 및 자질 향상을 위하여 대통령령으로 정하는 바에 따라 영양사협회(이하"협회"라 한다)를 설립할 수 있다.
② 협회는 법인으로 한다.

제23조(임상영양사) ① 보건복지부장관은 건강관리를 위하여 영양판정, 영양상담, 영양소 모니터링 및 평가 등의 업무를 수행하는 영양사에게 영양사 면허 외에 임상영양사 자격을 인정할 수 있다.

(2) 국민건강증진법(1995. 1. 5. 제정, 2021. 12. 21. 시행)

「국민건강증진법」은 국민의 건강을 증진시키기 위한 목적으로 '국민에게 건강에 대한 가치와 책임의식을 함양하도록 건강에 관한 바른 지식을 보급하고 스스로 건강생활을 실천할 수 있는 여건을 조성'하기 위하여 제정된 법이다. 1995년 9월부터 시행된 이 법은 「국민영양관리법」이 제정(2010. 3. 1)되기 전까지 국민영양관리와 영양조사에 관한 가장 많은 내용을 담고 있었다. 국민의 영양상태조사에 관한 세부 사항을 명시하였고, 국민영양개선방안 강구와 영양교육사업, 영양개선에 관한 조사·연구사업 및 기타 영양 개선에 관한 사업에 대한 세부 사항을 명시하고 있다.

이 법의 주요 내용은 국민건강증진종합계획의 5년 주기 수립, 건강도시의 조성(2021. 12. 21. 신설), 금연 및 절주운동, 건강생활실천협의회 구성, 보건교육의 실시, 보건교육사 자격증의 교부, 영양개선, 국민영양조사, 구강건강사업, 건강증진사업, 국민건강증진기금, 기금의 사용 등이다.

(3) 지역보건법(1995. 12. 29. 전부개정, 2022. 1. 13. 시행)

질병예방 중심의 지역보건체제를 마련하기 위하여 1956년 12월 13일에 제정된 「보건소법」을 기준으로 보건소의 역할을 규명해 오다가 1995년 12월 29일에 「지역보건법」으로개정하였다. 「지역보건법」은 보건소 등 지역보건의료기관의 설치·운영 및 지역보건의료사업의 연계성 확보에 필요한 사항을 규정함으로써 보건행정을 합리적으로 조직·운영하고, 보건시책을 효율적으로 추진하여 국민보건의 향상에 이바지함을 목적으로 하고 있다. 보건소의 업무에 국민건강증진, 보건교육, 구강건강 및 영양관리사업을 명시하고 있고, 전문인력의 적정 배치기준에 영양사 인력 배치기준을 포함하고 있어 시·군·구 지역 단위 보건사업의 일환으로 영양사업을 규정하는 근거를 마련하였다.

2) 식품의약품안전처

식품의약품안전처는 식의약 강국을 향하여 국민의 식탁에서 불량식품을 뿌리 뽑고, 위해식품의 국내 유입을 차단하며 안전한 먹을거리 소비문화의 확산의 주요 업무를 하며, 「식품위생법」, 「어린이식생활안전관리특별법」, 「건강기능식품에 관한 법률」 등을 관장하고 있다.

(1) 식품위생법(1962. 1. 20. 제정, 2022. 1. 1. 시행)

「식품위생법」은 1962년에 제정되어 수차례 개정되었는데, '식품으로 인한 위생상의 위해를 방지하고, 식품영양의 질적 향상을 도모하며 식품에 관한 올바른 정보를 제공하여 국민보건 증진에 이바지함'이 목적이다. 법률의 내용이 영양적 사안보다 식품 안전의 보장이 주된 목적으로 식품 등의 허위표시 금지, 영양사 관련 규정과 식품위생심의위원회, 식품진흥기금 등에 관련된 조항과 식품의 영양표시 및 교육·홍보에 대한 규정이 마련되어 있다.

(2) 어린이 식생활안전관리 특별법[어린이 식생활법](2008. 3. 21. 제정, 2021. 7. 27. 시행)

2009년 3월부터 시행되고 있는 「어린이 식생활안전관리 특별법」은 어린이들이 올바른 식생활 습관을 갖도록 하기 위하여 안전하고 영양을 고루 갖춘 식품을 제공하는 데 필요한 사항을 규정함으로써 어린이 건강증진에 기여함이 목적이다. 어린이 식품안전보호구역 지정, 기호식품[고열량·저영양식품 및 정서저해식품(일명 불량식품)]의 판매 금지, 패스트푸드 영양성분 표시 의무화, 장난감 등의 무료 제공 광고 금지, 지방·당·나트륨의 과다 함유로 비만이나 질병 발생의 우려가 있는 어린이 식품에 대한 광고시간 제한 및 금지, 영양성분의 함량·색상·모양 표시 도입, 품질인증제도 도입 및 어린이 건강친화기업 지정, 어린이 급식관리지원센터 설치 및 운영, 어린이 식생활 안전관리체계 구축, 식생활 안전지수 조사 등의 내용이 규정되어 있다.

「어린이 식생활안전관리 특별법」의 주요 용어 정의

1. "어린이"란 제3호에 따른 학교의 학생 또는 「아동복지법」에 따른 아동에 해당되는 자를 말한다.
2. "어린이기호식품"이란 「식품위생법」 또는 「축산물위생관리법」에 따른 식품 중 주로 어린이들이 선호하거나 자주 먹는 음식물로서 대통령령으로 정하는 식품을 말한다.
3. "학교"란 「초 · 중등교육법」 제2조에 따른 초등학교, 중학교, 고등학교 및 특수학교를 말한다.
4. "어린이식생활안전지수"란 어린이를 위하여 식품안전 및 영양관리에 관한 정책을 수행하고 어린이 기호식품 및 단체급식 등을 제조 · 판매 또는 공급하는 환경을 개선하는 정도를 평가하여 도출한 수치(이하 "식생활 안전지수"라 함)를 말한다.
5. "고열량 · 저영양 식품"이란 식품의약품안전처장이 정한 기준보다 열량이 높고 영양가營養價가 낮은 식품으로서 비만이나 영양불균형을 초래할 우려가 있는 어린이 기호식품을 말한다.

(3) 건강기능식품에 관한 법률[건강기능식품법](2002. 8. 26. 제정, 2021. 7. 27. 시행)

「건강기능식품에 관한 법률」은 2002년에 제정된 법령으로 국민의 관심이 높아지고 있는 건강기능식품의 안전성 확보 및 품질 향상과 건전한 유통·판매를 도모함으로써 국민의 건강증진과 소비자보호에 이바지함이 목적이다. 다른 식품들과는 달리 특히 표시와 광고 부문에서 정부의 직접적인 관리가 필요한 사항을 규정하고 있는데, 건강기능식품제조업의 허가를 받고 영업을 하는 품질관리인의 교육, 건강기능식품의 제조, 사용 및 보존에 관한 기준과 규격, 허위·과대광고 금지, 위해건강기능식품 등의 판매금지, 유사표시 등의 금지 등과 관련된 조항을 포함하고 있다.

「건강기능식품에 관한 법률」의 주요 용어 정의

1. "건강기능식품"이란 인체에 유용한 기능성을 가진 원료나 성분을 사용하여 제조(가공을 포함한다. 이하 같다)한 식품을 말한다.
2. "기능성"이라 함은 인체의 구조 및 기능에 대하여 영양소를 조절하거나 생리학적 작용 등과 같은 보건용도에 유용한 효과를 얻는 것을 말한다.
3. "표시"라 함은 건강기능식품의 용기 · 포장(첨부물및내용물을포함)에 기재하는 문자 · 숫자 또는 도형을 말한다.
4. "광고"라 함은 라디오 · 텔레비전 · 신문 · 잡지 · 음성 · 음향 · 영상 · 인터넷 · 인쇄물 · 간판 그밖의 방법에 의하여 건강기능식품에 대한 정보를 나타내거나 알리는 행위를 말한다.
5. "영업"이라 함은 건강기능식품을 판매의 목적으로 제조(가공을 포함) 또는 수입하거나 이를 판매(불특정 다수인에 대한 무상제공을 포함)하는 업을 말한다.
6. "건강기능식품이력추적관리"란 건강기능식품을 제조단계부터 판매단계까지 각 단계별로 정보를 기록 · 관리하여 해당 건강기능식품의 안전성 등에 문제가 발생할 경우 해당 건강기능식품을 추적하여 원인규명 및 필요한 조치를 할 수 있도록 관리하는 것을 말한다.

3) 농림축산식품부

농림축산식품부에서는 농업정책이 생산 중심에서 식품 중심으로, 생산 터전으로서의 농촌에서 삶의 터전으로서의 농촌으로, 그리고 지속 가능한 농업과 소비로 패러다임이 바뀜에 따라 법률이 새로 제정되고 제도적 지원이 강화되었다. 농림축산식품부는 농산·축산, 식량·농지·수리, 식품산업진흥, 농촌개발 및 농산물 유통 등에 관한 사무를 관장하고 있다.

(1) 식생활교육지원법[식생활교육법](2009. 5. 27. 제정, 2021. 12. 16. 시행)

농림축산식품부의 식생활소비정책과에서는 2009년 5월 27일 제정되어 같은 해 11월 28일부터 시행되고 있는「식생활교육지원법」에 관련된 사항들을 관리하고 있다. 이 법은 식생활에 대한 국민적 인식을 높이고자 국민의 식생활 개선, 전통 식생활 문화의 계승·발전, 농어업 및 식품산업의 발전을 도모하고 국민의 삶의 질 향상에 대한 기여를 목적으로 하고 있다. 또한 환경친화적이며 건강한 식습관 형성, 식생활에 대한 감사와 이해, 식생활 교육 운동의 전국적 전개, 어린이 식생활교육, 식생활 체험활동 촉진 등과 같은 식생활 교육의 기본 방향을 제시하고 있다.

「식생활교육지원법」은 다양한 식생활 교육의 기반 조성에 대해서도 다루고 있다. ① 국민의 식생활 실태 및 식품의 생산·유통·소비 등에 대한 조사와 연구활동 추진, ② 농수산물 또는 전통식품을 이용한 식생활지침의 개발 및 보급, ③ 식생활 관련 단체 또는 기관 간 국제교류의 추진, ④ 전통 식생활 및 농어촌 식생활 체험 활성화, ⑤ 식생활 교육기관의 지정, ⑥ 학교를 통한 식생활 교육의 활성화와 같은 내용이 포함되어 있다.

식생활 교육은 국민의 건전한 식생활을 도모하기 위하여 농수산물 또는 그 가공품의 원산지 표시 등 식품선택에 관한 적정한 판단력을 기르고 올바른 식사예절을 실천할 수 있도록 추진되어야 하고(제7조, 건전한 식습관 형성), 식생활 교육은 어린이가 올바른 식생활을 실천할 수 있도록 부모, 보호자, 교육관계자, 농어업인, 식품 관련 종사자 등의 적극적 참여하에 지속적으로 추진되어야 하며, 이 경우 식생활 교육에는 해당 지역 및 국내에서 생산되는 농산물과 그 가공품 등에 대한 내용이 포함되도록 노력하여야 함(제10조, 어린이 식생활 교육)이 명시되어 있다. 학교에서의 식생활 교육 활성화를 위하여 환경친화적인 농수산물이 사용될 수 있도록 생산자 또는 생산자단체에 직거래 촉진 등에 필요한 경비를 지원할 수 있다는 조항이 있다.

「식생활교육지원법」의 주요 용어 정의

1. "식생활"이란 식품의 생산, 조리, 가공, 식사용구, 상차림, 식습관, 식사예절, 식품의 선택과 소비 등 음식물의 섭취와 관련된 유 · 무형의 활동을 말한다.
2. "식생활 교육"이란 개인 또는 집단으로 하여금 올바른 식생활을 자발적으로 실천할 수 있도록 하는 교육을 말한다.
3. "전통식생활문화"란 우리 민족 고유의 식생활과 관련된 생활양식이나 행동양식으로서 국가적 차원에서 진흥시킬 만한 전통적이고 문화적 가치가 있다고 인정되는 것을 말한다.
4. "학교"란 「유아교육법」 제2조와 「초 · 중등교육법」 제2조에 따른 학교를 말한다.

(2) 식품산업진흥법(2007. 12. 27. 제정, 2022. 1. 1. 시행)

식품산업과 농어업 간의 연계강화를 통하여 식품산업의 건전한 발전을 도모하고 식품산업의 경쟁력을 제고하여 다양하고 품질 좋은 식품을 안정적으로 공급함으로써 국민의 삶의 질 향상과 국가경제 발전에 이바지하는 것을 목적으로 한다.

주요 내용은 식품산업 기본 계획의 수립, 식품산업 전문인력 양성, 기술개발 촉진, 국가식품클러스터의 지원·육성, 식품명인의 지정, 식품산업 컨설팅 지원, 전통식품과 식생활 문화의 세계화, 식품성분 조사, 전통식품의 국제규격화 추진, 유기가공식품의 인증 등이다.

4) 교육부

교육부는 지역사회영양 프로그램에서 「학교급식법」을 관장하여 학교급식을 제도적으로 관리하고 있다.

(1) 학교급식법(1981. 1. 29. 제정, 2022. 1. 1. 시행)

「학교급식법」은 학교급식 등에 대한 사항을 규정함으로써 학교급식의 질을 향상하고 학생의 건전한 심신의 발달과 국민 식생활 개선에 기여함을 목적으로 하고 있다. 양질의 학교급식이 학생들에게 안전하게 공급될 수 있도록 국가와 지방자치단체에 임무를 부여하고, 학교급식 시설과 설비의 기준을 규정하며, 학교급식의 관리와 운영에 대해 규정하고 있다. 세부 조항으로는 영양교사의 배치, 급식에 관한 경비의 지원, 식재료의 품질관리기준, 학생의 발육과 건강에 도움이 되는 영양관리, 학교급식의 위생·안전관리, 학생의 식생활 지도 및 보호자 대상의 관련 정보 제공, 영양상담 등이 있다. 재난이 발생하여 학교급식이 어려운 경우에는 학교급식위원회의 심의를 거쳐 학생의 가정에 식재료 등을 국가 또는 지방자치단체가 지원한 급식에 관한 경비에 한정하여 지원할 수 있음을 명시하고 있다(2021. 12. 28 신설).

(2) 초·중등교육법(1997. 12. 13. 제정, 2021. 9. 24. 시행)

「초·중등교육법」 제21조제2항에는 영양교사(1급, 2급)의 자격이 명시되어 있다.

(3) 유아교육법(2004. 1. 29. 제정, 2021. 9. 9. 시행)

「유아교육법」은 만 3세부터 초등학교 취학 전까지의 어린이를 유아로 정의하고 유아교육에 관한 사항을 정의하며, 제17조에서 유치원의 건강검진과 급식에 대해 규정하고, 제20조제2항에는 유치원의 교직원으로서 교원 외에 영양사를 둘 수 있음이 규정되어 있다.

(4) 영유아보육법(1991. 1. 14. 제정, 2021. 12. 9. 시행)

「영유아보육법」은 6세 미만의 취학 전 아동을 영유아로 정의하고, 저출산 대책의 일환으로 육아문제를 해결하기 위해 보육정책이 확대되면서 영유아기의 보육아동에 대한 영양과 건강관리의 중요성을 강조한 법으로서 영유아의 심신을 보호하고 건전하게 교육하여 건강한 사회 구성원으로 육성함과 아울러 보호자의 경제적·사회적 활동이 원활하게 이루어지도록 함으로써 가정복지 증진에 이바지함을 목적으로 한다.

이 법에서는 보육의 정의와 보육시설종사자의 업무규정, 보육시설의 기준 및 설치의무, 보육정보센터, 보육실태조사, 어린이집 평가인증, 건강·영양 및 안전에 관하여 규정하고 있다. 2011년 6월 7일 개정(2011. 12. 8. 시행)에서 예전에 사용하던 보육시설은 어린이집으로, 보육시설종사자는 보육교직원으로 용어를 변경하였고, 보육실태조사를 3년 주기로 개정하였으며, 보육정원 50명 이상인 어린이집의 놀이터 설치규정을 신설하였다. 제33조에는 어린이집의 원장은 영유아에게 균형 있고 위생적이며 안전한 급식을 할 의무를 정하고 있다.

5) 여성가족부

여성가족부에서는 지역사회영양 프로그램과 관련하여 「다문화가족지원법」을 관리하고 있다.

(1) 다문화가족지원법(2008. 3. 21. 제정, 2020. 5. 19. 시행)

「다문화가족지원법」은 다문화가족 구성원이 안정적인 가족생활을 영위할 수 있도록 하여 이들의 삶의 질 향상과 사회통합에 이바지함을 목적으로 한다. 5년 주기의 다문화가족 지원을 위한 기본 계획 수립, 3년 주기의 다문화가족에 대한 실태조사, 의료 및 건강관리를 위한 지원, 아동 보육·교육, 다문화가족지원센터의 지정 등을 정하고 있으며, 특히 제9조에는 결혼이민자의 건강하고 안전한 임신과 출산을 위한 영양·건강에 대한 교육 등 필요한 서비스의 지원이 규정되어 있다.

6) 환경부

환경부는 국민이 쾌적한 환경에서 생활하게 함으로써 삶의 질을 향상시키고, 지구 환경을 보존하는 임무를 맡고 있다. 특히 음식물쓰레기 관련 규정으로 지역사회영양 프로그램에서 제도적 관리를 하고 있다.

(1) 폐기물관리법(1986. 12. 31. 제정, 2020. 5. 27. 시행)

「폐기물관리법」은 폐기물의 발생을 최대한 억제하고 발생한 폐기물을 친환경적으로 처리함으로써 환경보전과 국민생활의 질적 향상에 이바지하는 것을 목적으로 한다. 여러 폐기물의 관리 및 처리에 관한 사항, 폐기물의 감량화와 자원화를 위한 국민의 책무, 폐기물 종합관리계획, 폐기물 통계조사 등을 포함한다.

특히 제15조에는 환경부령으로 정하는 음식물류 폐기물(농·수·축산물류 폐기물 포함) 배출자는 특별자치도지사, 시장·군수·구청장에게 음식물류 폐기물의 배출 감량계획 및 처리실적을 제출하고, 발생량과 처리실적 등을 기록·보존하는 등 음식물류 폐기물의 배출량을 줄이기 위하여 관할 특별자치도, 시·군·구의 조례로 정하는 사항을 지켜야 한다고 규정되어 있다.

7) 법무부

법무부의 소년과와 교정기획과에서는 전국의 소년원, 소년분류심사원, 교도소 및 구치소 등의 교정시설에 있는 보호소년과 수용자에 대한 음식물 지급에 관한 사항을 관리하고 있다. 「소년원 및 소년분류심사원 급여규칙」과 「형의 집행 및 수용자의 처우에 관한 법률」은 주식의 혼합비, 주식의 지급, 주식의 확보, 부식, 주·부식의 지급횟수, 특별급식의 지급 등에 대한 법적 근거를 제공하고 있다.

8) 국방부

국방부의 「군인·군속급식규정」은 현역에 복무하는 군인과 군속의 급식에 관한 사항을 관리한다. 이 법에서는 군인과 군속의 급식 및 기준액과 시행규칙이 명시되어 있다.

2. 미국 행정조직의 영양 관련 정책과 법규

미국의 영양정책을 담당하는 중요한 행정조직은 농무부과 보건복지부이며, 이들 연방정부와 주정부, 지방정부가 긴밀하게 협조하고 있다.

1) 농무부

미국 농무부United States Department of Agriculture, USDA는 1862년 농업정보를 제공하기 위하여 설립된 연방정부기관으로 오늘날에는 학교급식, 저소득층을 위한 식품제공 프로그램, 영양가 높은 작물을 재배하기 위한 기술 개발, 개발도상국의 식량원조 등에도 관여하고 있다. 또한 보건복지부과 함께 미국인을 위한 식사지침을 개발하고, 이를 교육도구로 활용하도록 홍보한다. 농무성에서 관장하고 있는 식품영양 관련 프로그램은 다음과 같다.

(1) 보충영양보조 프로그램Supplemental Nutrition Assistance Program, SNAP

1964년부터 저소득 가정이 식품을 구매할 수 있도록 보조해 주었던 푸드스탬프프로그램을 2008년 10월부터 '보충영양보조 프로그램'으로 개편하면서 영양적인 측면을 더욱 강조하였다. 미국 시민의 빈곤선 130% 이하 집단을 대상으로 빵, 시리얼, 과일, 채소, 생선, 가금류, 유제품을 구매할 수 있는 전자카드를 지급한다.

(2) 어린이영양 프로그램Child Nutrition Program, CNP

학교에서 영양적인 식사를 제공함으로써 어린이의 건강을 증진하는 것이 오바마 행정부의 최우선순위로, 2010년 「건강하고 배고픔 없는 아동을 위한 법안Healthy Hunger-free Kids Act」이 통과되었고, 이 법안의 일부로 2011년 농무부에서는 학교급식에서 과일, 채소, 전곡, 무지방·저지방 우유의 이용도를 높이고, 나트륨, 포화지방을 감소시키도록 영양기준을 높이는 규정을 제안하였다.

① 학교급식 프로그램National School Lunch Program, NSLP

1946년 제정된 학교급식법National School Lunch Act에 근거하여 연방정부의 지원 아래 영양적으로 균형 있는 점심을 무료 또는 할인된 가격으로 저소득층 어린이에게 제공하는 프로그램이다. 2020년 2,200만 명 이상의 어린이에게 혜택을 주었다.

② 학교 아침급식 프로그램School Breakfast Program, SBP

저소득층 어린이에게 영양을 고려한 아침식사를 저가격 또는 무료로 제공하는 프로그램으로, 1966년에 시범적으로 시작하여 1975년 영구적 프로그램으로 운영되고 있다.

③ 아동·성인 급식 프로그램Child and Aadult Care Food Program, CACFP

학교급식의 혜택을 받지 못하는 학령기 및 취학 전 어린이와 보호시설의 노인과 장애가 생긴 성인에 대해 식사와 간식을 제공하는 프로그램으로 1968년부터 시작되었다. 2020년에 4만여 명의 어린이와 성인에게 제공되었다.

④ 방학 중 급식 프로그램Summer Food Service Program, SFSP

1968년부터 시작되었으며 여름방학 기간에 저소득층 어린이에게 식사와 간식을 제공한다.

⑤ 방과 후 간식 프로그램After School Snacks and Meals

정규 방과 후 프로그램 참여 어린이에게 간식이나 식사가 제공된다.

(3) 임신수유부, 영유아 대상의 보충식품 프로그램 Special Supplemental Nutrition Program for Women, Infants, and Children, WIC

영양취약계층인 저소득층 임신수유부, 5세까지의 영유아에게 보충식품과 영양교육을 제공하고, 모유수유를 지지하며 건강관리를 제공하는 프로그램으로 1974년부터 시작되었다.

BOX 1

학교급식법(1946, National School Lunch Act)

1946년 제정된 학교급식법은 급식 지원을 위한 연방 및 주 정부의 재원 마련 근거와 식단의 기본 패턴 등을 제공하여 학교급식제도의 기반을 마련하였다.

아동영양법(1966, Child Nutrition Act)

1946년 제정된 학교급식법을 새로 통합 조정하여 통과된 아동영양법은 그 당시 교육부나 보건복지부가 없었기에 지금까지 농무성이 맡고 있다. 1998년에 개정된 법에는 미국산 농산물 및 미국산 농산물을 원료로 한 가공식품만을 사용토록 하는 조항과 식품안전검사 조항이 추가되어 모든 급식재료는 미국산 농산물 및 가공식품을 사용하도록 제한하였으며, 모든 학교는 정기적인 위생검사를 받도록 의무화하였다.

아동영양증진과 학교급식보호법(2006, Child Nutrition Promotion and School Lunch Protection Act)

아동의 비만과 만성질환을 예방하기 위해 기존의 아동영양법을 개정하여 학교 내 또는 학교 근처에서 판매되는 질 낮은 음식과 음료의 판매를 규제하고 영양교육을 강화한 법안이다.

건강하고 배고픔 없는 아동을 위한 법(2010,Healthy Hunger-free Kids Act)

이 법의 시행으로 학교에서 모든 어린이에게 건강에 좋은 음식이 제공될 수 있도록 하는 국가의 노력이 진전되었다. 미국은 3,100만 명의 어린이가 학교에서 점심을 먹고 있으며, 이들 중 1/3은 과체중이거나 비만인 실정이다. 이 법은 어린이들이 영양적인 식품을 선택하여 더 건강해지고 평생 건강한 식습관을 갖도록 지도함으로써 어린이의 비만 퇴치와 건강증진을 목적으로 제정되었다. 이 법에 의해 급식의 질을 높이기 위한 정부의 지원금이 인상되었으며, 학교에 설치된 자동판매기에서 판매되는 식품의 영양기준을 정하여 비만으로 이어질 수 있는 정크푸드junk food 판매를 금지하였고, 식사시간에 질 좋은 식수가 제공되고 있다.

2) 보건복지부

보건복지부Department of Health and Human Services, HHS는 모든 미국인의 건강을 보호하고 필수적인 복지를 제공하기 위해 1979년 설립된 정부기관으로서 주정부 및 지방정부와 밀접하게 연계되어 있으며, 11개의 운영부서에서 300개 이상의 프로그램을 운영하고 있다.

3) 식품의약국

식품의약국Food and Drug Administration, FDA은 식품, 의약품, 생물제제, 의료기기, 화장품, 방사능발생물질의 안전성을 확보하여 국민의 건강을 보호하는 책임을 갖고 있다. 또한 약을 복용하거나 식품, 건강기능식품을 섭취하는 데 필요한 정확하고 과학적 근거가 있는 정보를 제공한다.

BOX 2

영양표시 및 교육법(1990, Nutrition Labeling and Education Act, NLEA)

모든 가공식품에 영양표시를 의무화하여 영양표시제도의 근간이 된 법이다. 식품의 영양소 함량 강조표시가 가능하며, 특정 질병과 특정 영양소의 상관관계를 표현하는 건강강조표시Health Claim가 가능하다. 건강강조표시의 인증을 받기 위해서는 연구에 의해 입증된 객관적이고 과학적인 증거에 의해 FDA의 사전허가가 필요하다.

3. 일본 행정조직의 영양 관련 정책과 법규

일본의 영양정책은 '국민건강만들기' 운동의 주요 영역으로 전개되고 있다. 1978년 시작된 제1차 국민건강만들기에 이어 1988년에 실시된 제2차 운동은 'Active 80 Health Plan'이라는 슬로건 아래 80세에도 자립적이고 사회 참여가 가능한 활동적인 고령자를 목적으로 질병의 발생을 막는 1차 예방과 영양·운동·휴양을 중시함으로써 고령화 사회에 대비한 정책이다.

이후 2000년부터 '건강일본21' 추진, 2003년 건강증진법 시행, 2005년 후생과학심의회 지역보건건강증진영양부회의 생활습관병 예비군 파악 등을 통해 보건지도의 문제점 및 당뇨병 등 생활습관병 관리에 중점을 둔 효율적인 건강검진과 보건지도를 도모하고 있다. 2004년에는 '대사증후군Metabolic Syndrome' 개념을 도입하여 운동·영양·금연 등 건전한 생활습관 형성을 위한 국민운동을 전개하였으며, 2005년부터 식육기본법에 따른 식육추진 기본 5개년 및 10개년 계획으로 생활습관병 대책과 개호예방의 '건강프런티어 전략 2005~2014'를 추진하고 있다. 2008년에는 '표준적인 건강진단·보건지도 프로그램'을 책정하였으며, 2009년 4월부터 특정 보건지도 실시를 의무화하였다. 이와 같이 일본은 고령화 사회에서 건강수명 연장을 목표로 전 국민의 생활습관병에 대처하기 위한 적극적인 국가 정책을 추진하고 있다.

식육기본법은 2005년 6월에 내각부가 중심이 되어 제정되었으며, 2006년 9월에 식육추진기본계획이 수립되었다. 식육추진체계는 내각부, 문부과학성, 후생노동성, 농림수산성과 함께 도도부현, 시정촌과 식품사업자, 농림어업자, 교육·보육·의료·보건 관계자와 각종 단체가 참여하여 국민운동으로 전개되고 있다.

1) 일본의 행정조직과 영양 관련 정책

일본의 영양정책을 담당하는 주요 행정조직으로는 후생노동성, 농림수산성, 문부과학성과 식품안전위원회가 있다표 12-3. 후생노동성은 건강일본21 등 주요 영양정책의 주무부처이며, 식량정책을 담당하는 농림수산성에서는 생활개량보급원이 농림어업종사자의 식생활 개선을 담당하고 있다. 문부과학성에서는 학교급식을 관리하여 아동 및 학생의 영양 개선과 식품표준성분표 책정 등을 주관한다. 그 밖에 국토교통성 및 방위청에서도 각각 소관시설의 급식을 통해 영양 개선활동이 이루어지고 있다.

표 12-3 일본의 행정조직 및 주요 영양정책

행정조직	주요 영양정책
후생노동성	• 국민 개개인의 건강만들기와 생활습관병의 예방을 위한 영양 및 식생활에 관한 대처 • 건강일본21을 통한 생활습관병 대책 추진 • 대사증후군 대책 추진 • 개호예방 10개년 전략(건강프런티어 전략) • 건강진단을 통한 질병의 조기발견과 보건사업의 강화 • 식사밸런스 가이드 보급
농림수산성	• 건전한 식생활을 위한 농림어업 및 식품산업의 올바른 지식 보급과 식문화 계승 • 식량자급률 향상 • 식사밸런스 가이드 보급 • 식량·농업·농촌 기본 계획 추진 • 지역 고유의 식품, 농림수산물, 농림수산업, 식품산업에 관한 바른 이해와 지역의 우수한 식문화 전승 등의 국민운동 추진
문부과학성	• 식생활에 관한 올바른 지식과 식습관 형성을 위해 학생을 대상으로 학교급식과 영양교사를 통한 식생활 교육 • 학교보건 통계조사, 학교급식 영양 보고 • 학교급식의 일본 농산물 활용 촉진
식품안전위원회	• 식품의 안전성에 대한 정보 제공과 의견 교환
지방정부·자치단체	• 지역사업의 전개(보건소, 시정촌 보건센터 등)

2) 후생노동성

일본의 후생노동성厚生労働省, Ministry of Health, Labour and Welfare에서는 영양개선법(현 건강증진법)하에 건강국 총무과 생활습관병대책실을 영양행정의 중심으로 하여 공중영양, 영양개선, 건강증진 시책의 계획·입안이 이루어진다. 후생노동성 산하 연구기관으로는 국립보건의료과학원과 국립건강·영양연구소가 있다. 일본 후생노동성에서 추진하고 있는 주요 영양정책과 국민건강만들기 운동의 변화 내용은 다음과 같다표 12-4.

(1) 제4차 국민건강만들기 대책 : 건강일본21(제2차, 2013~2023)

2000년 4월부터 시행된 건강일본21은 모든 국민이 건강하고 활기찬 생활을 영위할 수 있는 사회를 만들기 위해 장년기 사망률의 감소, 건강수명의 연장 및 생활의 질 향상을 목표로 영양 및 식생활, 신체활동 및 운동, 휴양 및 마음의 건강 만들기, 흡연, 음주, 치아

표 12-4 국민건강만들기 운동의 변화

경과	주요 내용
제1차 국민건강만들기	• 1978년 시작 • 성인병 예방과 국민의료비 억제 • 평생을 통한 건강만들기 추진 • 건강만들기 기반 조성 • 건강만들기 계몽과 보급
제2차 국민건강만들기 대책 Active 80 Health Plan	• 1988년 시작 • 질병 발생의 1차 예방 중시 • 영양·운동·휴식을 중시하여 고령화 사회에 대비한 정책 • 가공식품의 영양성분 표시제도 보급 • 집단급식시설에 관리영양사 배치 • 식생활지침의 보급, 일본인 영양소요량의 제정과 보급 • 초고령화 사회를 대비하여 Active 80 Health 캠페인을 통해 노년기 삶의 질 향상 도모 • 노인보건법에 의해 건강수첩 교부, 건강교육, 상담, 진단사업 수행
21세기 국민건강 만들기 운동 건강일본21(제2차, 2013~2023)	• '모든 국민이 함께 의지하고 건강하며 풍요하게 생활할 수 있는 활력 있는 사회' 실현이 목표 • 5가지 기본 목표 ① 건강수명 연장과 건강격차 축소 ② 생활습관병 발병 예방과 중증화 예방 철저(NCD(비감염성 질환) 예방) ③ 사회생활을 영위하기 위해 필요한 기능의 유지 및 향상 ④ 건강을 돌보고 지키기 위한 사회환경 조성 ⑤ 영양·식생활, 신체활동·운동, 휴양, 음주, 흡연, 치아·구강 건강에 관한 생활습관 개선 및 사회환경 개선

건강, 당뇨병, 순환기질환, 암 등의 9개 분야 70개 항목의 내용을 정하고 구체적인 기본 방침과 현상·목표·대책을 마련하여 1차 예방에 중점을 둔 정책이다. 이를 위해 운동·영양·금연을 통한 건전한 생활습관의 형성 및 예방의 중요성에 대한 이해를 촉진하고자 국민운동으로 전개하고 있으며, 현재 건강일본21(제2차)가 진행중이다. 2003년 5월에는 건강일본21을 핵심으로 하는 국민건강만들기의 적극적인 추진을 위해 의료제도 개혁의 일환으로 법적 기반을 정비하고자 건강증진법이 제정되었다.

2003년부터 건강증진법을 기반으로 국민건강영양조사가 국민건강·영양조사로 개편되어 국민의 건강상태, 식품섭취량, 영양소섭취량의 실태를 파악하고 영양과 건강의 관계를 밝히며 건강증진 대책에 필요한 기초자료를 수집하기 위해 매년 11월에 실시되고 있다.

2005년에는 2005~2009년까지 적용할 '일본인 섭취기준'을 책정하여 에너지 및 영양소 섭취량의 기준을 정한 바 있으며, 최근에는 2010~2014년까지 5개년 계획으로 섭취기준을 개정하였다. 2005년 6월에는 식사밸런스 가이드 개발과 보급 활동을 위해 관리영양사를 통한 사업 전개, 식생활개선추진원의 지역 자원봉사에 의한 보급, 식품산업과의 연계 추진 등을 계획하였다(후생과학심의회 지역보건건강증진영양부회, 2007). 또한 국민의 건강증진, 생활의 질 향상, 식품의 안정적 확보를 위해 후생노동성, 문부과학성, 농림수산성이 식생활지침을 발표하였다.

(2) 표준건강진단지도 프로그램 도입

표준건강진단지도 프로그램은 내장지방형 비만의 증가에 따라 그 요인이 되는 생활습관 개선과 자기관리를 돕는 보건지도 프로그램이다. 당뇨병 등 생활습관병의 예비군이 생활상의 문제점을 스스로 직시하고 건전한 행동변용으로 자기관리의 방향성을 도출하여 건강한 생활을 유지할 수 있도록 정보제공, 동기부여, 적극적 지원의 3가지 분야를 담당한다. 생활습관병의 1차 예방을 목적으로 한 개인별 건강지원 프로그램을 근거로 2005년부터는 '국민 헬스업health up' 사업이 실시되고 있다.

(3) 건강프런티어 전략의 추진

2005년부터는 국민 개인의 전 생애에 걸친 건강하고 활동적인 생활을 통해 활력 있는 사회를 구축하고자 10개년 '건강프런티어 전략'을 시행하고 있다. 건강수명의 2년 연장을 목표로 생활습관병 대책, 개호예방, 여성의 암 긴급 대책 등의 시책을 중점적으로 추진하고 있다.

(4) 식생활개선추진원의 활동 지원

후생노동성은 전국 46개 도도부현과 4개 시에 연락협의회를 마련하여 각 지역에 식생활개선추진원을 양성하고, 주민의 요구에 맞춘 식교육 활동과 건강만들기 사업을 추진하고 있다. 2004년 4월에는 전국 식생활개선추진원 단체연락협의회가 '식교육 선언'을 공표하고 추진원 전원이 식교육 조언자로서 전국적으로 식육활동을 전개하고 있다.

① '매달 19일은 식육의 날' 전국 캠페인 활동 : 식교육의 중요성에 대한 인식을 높이기 위해 사람이 많이 모이는 장소나 슈퍼마켓 등에서 실시

② 어린이의 건전한 식생활 습관을 위해 모자간 조리 실습 개최

③ 건강지표에 근거한 모든 주민의 '스스로 건강만들기'를 목표로 맨파워 육성활동으로서 health supporter 21 사업 실시 : 가정에서도 손쉽게 운동을 할 수 있도록 '대사증후군 예방을 위한 운동exercise'의 DVD 제작 지원

④ 독신 남성의 식생활 자립을 지원하기 위해 '남성요리교실 20 레시피'를 이용한 요리교실 개최

⑤ 2007년부터 고령자를 대상으로 건강하게 장수할 수 있도록 저영양 예방을 위한 식육교실 운영

매달 19일은 식육의 날

모자간 조리 실습

남성요리교실

(5) 영양표시 소비자 교육활동

후생노동성의 지도 아래 일본 영양·건강식품협회가 중심이 되어 특수영양식품표시제도, JSD식품 표시제도, 건강식품 인정제도를 실시하고 소비자 교육활동을 활발히 전개하고 있다.

(6) THP 운동(멘탈헬스 대책)

정부, 사업자, 근로자 및 관계자가 하나가 되어 종합적이면서 계획적으로 근로자의 안전과 건강을 지키고 노동재해방지 대책에 임할 수 있도록 노동안전위생법에 의거하여 '제11차 노동재해방지계획'을 책정하고 있다. 2006년 3월에는 모든 근로자의 심신의 건강증진을 위한 멘탈헬스지침을 제정하여 직장에서의 멘탈헬스 대책인 THPTotal Health

Promotion Plan 운동을 추진하고 있다. THP는 건강만들기 계획, 건강측정, 건강지도, 실천 활동, 실시효과 확인의 5단계로 진행되며, 산업체 영양사가 집단급식의 관리자이자 영양 지도자로서 건강교육과 영양교육을 실시하여 근로자의 건강만들기에 기여하고 있다.

BOX 3 관리영양사와 (사)일본영양사회의 활동

(사)일본영양사회의 약 6만 명의 관리영양사가 학교나 보육원, 지역사회 등에서 모든 연령대를 대상으로 한 식육추진을 위해 인재 육성이나 교재 작성, 식육추진사업 등의 활동을 벌이고 있다. 2008년에는 건강증진 안내서인 '사춘기부터 시작하자, 생애의 아름다움과 건강 만들기'와 '음식물 알레르기와 식생활'을 제작하여 식육을 포함한 건강만들기 정보를 전 지역에 배포하였다. 또 학동기를 중심으로 '식사밸런스 가이드를 활용한 어린이 요리교실(건강한 조식 메뉴)', 전 세대를 대상으로 '야채 먹기 캠페인' 등도 실시하고 있다. 식육추진이나 특정 건강검사, 특정 보건지도, 개호예방 등의 활동 거점으로서 전국 도도부현에 '영양케어 · 스테이션'을 설치하여 지역의 건강 · 영양 · 식육 문제에 대처할 수 있도록 활동하고 있다.

3) 내각부

최근 일본에서는 식량 수입이 증가하여 음식의 서구화나 생활양식의 다양화가 진행되고 지방의 과잉 섭취로 인한 영양 불균형, 식량자원 낭비 등의 여러 문제가 표면화되고 있어 내각부內閣府, Cabinet Office 중심으로 식육기본법(2005년 6월 제정)에 의거하여 전 국민 운동으로 식육추진이 이루어지고 있다. 모든 국민이 전 생애에 걸쳐 건전한 심신을 길러 풍부한 인간성을 형성할 수 있는 사회를 실현하기 위한 종합적인 추진체계를 수립하고 있다.

식육기본법에 근거하여 2006년부터 식육추진 기본계획을 5년 단위로 수립하고 있으며, 1차(2006~2010년), 2차(2011~2015년)를 거쳐 현재 3차(2016~2020년) 식육추진 기본계획을 수립하여 추진하고 있다. 제3차 식육추진 기본계획에서는 1차, 2차에서 다소 미진했다고 평가되던 정책의 목표와 실천항목과의 연계성을 확보하도록 하였으며, 중점과제는 다음과 같다.

① 젊은 세대를 중심으로 식육의 추진

② 다양한 삶의 형태에 대응하는 식육의 추진

③ 건강수명의 연장에 맞는 식육의 추진

④ 음식의 순환과 환경을 고려한 식육의 추진

⑤ 식문화의 계승을 위한 식육의 추진

BOX 4 식육기본법 관련 식생활 교육

식교육 추진의 기본 방침

① 국민의 심신 건강의 증진과 풍부한 인간성 형성
② 음식에 관한 감사와 이해
③ 식육추진운동의 전개
④ 아동의 식육에서 보호자와 교육 관계자의 역할
⑤ 음식에 관한 체험활동과 식육추진활동의 실천
⑥ 전통적인 식생활 문화의 계승, 환경과 조화를 이룬 식품생산 도모
⑦ 식품의 안전성 확보를 위한 식육의 역할

식교육 추진의 기본 전략

① 다양한 관계자와의 제휴 및 협력의 강화
② 도도부현에 의한 추진계획 책정과 시책의 추진
③ 적극적인 정보 제공과 국민의 의견 파악
④ 추진상황의 파악과 효과평가 및 재정조치의 효율적 운용
⑤ 기본 계획의 재검토

BOX 5

건강증진법(2002. 8. 2 시행, 2020. 4. 1. 최종개정)

1952년에 공포된 영양개선법을 바탕으로 개정되었다. 국민건강증진의 종합적 추진에 관한 기본 사항과 국민보건 향상을 위한 정책, 건강만들기의 개발 · 보급, 암 · 치주질환 검진 실시 등의 기반이 되고 있다. 최근 실내금연법이 추가되었다.

식육기본법(2005. 6. 10. 제정)

2006~2010년까지 5개년 식육추진을 국민운동으로 삼아 여러 관계 부처와 도도부현, 시정촌 및 민간단체가 참여하는 식교육을 통해 모든 국민이 전 생애에 걸쳐 건전한 심신을 길러 풍부한 인간성을 형성할 수 있는 사회의 실현을 목표로 식교육 추진 기본 방침과 수량적인 목표를 설정하고 있으며, 종합적인 추진체계를 수립하고 있다.

(계속)

의료개혁법(2006, 2008. 4. 개정 시행) : 특정검진, 보건지도
40세 이상의 피보험자 · 피부양자를 대상으로 내장지방형 비만에 집중하여 검진 및 보건지도의 사업 실시가 의무화되었다. 보건지도의 필요성에 따라 정보제공, 동기부여, 적극적 지원으로 구분하고 각 보건지도 프로그램의 목표를 명확히 한 후 의사, 보건사 또는 관리영양사의 면접 · 지도하에 서비스를 지원하고 있다.

노동안전위생법(2006. 4. 1. 개정 시행)
노동재해의 원인이 되는 건설물, 설치, 작업 등의 위험성과 유해성 등을 조사하여 사업자의 자주적인 안전위생 수준 향상 촉진, 일정 시간을 초과하는 장시간 노동 근로자를 위한 의사의 면접지도 도입, 과중노동과 멘탈헬스 대책의 기반을 제공하고 있다.

요약

- 영양정책을 지원하기 위하여 정부 행정기관은 영양개선을 위한 영양 관련 법규를 제정하여 제도적으로 국민의 영양문제를 다루는 정책을 개발 · 시행하며, 국민 식생활의 질 향상과 영양관리를 위해 노력하고 있다.
- 보건복지부는 가장 핵심적 역할의 영양행정기관으로 국민영양사업을 기획 · 총괄하며 「국민영양관리법」, 「국민건강증진법」의 시행과 「식품위생법」, 「지역보건법」, 영양사국가시험 등을 관장하고, 식품의약품안전처에서는 「어린이식생활안전관리특별법」, 「건강기능식품에관한법률」 등을 관장하고 있다.
- 농림축산식품부는 「식생활교육지원법」을 2009년 5월에 제정하여 국민의 식생활 개선, 전통 식생활 문화의 계승 · 발전, 농어업 및 식품산업의 발전을 도모하고 국민의 삶의 질 향상에 기여하고 있다. 또한 환경친화적이며 건강한 식습관 형성, 식생활에 대한 감사와 이해, 식생활교육운동의 전국적 전개, 어린이 식생활 교육, 식생활 체험활동 촉진 등과 같은 식생활 교육의 기본 방향을 제시하고 있다.
- 교육부의 「학교급식법」은 양질의 학교급식이 학생에게 안전하게 공급될 수 있도록 국가와 지방자치단체에 임무를 부여하고, 학교급식 시설과 설비의 기준을 규정하며, 학교급식의 관리와 운영에 대해 규정하고 있다. 세부 조항으로는 영양교사의 배치, 급식에 관한 경비의 지원, 식재료의 품질관리기준, 학생의 발육과 건강에 도움이 되는 영양관리, 학교급식의 위생 · 안전관리, 학생의 식생활 지도 및 보호자 대상의 관련 정보 제공, 영양상담 등이 있다.
- 미국은 보건복지부과 농무부를 중심으로 보충영양보조 프로그램, 어린이영양 프로그램, WIC사업 등 다양한 영양 프로그램을 실시하고 있다.
- 일본은 후생노동성, 농림수산성을 중심으로 국민건강만들기 대책, 근로자의 건강증진과 노동재해 방지를 위한 THP Total Health Promotion Plan 운동을 실시하고 있다. 또 내각부를 중심으로 식육기본법에 의거하여 전 국민 운동으로 식육추진이 이루어지고 있다.

연구문제

1. 「국민영양관리법」으로 관리되고 있는 영양관리제도의 실시현황에 대해 조사해 보자.
2. 「어린이 식생활안전관리 특별법」으로 시행되고 있는 영양관리제도에 대해 조사하고, 개선점을 토론해 보자.
3. 「식생활교육지원법」에 의해 실시되고 있는 제도를 조사하고, 대학생이 참여할 수 있는 방법에 대해 생각해 보자.
4. 학교급식의 발전을 위해 개선되거나 제정되어야 할 법규가 있는지 토론해 보자.
5. 미국과 일본 등 외국의 영양정책 중에 우리나라에 도입이 필요한 정책에 대해 토론하고 아이디어를 내보자.

C O M M U N I T Y   N U T R I T I O N

CHAPTER

13

세계 영양문제와 국제기구의 영양개선활동

1. 식품안정성과 기아 및 영양 부족 | 2. 미량영양소 부족 |
3. 세계 영양문제 개선을 위한 영양 프로그램 |
4. 영양개선활동을 하는 UN 산하 국제기구 | 5. 영양개선활동을 하는 민간단체

경제적으로 부유한 나라에서는 풍부한 먹을거리와 편리한 생활로 비만이 심각한 문제인 반면, 가난한 나라에서는 넘치는 인구에 비해 식량이 턱없이 부족하여 기아와 영양부족이 만연해 있다. 본 장에서는 이러한 문제와 이를 해결하기 위한 국제적인 활동을 다룬다.

학/습/목/표

1. 영양부족의 취약집단과 이들에게 미치는 영향을 설명할 수 있다.
2. 미량영양소 부족을 해결하기 위한 국제적 영양 프로그램을 설명할 수 있다.
3. 영양문제를 해결하기 위한 국제기구 및 민간단체의 영양개선활동을 설명할 수 있다.

1. 식품안정성과 기아 및 영양 부족

식품안정성food security이란 건강한 삶을 위하여 안전하고 영양적이고 문화적으로 적절한 식품에 항상 충분하게 접근할 수 있는 것을 말한다. 그러나 많은 사람이 식품 부족으로 기아hunger 상태에 처해 있다. 오늘날 전 세계에서 기아로 고통받는 인구는 2020년 기준 약 8억만 명으로 10명 중 1명은 충분한 식품을 얻지 못하여 건강하고 활동적인 삶을 영위하지 못하고 있다. 기아로 고통받는 사람의 수는 에이즈나 말라리아, 결핵에 걸린 사람들을 합한 것보다 더 많기 때문에, 기아는 전 세계인의 건강을 위협하는 가장 큰 문제라고 할 수 있다.

식품부족에 의한 기아는 하루에 필요한 에너지를 충분히 섭취하지 못하는 영양부족undernutrition을 야기하며, 전 세계 5세 이하 어린이 사망의 약 절반 정도가 영양부족과 관련되어 있다. 국가나 민족간의 전쟁, 기후변화로 인한 홍수나 가뭄, 지진이나 태풍 등의 재난, 불평등한 사회구조, 최근의 코로나-19 감염병 등은 기아와 영양부족을 일으키는 원인이다.

그림 13-1은 유엔세계식량계획World Food Programme, WFP이 2020년 발행한 전 세계의 기아지도hunger map이다. 아프리카 대륙이 가장 심각하며 아시아, 남미 지역에 걸쳐 기아인구가 많은 것을 볼 수 있다.

기아와 영양부족에 가장 영향을 많이 받는 집단은 어린이와 여성, 그리고 도시보다는 시골 지역에 거주하는 사람들이다. 특히 어린이의 영양부족은 성장에 심각한 영향을 준다. 2020년 기준 전 세계적으로 5세 이하 어린이 중 영양부족에 의한 성장부진stunting[1]이 약 약 1억 5천만명, 신장대비 체중부족wasting[2]이 약 4천 5백만명 정도로 추산되었으며, 이들 영양부족 어린이들은 아프리카와 아시아에 집중되어 있었다.

국제연합United Nations, UN이 21세기를 내다보며 세운 새천년개발목표 중 첫 번째 목표는 극심한 빈곤과 기아퇴치로 2015년까지 1990년 대비 '기아로 고통받는 인구를 반으로

---

[1] 성장부진stunting : 연령별 신장이 참고치의 중앙값보다 2SD 미만인 경우

[2] 체중부족wasting : 신장별 체중이 참고치의 중앙값보다 2SD 미만인 경우

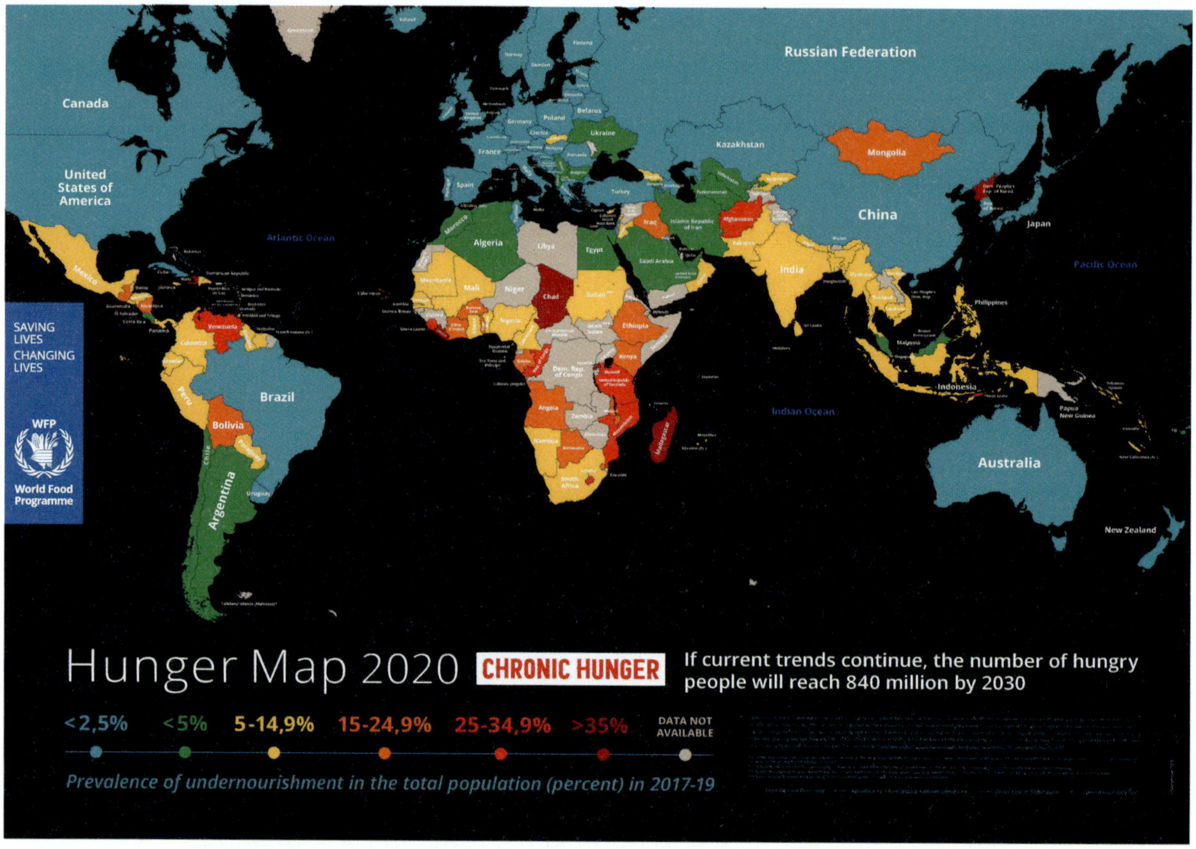

그림 13-1 세계의 기아지도

출처 : World Food Programme. https://www.wfp.org/publications/hunger-map-2020

줄이자'이었는데, 목표에 도달하지는 못하였다. 국제연합에서는 2015년 9월 새천년개발 목표 종결 후 후속으로 2016~2030년까지 달성할 17가지의 지속가능발전 목표를 발표하였고, 두 번째 목표로 기아퇴치Zero Hunger를 선정하여 기아와 영양부족 문제 해결을 지속적으로 추진하고 있다.

어린이의 영양부족은 성장부진뿐 아니라 면역기능을 저하시켜 질병에 걸릴 위험을 높이며, 질병은 다시 영양섭취를 어렵게 한다. 또 쉽게 피로하게 만들고 의욕을 떨어뜨려 학습능력을 저하시키며, 이러한 어린이는 성인이 되어서도 만성질환에 걸릴 위험이 높아진다.

여성의 영양부족은 자신과 아기의 건강에 큰 영향을 준다. 여성이 영양부족에 의해 성장부진과 체중부족 상태였거나, 임신 중 영양부족으로 체중이 충분히 증가하지 않으면 저체중아[3] 출산율이 높아진다. 개발도상국에서는 매년 1,900만 명의 저체중아가 태어나며, 이는 신생아의 약 16%로 6명 중 1명의 비율이다. 저체중아는 정상체중아에 비해 전염성 질환에 걸릴 위험이 높고 사망률도 높으며, 성인이 되어서도 만성질환에 걸릴 위험이 더 높다.

이처럼 기아와 영양부족은 여성의 출산과 어린이의 육체적·인지적 발달에 영향을 주며, 이는 국가의 노동력, 생산성 그리고 국가의 발전에까지 영향을 준다. 따라서 범세계적으로 농업전문가, 영양학자, 경제학자, 정치가, 기아방지단체들이 함께 협력하여 기아와 영양부족으로부터 벗어날 수 있도록 식품 생산을 늘리고 인구 증가율을 조절하도록 노력해야 한다.

새천년개발목표Millennium Development Goals, MDGs

2000년 9월 세계의 지도자들이 모인 가운데 뉴욕의 국제연합 본부에서 개최된 밀레니엄 서밋에서 채택된 빈곤 타파에 관한 범세계적인 의제이다. 당시에 참가했던 191개의 국제연합 참여국은 2015년까지 빈곤의 감소, 보건 · 교육의 개선, 환경보호에 관해 지정된 8가지 목표를 실천하는 것에 동의하였다.

- MDG 1 : 극심한 빈곤과 기아 퇴치
- MDG 2 : 초등교육 완전 보급
- MDG 3 : 성평등 달성하기
- MDG 4 : 유아사망률 감소
- MDG 5 : 임산부 건강 개선
- MDG 6 : 에이즈, 말라리아 등의 질병 퇴치
- MDG 7 : 환경의 지속가능성 보장
- MDG 8 : 개발을 위한 국제적 동반관계 구축

출처 : http://www.mdgmonitor.org/index.cfm

[3] 저체중아low birth weight infant : 출생 시 체중이 2,500g 미만인 영아

국가 지속가능발전목표

2015년 9월, 유엔 개발정상회의에서 새천년개발목표Millenium Development Goals, MDGs의 종결 후 후속으로 2016~2030년까지 달성할 17가지의 지속가능발전목표Sustainable Development Goals, SDGs를 채택하였다. 우리나라도 국제 사회의 책임있는 일원으로서 국제사회의 공동의 목표 달성에 기여하고 한국사회에 처한 여러 문제들을 해결하기 위해 한국형 지속가능발전목표K-SDGs를 수립하였다.

출처 : http://ncsd.go.kr

2. 미량영양소 부족

미량영양소 부족micronutrient deficiency이란 비타민이나 무기질의 섭취량이 부족하거나 흡수가 잘 일어나지 않아 체내에서 충분한 양이 이용되지 못하여 생리기능이 저하된 상태를 뜻하며, 비타민·무기질 부족vitamin & mineral deficiency, VMD이라고도 한다. 미량영양소의 섭취부족은 에너지를 충분히 섭취한 경우에도 나타날 수 있으며, 이러한 경우에 사람들은 배고픔을 느끼지 못하지만 하나 이상의 미량영양소가 부족함으로써 체내 생리기능이 저하되어 건강에 심각한 결과를 초래할 수 있다. 이러한 의미에서 '감춰진 기아hidden hunger'라고도 불리는 미량영양소의 부족문제를 해결하기 위해 1990년대 초 여러 국제회의에서 전 세계가 함께 힘을 모을 것을 강조하면서 더욱 관심이 모아졌다. 현재 20

억 명 이상으로 추산되는 많은 사람이 미량영양소의 섭취부족으로 육체적·지적 잠재능력을 충분히 발휘하지 못하고 있다. 특히 다양한 식품을 섭취하지 못하는 지역의 사람들과 여성 및 어린이들이 미량영양소가 부족하기 쉽다. 전 세계적으로는 철, 비타민 A, 요오드가 가장 부족하기 쉬운 미량영양소이며, 그 외에 칼슘, 아연, 엽산 등도 부족하기 쉬운 영양소이다.

1) 철결핍성 빈혈

철결핍성 빈혈은 가장 흔하게 나타나는 미량영양소 부족으로, 세계 인구의 약 25%가 철결핍 상태이고 그중 대부분이 학령 전 어린이와 여성이며, 어린이나 어른 모두에게 심각한 결과를 초래하므로 매우 중요한 영양문제이다. 철결핍성 빈혈은 철의 섭취량이 부족하거나, 임신이나 월경에 의해 철의 필요량이 증가할 때, 또는 기생충에 감염되어 철이 손실될 때 나타나기 쉽다. 철결핍성 빈혈이 있는 어린이는 인지능력, 행동발달, 육체적 성장이 뒤떨어지며, 임신부의 경우 저체중아 출산율이 높고, 분만 중 사망률도 높다. 성인의 경우 작업능력이 10~15% 감소하여 국가의 생산능력 또한 감소한다.

2) 비타민 A 결핍

비타민 A는 면역기능을 유지하는 데 필수적인 비타민으로서 결핍 시 감염, 설사, 영양부족 등으로 사망률이 증가한다. 비타민 A가 부족한 인구집단에 비타민 A 보충제를 충분히 공급하면 어린이 사망률을 약 25% 감소시킬 수 있으며, 어린이 실명을 70%까지 감소시킬 수 있다. 2013년 기준 전 세계 5세 미만 어린이의 약 1/3이 비타민 A 결핍으로 보고되었다.

3) 요오드 결핍

요오드는 갑상선호르몬을 합성하는 데 필요한 무기질로서 식물성 식품의 요오드 함량은 토양의 요오드 함량에 의해 영향을 받는다. 해조류는 해수의 요오드가 농축되어 매우 좋은 급원이며, 해산물 역시 좋은 급원이다. 해산물을 잘 섭취하지 못하는 산지에 사는 사람들에게 요오드 결핍이 많이 나타나며, 다른 영양소와 달리 선진국과 후진국 모두에서 요오드 결핍을 볼 수 있다. 세계 인구의 약 13%인 7억 4천만 명이 요오드 결핍 시 나타나는 갑상선종 증세를 갖고 있으며, 약 5천만 명이 요오드 결핍에 의한 정신장애를 겪고 있다. 또한 임신 전 또는 임신 중인 여성의 요오드 결핍으로 매년 약 10만 명의 어린이에게 정신장애가 나타난다. 임신부의 요오드 결핍은 유산, 사산, 태아의 성장장애 등을 초래한다.

요오드 결핍을 퇴치한 나이지리아

1980년 나이지리아에서는 국민의 67%가 갑상선종이라는 매우 심각한 영양문제가 있었고, 요오드 결핍으로 많은 어린이의 정신적 · 인지적 발달이 저해되었다. 1993년 나이지리아 정부에서 UNICEF와 함께 Universal Salt Iodization 프로그램을 수행함에 따라 현재 공장에서 생산되는 소금의 90% 이상이 요오드 첨가 소금이다. 2003년 당시 요오드 첨가 소금을 사용하는 가정이 40%였으나 현재 97%로 증가하였고, 이와 함께 2007년 갑상선종의 유병률은 6%로 감소하였다. 요오드 결핍문제를 해결한 나이지리아의 성공은 정부와 소금 생산업체의 노력과 효과적인 규제에 의한 것이었다.

4) 아연 결핍

세계 인구의 1/3은 아연 결핍의 위험이 높은 지역에 살고 있으며, 특히 개발도상국에서는 아연 결핍이 매우 흔하다. 아연 결핍은 설사와 면역기능 저하, 성장부진과 관련이 있다. 설사에 의한 탈수, 영양부족은 어린이 사망의 주된 원인으로 5세 미만 어린이 사망의 약 20%가 설사에 의한 것으로 추산되며, 매일 4,000명의 어린이가 설사 때문에 목숨을 잃는다. 경구 수분보충요법 ral rehydration therapy과 함께 아연을 보충함으로써 설사를 27% 감소시킬 수 있으며, 성장부진 어린이에게 아연을 보충함으로써 신장과 체중을 증가시킬 수 있다.

5) 엽산 결핍

엽산은 세포분열과 성장에 필요한 영양소로서 임신 초기에 엽산이 부족하면 태아의 신경관 형성에 장애가 생겨 신경관 결손증의 기형아를 출산할 확률이 높다. 1998년부터 밀가루에 엽산 강화를 의무화한 미국과 캐나다에서는 신경관 결손증의 출산율이 20%에서 50%까지 감소하였으며, 2021년 기준 80개국 이상의 국가에서 곡류에 엽산을 의무적으로 강화하고 있다. 엽산 결핍은 심장질환과 뇌졸중의 위험도 높일 수 있으므로 엽산을 충분히 섭취하는 것이 심장질환의 예방에 도움이 될 수 있다.

3. 세계 영양문제 개선을 위한 영양 프로그램

세계의 영양문제, 특히 가난한 인구집단의 기아와 영양부족을 퇴치하기 위해 FAO와 WHO에서 주관한 첫 번째 국제영양회의International Conference on Nutrition, ICN가 1992년 로마에서 열렸다. ICN은 영양의 중요성을 다룬 회의로 식품안정성과 관련된 문제점의 인식과 함께 해결방안을 모색하였다.

여러 국제기구와 관심 있는 나라에서는 기아와 영양부족, 미량영양소 부족 등의 영양문제를 개선하기 위해서 취약집단에 식품 또는 특정 미량영양소 보충제를 제공하거나, 많은 사람이 섭취하는 식품에 영양소를 강화하여 제공하거나, 다양한 식품을 이용할 수 있도록 영양교육을 실시하고 있다.

1) 영양강화 혼합식량fortified blended foods 공급

콩, 옥수수, 지방종자oil seed 및 탈지분유 등으로 구성된 곡물식품으로, 풍부한 비타민과 무기질을 함유하고 있다. 그중 옥수수·콩 혼합물corn soya blend은 세계식량계획이 배급하는 주요 혼합식량이다.

2) 비타민 A 보충 프로그램

현재 40개 이상의 개발도상국에서는 매년 약 70% 정도의 5세 미만 어린이에게 비타민 A 캡슐을 제공하며, 이로써 매년 약 30만 명의 어린 생명을 구하고 10만 명 이상의 실명을 예방할 것으로 추산된다.

3) 영양소 강화

요오드 결핍은 소금과 같이 자주 섭취하는 식품에 요오드를 강화함으로써 쉽게 예방할 수 있다. 요오드 첨가 소금 외에 철, 아연, 비타민 A, 엽산 등을 주식, 보충식 또는 양념에 강화하는 것은 가임기 여성과 어린이를 포함한 전체 인구에게 비타민과 무기질의 섭취량을 증가시킬 수 있는 방법으로 비용과 효과 측면에서 매우 효율적이다. 2021년 기준 91개국이 밀가루, 옥수수가루, 쌀 등의 곡류에 철, 엽산 등을 의무적으로 강화하도록 규정하고 있다.

4) 복합 미량영양소 가루multiple micronutrient powders, MMPs 제공

어린이 또는 가임기 여성에게 철과 다른 미량영양소를 제공하기 위하여 복합 미량영양소 가루를 개발하였다. 이 가루는 음식에 쉽게 뿌려 먹을 수 있으므로, 강화된 식품을 구하기 어려운 지역의 가정에서 직접 식사에 영양소를 보충하여 먹을 수 있게 되었다.

몽골 어린이를 위한 복합 미량영양소 가루

복합 미량영양소 가루는 철, 비타민 A, 비타민 D 등 5~15개의 비타민과 무기질을 함유하고 있는 무미의 가루로서 안전하고 사용하기 쉽다. 1봉지에 30원 정도이며, 어린이 1명에게 1년에 약 60~90봉지가 제공된다. 몽골에서는 어린이의 성장부진, 빈혈, 비타민 D 부족을 줄이고, 어린이의 식사 질을 높이기 위하여 6~36개월 어린이에게 복합 미량영양소 가루를 제공하고 있다. 2001년 42%였던 빈혈률이 13,000명의 어린이에게 가루를 제공한 지 1년 만에 절반으로 줄었다.

5) 모유수유와 이유식 교육

영유아의 성장발달과 건강을 위해서 가장 중요한 것은 출생 후 1시간 이내에 젖을 물리고, 6개월까지는 모유만을 수유하며, 6개월부터 2살까지는 아기의 월령에 맞는 고형식이와 함께 모유수유를 계속하는 것이다. 출생 후 1시간 이내에 모유수유를 시작하는 것은 신생아의 체온이 떨어지는 것을 막을 수 있고, 산모의 산후 출혈 위험을 감소시켜 신생아와 산모의 사망률을 낮추는 데 매우 중요하다. 그러나 개발도상국에서 태어난 신생아의 39%만이 출생 후 1시간 이내에 젖을 물고 있다고 한다. 또한 개발도상국의 6개월 이하 영아의 모유수유율은 40% 미만이며, 특히 아프리카 지역의 모유수유율이 낮다. 또한 6개월 이후에는 적절한 이유식을 공급해야 하는데, 많은 어린이가 필요할 때 적당한 양의 이유식을 제공받지 못하고 있다. 따라서 산모와 의료전문가를 대상으로 한 모유수유 교육과 저소득계층이 양질의 이유식을 만들 수 있도록 돕는 영양플러스와 같은 식품공급 프로그램이 필요하다.

4. 영양개선활동을 하는 UN 산하 국제기구

1) 국제연합식량농업기구Food and Agriculture Organization of the United Nations, UN-FAO

FAO는 인류의 영양상태와 생활 수준을 높이고 농업 생산성을 향상시키기 위해 1945년 설립되었으며, UN의 전문기구로서 식량농업 분야에서 국제협력 및 전문 지식 보급을 통해 기아종식 및 영양수준 개선에 기여하고 있다. 2021년 기준 194개국을 회원국으로 두고 있다. '국제연합식량농업기구 한국협회'는 우리나라와 UN-FAO의 연락 및 정보교류를 위해 1957년 발족되었으며, 세계 식품안정성과 기아문제 해결의 중요성에 대한 국민의 의식을 높이기 위하여 다양한 캠페인 활동을 전개하고 있다.

2) 국제연합아동기금United Nations Children's Fund, UNICEF

국제연합아동기금은 전 세계 어린이를 위해 일하는 유엔기구로서, 1946년 창립된 이래 현재까지 국적·인종·성별·종교의 벽을 넘어 '차별없는 구호'의 정신으로 전 세계의 개발도상국 어린이를 지원해 오고 있다. 제2차 세계대전이 끝난 직후 유럽과 중국에는 기아와 질병으로 고통받는 어린이가 많이 있었는데, 유엔은 이러한 어린이들을 돕기 위하여 '유니세프'를 창설하였으며, 어린이와 어머니의 영양개선을 위해 모유수유를 권장하고, 미량영양소 및 보충식을 제공하는 프로그램을 수행하고 있다.

3) 세계보건기구World Health Organization, WHO

전 세계 인류의 보건증진과 건강 및 영양에 장애가 되는 여러 원인을 제거할 목적으로 1948년 설립된 UN 산하의 세계보건기구는 연합회의, 프로그램의 계획과 수행, 연구, 지원사업 등으로 인류의 보건과 건강증진에 이바지하고 있다.

4) 세계식량계획World Food Programme, WFP

UN 산하기관으로 전 세계의 기아를 퇴치하기 위하여 1962년 설립된 세계에서 가장 큰 인도주의 기관이다. 개발도상국이나 빈곤 지역, 전쟁이나 내전, 자연재해와 같은 긴급 상황이 발생하면 식량이 부족한 지역에 식량을 지원하고 있으며, 긴급 상황이 복구되는 과정에서는 파괴된 삶의 터전을 재건할 수 있도록 지원한다. 이에 필요한 재원은 세계 각국의 기부금으로 충당되며, 이를 위해 여러 국가와 유엔기관, NGO 파트너들뿐 아니라 세계식량계획의 협력기구인 식량농업기구와 국제농업개발기금과도 긴밀하게 협조하고 있다. 최근에는 라오스의 홍수, 파키스탄의 대홍수, 아이티 대지진, 에티오피아 가뭄 피해 지역, 아프가니스탄의 분쟁지역 등에 식품과 영양보충제 등을 지원하였다.

파키스탄 대홍수로 고립된 마을에 대한 식량지원
출처 : http://ko.wfp.org

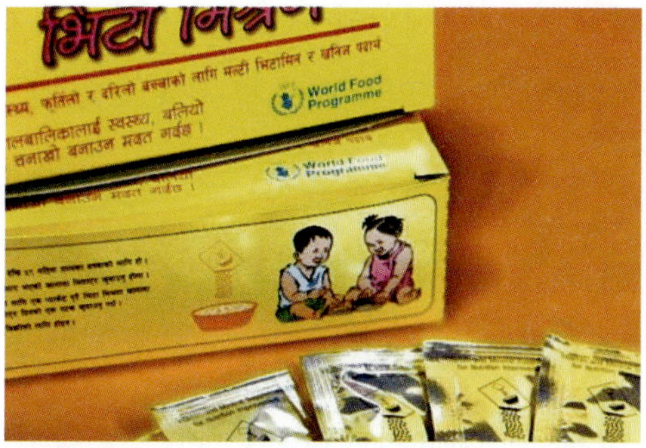

미량영양소 파우더Micronutrient Powder or Sprinkles
출처 : http://ko.wfp.org

5. 영양개선활동을 하는 민간단체

민간단체는 시민들이 자발적으로 조직하여 활동하는 단체로 비영리기구Non-Profit Organization, NPO 또는 비정부기구Non-Government Organization, NGO라고도 한다. 많은 단체에서 영양개선을 위한 활동을 하고 있는데, 국제적인 활동을 하고 있는 주요 단체들은 다음과 같다.

1) 세이브더칠드런http://www.sc.or.kr

세이브더칠드런Save the Children은 1919년 영국의 사회사업가 에글랜타인 젭Eglantyne Jebb이 모든 아동은 건강하고 행복하고 충만한 삶을 영위할 권리가 있다는 믿음으로 세계 최초로 아동의 권리에 기반하여 조직한 구호기구이며, 2020년 기준 30개 회원국이 전 세계 122개국에서 아동의 생존, 보호, 발달 및 참여의 권리를 실현하기 위해 국적, 종교, 정치적 이념을 초월하여 활동하고 있는 국제아동권리기관이다. 한국에서는 1953년 6·25 전쟁 당시 활동을 시작하여 전쟁으로 고통받던 어린이와 미망인을 위해 헌신하였고, 1988년에는 결식아동 지원사업을 시작하였으며, 1996년부터는 다른 나라 어린이를 돕는 기관으로 성장하였다. 아동권리옹호, 아동보호, 보건의료, 아동교육 및 발달을 지원하고 있으며, 해외에서는 아동 영양상태 개선을 위해 마을 주민 대상 식품 농업·영양교육, 텃밭 운영, 염소 배분 및 사육 교육, 보건시설 영양관련 서비스를 지원하고 있다.

2) 어린이재단http://www.childfund.or.kr

어린이재단은 1948년 해방 직후 어려운 아동들을 지원하기 위해 미국 기독교아동복리회Christian Child Fund, CCF의 지원으로 창립된 이래 아동학대예방사업, 가정위탁보호사업, 불우이웃결연사업 등 아동의 생존지원, 보호지원, 발달지원, 권리옹호사업을 펼치고 있다. 2001년부터는 북한 어린이 지원사업을 시작하여 통일빵공장을 운영하고 아동병원을 지원하고 있다. 2002년에는 국제어린이재단연맹ChildFund Alliance의 회원국으로 가입하고, 식품안정성 및 공급 프로그램, 영양교육 프로그램을 실시하였다. 2021년 기준 국제어린이재단연맹은 11개국의 회원국이 58개국 어린이와 가족을 위한 지역개발사업, 의료서비스, 긴급구호사업 등을 수행하고 있으며, 특히 영양, 주거, 보건위생, 의료 등 생존에 필수적인 부분을 지원하여 아동이 건강하게 성장할 수 있도록 돕고 있다.

어린이재단의 북한 영양개선사업

출처 : http://www.childfund.or.kr

3) 월드비전http://www.worldvision.or.kr

월드비전World Vision은 1950년 6·25 전쟁 중에 고아와 미망인을 돕기 위해 밥 피어스Bob Pierce 목사와 한경직 목사에 의해 시작되었으며, 그 후 시설아동 지원, 무료 의료지원, 복지관 설립, 농어촌 개발 등의 활동을 수행해 오다가 1991년부터는 외국의 원조를 받지 않고 경제적으로 자립하여 국내뿐 아니라 해외사업을 수행하기 시작하였다. 1994년부터는 북한 주민의 영양결핍을 해결하기 위해 채소육종, 사과재배, 품종개량 등의 기술을 전수하였으며 채소와 과일의 생산성 향상과 씨감자 생산 지원을 통해 북한 주민이 자체적으로 식량을 공급하도록 돕고 있다. 국내에서는 아동시설 지원, 결식아동 지원 등을 진행하고 있으며 해외 개발도상국에서는 지역개발사업을, 재난과 분쟁의 현장에서는 긴급구호사업을 실시하고 있다. 2021년 기준 한국은 33개국 116개 사업장에서 지역개발사업을 하고 있으며, 국제월드비전은 100여 개국에서 개발사업 및 긴급구호사업을 펼치고 있다.

4) 위드http://www.iwith.or.kr

위드Wholistic Interest Through Health, WITH는 1986년 우리나라 영양사들이 결식아동을 돕기 위하여 오병이어선교회를 조직한 것에서 시작되었으며, 사랑과 나눔의 정신으로 빈곤, 가난, 재해로 고통받는 지구촌 이웃들의 긴급한 필요와 전인적인 회복을 위한 구호, 지속적인 지역역량개발 및 영양개선활동을 펼치는 단체이다. 1994년 몽골을 시작으로 중국, 방글라데시, 캄보디아 등에서 지역개발사업 및 식생활·영양개선활동을 하고 있으며, 영양부족, 식수, 위생, 빈곤, 질병, 자연재해 등으로 고통받고 있는 지역을 건강한 사회로 회복시키기 위한 영양개선 전문사업을 펼치고 있다.

5) 굿네이버스http://www.goodneighbors.kr

굿네이버스Good Neighbors는 가난하고 소외된 지구촌 이웃들의 문제를 전문적으로 해결하기 위하여 1991년 한국인에 의해 설립된 기관이며, 전 세계 45개국에서 전문사회복지사업과 국제구호개발사업을 실시하고 있다. 학대받거나 끼니를 거르는 소외된 어린이의 권리를 찾아주며, 저소득 가정, 장애인 가정, 벽지농촌 가정의 생계를 지원하고, 해외빈민 가정 및 어린이와 북한 아동의 영양상태 개선을 위하여 농축산개발사업, 보건의료지원사업 등을 실시하고 있다.

6) JTShttp://www.jts.or.kr

JTSJoin Together Society는 가난과 신분적 차별 때문에 교육의 혜택을 받지 못한 채 기아와 질병에 시달리며 살아가는 지구촌의 어려운 이웃들과 함께 나눔으로써 인류애를 실천하고자 우리나라에서 설립된 단체로서 인도 등 제3세계에서는 기아·질병·문맹퇴치 구호사업을, 북한에서는 어린이들에게 영양식 지원사업을 실시하고 있다. 1993년 인도 둥게스와리 지역에서 교육, 의료 및 마을개발사업으로 구호활동을 시작하였으며, 현재는 어린이영양 지원, 식품 및 농업 지원 등의 활동으로범위를 넓혀가고 있다. 인도 비하르주에 설립된 수자타 아카데미는 총 700여 명의 학생을 수용하고 있으며 이들이 무료로 수업을 받을 수 있도록 돕고 있다. '아시아의 빈곤과 아픔은 아시아인의 손으로 해결하자'는 취지로 인도, 북한, 필리핀, 캄보디아, 인도네시아, 스리랑카에서 활발한 활동을 펼치고 있다.

몽골 학교급식 시범사업

출처 : http://www.jts.or.kr

저체중아들에게 영양식 제공

출처 : http://www.jts.or.kr

7) 어린이어깨동무http://www.okfriend.org

어린이어깨동무는 남북의 어린이들이 비슷한 키로 건강하게 자라 열린 마음으로 어깨동무하기를 바라며 1996년 우리나라에서 설립된 민간단체로서 북한 어린이를 위한 보건의료사업, 영양증진사업, 교육환경개선사업, 긴급구호사업을 추진하고 있다. 영양증진사업으로는 평양과 원산, 강남군, 평양 외곽 농촌 지역에 두유공장을 건설하여 두유를 위생적으로 생산할 수 있는 생산설비와 원료를 지원하고 있으며, 2008년에는 연이은 수해와 경제적 어려움으로 식량난을 겪고 있는 북한 어린이를 위해 옥수수를 지원하였다.

8) 퍼스트스텝스http:// www.firststepscanada.org

퍼스트스텝스First Steps는 심각한 영양결핍에 시달리고 있는 북한의 어린이들에게 콩우유, 이유식 그리고 자급자족할 수 있는 설비 및 기술을 지원하는 캐나다의 기독교 자선단체로서 2001년에 설립되었다. 2003년부터는 에너지 효율이 높은 무동력 설비인 바이타카우Vita-cow와 바이타고트Vita-goat의 공급에 중점을 두고 있다.

이 설비는 전기밥솥처럼 작동하여 메주콩을 영양가 높은 콩우유로 만드는데, 설비 한 대당 최대 2,000명의 어린이가 매일 한 컵씩 마실 수 있는 만큼의 콩우유를 제조한다. 퍼스트스텝스는 바이타카우 55대와 바이타고트 45대를 북한에 설치하여 100,000명이 넘

바이타카우

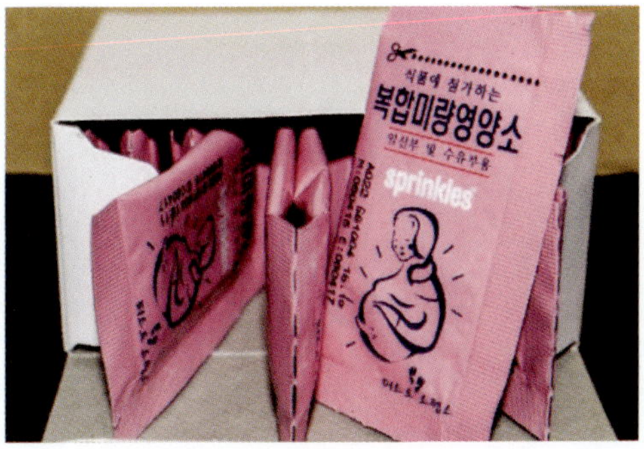

스프링클스 (복합미량영양소 분말)

출처 : https://www.firststepscanada.org/

는 어린이들에게 매일 한 컵의 콩우유를 공급하고 있다. 2007년에는 스프링클스 프로그램도 시작되었다. 스프링클스는 어린 환자들을 위해 개발한 미량영양소로 종이 봉지에 담겨 있는 분말을 음식 위에 뿌려 먹으면 된다. 스프링클스 프로그램은 임산부와 영유아의 건강과 영양상태 개선에 기여하였다.

한국국제협력단Korea International Cooperation Agency, KOICA(http://www.koica.go.kr)

한국국제협력단은 개발도상국가에 정부 차원의 개발원조를 제공하는 한국의 대외 공적개발원조 전담 실시기관이다. 개발도상국가에 지속 가능한 경제 및 사회 발전을 지원하기 위해 교육, 보건의료, 공공행정, 농림수산, 기술환경에너지의 중점분야와 환경, 성평등, 인권 · 평화 등 범분야를 종합적으로 고려하여 개발도상국의 발전을 도모하고 있다. 또한 공적개발원조Official Development Assistance, ODA와 협력하여 영양 관련 프로젝트 및 민간원조단체NGO에 대한 지원을 실시하고 있으며, UN 새천년개발목표 등 국제 사회의 빈곤퇴치 노력에 적극 참여, 인도주의적 지원을 하고 있다.

요약

- 오늘날 전 세계에서 기아로 고통받는 인구는 7억 9천5백만 명으로 그중에서도 특히 어린이와 여성이 영향을 많이 받고 있다. 기아와 영양부족은 여성의 출산과 어린이의 육체적 · 인지적 발달에 부정적인 영향을 주며, 이는 국가의 노동력, 생산성 그리고 국가의 발전에까지 영향을 준다.
- 미량영양소의 섭취부족은 에너지를 충분히 섭취한 경우에도 나타날 수 있다. 이러한 경우에 사람들은 배고픔을 느끼지 못하지만, 하나 이상의 미량영양소가 부족하면 체내 생리기능이 저하되어 건강에 심각한 결과를 초래할 수 있다. 미량영양소 부족은 세계 인구의 약 1/3인 20억 명 이상으로 추산될 정도로, 많은 사람이 미량영양소의 섭취부족으로 육체적 · 지적 잠재능력을 충분히 발휘하지 못하고 있다. 특히 다양한 식품을 섭취하지 못하는 지역의 사람들과 여성 및 어린이들에게 미량영양소가 부족하기 쉽다. 전 세계적으로는 철, 비타민 A, 요오드가 가장 부족하기 쉬운 미량영양소이며, 그 외에 칼슘, 아연, 엽산 등도 부족하기 쉬운 영양소이다.
- 여러 국제기구와 민간단체에서는 기아와 영양부족, 미량영양소 부족 등의 영양문제를 개선하기 위해서 취약한 집단에 식량을 제공하거나 철, 비타민 A, 아연 등의 보충제를 제공하거나 많은 사람이 섭취하는 식품에 요오드, 엽산 등을 강화하여 제공하고 있다.

연구문제

1. 전 세계적으로 부족하기 쉬운 미량영양소는 어떤 것이 있는지 알아보자.
2. 영양문제 개선을 위한 영양 프로그램들을 설명해 보자.
3. 북한 주민의 영양개선을 위해 일하는 국제기구 및 민간단체에서는 북한을 어떤 방법으로 돕고 있는지 알아보자.

참고문헌

관계부처합동. 제5차 국민건강증진종합계획(Health Plan 2030, 2021~2030), 보건복지부, 2021.

교육부. 2020학년도 학교급식 실시현황.

김경원, 이연경, 이송미, 허은실, 손숙미, 이경혜. **영양교육 및 상담의 실제, 제4판**, 2021.

대한영양사협회. 지역사회 영양사업 사례집, 2003.

모수미, 구재옥, 박영숙, 손숙미, 서정숙, 임경숙. **지역사회영양학, 4판**. 교문사, 2017.

문은혜, 김경원. 만 50세 이상 고혈압 성인대상 영양교육의 효과 평가. **대한지역사회영양학회지** 16(1):62-74, 2011.

박영봉. **마케팅**. 박영사, 1999.

배상수. **보건사업기획, 제2판**. 계축문화사, 2008.

백희영, 김초일, 문현경, 윤진숙, 정효지, 심재은, 정현주. 2008 한국 성인을 위한 식생활목표와 식생활지침. **한국영양학회지** 41:887-899, 2008.

보건복지부. 2010년도 사업안내 영양플러스, 2010.

보건복지부. 2015년도 지역사회통합건강증진사업안내(방문건강관리), 2015.

보건복지부. 국민건강증진종합계획 모형, 2006.

보건복지부. 보육시설급식운영관리 매뉴얼, 2010.

보건복지부. 제3차 국민건강증진종합계획(2011~2020), 2011.

보건복지부, 질병관리청. 2019 국민건강통계 - 국민건강영양조사 제8기 1차년도(2019). 보건복지부, 2020.

보건복지부, 한국건강증진개발원. 제4차 국민건강증진종합계획 2016~2020. 보건복지부, 2015.

보건복지부, 한국건강증진개발원. 제5차 국민건강증진종합계획(Health Plan 2030, 2021~2030) 개정판. 한국건강증진개발원, 2022.

보건복지부, 한국건강증진개발원. 2015년도 지역사회통합건강증진사업 안내. 보건복지부, 2015.

보건복지부, 한국건강증진개발원. 2015년 지역사회통합건강증진사업 우수사례집, 한국건강증진개발원, 2016.

보건복지부, 한국건강증진개발원. 2021년 지역사회통합건강증집사업 안내(영양), 2021.

보건복지부, 한국보건사회연구원. 2014년도 노인실태조사 최종보고서, 2015.

보건복지부, 한국보건산업진흥원. 제3차 국민건강증진종합계획 2020 수립을 위한 세부 전략에 관한 연구, 2010.

서정숙, 이종현, 윤진숙, 조성희, 최영선. **이해하기 쉬운 영양판정 및 실습**. 파워북, 2021.

성태제. **현대교육평가**. 학지사, 2005.

안전보건공단. 2015년도 근로자 건강증진활동 우수사례 발표대회 자료집. 안전보건공단 직업건강실, 2015.

오유진, 일본의 성인대상 영양지원 프로그램의 운영과 현황, **대한지역사회영양학회지** 14(5):663-676, 2009.

오은환. 일본에서의 건강증진사업의 노력과 성과: 건강일본21의 중간평가. 한국보건교육건강증진학회 춘계학술대회자료집, 2009.

윤순녕 외. **보건 프로그램 개발 및 평가**. 수문사, 2010.

이연경. 지역사회 영양지원 프로그램의 발전방향. 대한지역사회영양학회 2009년도 추계학술대회 자료집 96-117, 2009.

임연정, 일본 식생활교육정책(食育政策)의 현황분석, 충북대학교 교육대학원 석사학위논문, 2017.

장남수, 강명희, 정혜경, 양은주, 이현숙. **새로 쓰는 지역사회영양학**. 교문사, 2017.

장이철. 기업교육 평가: ROI와 새로운 평가동향. **산업교육연구** 4:75-98, 1998.

전국대학보건관리학교육협의회. **보건교육사를 위한 보건 프로그램 개발 및 평가**. 한미의학, 2009.

정효지. 근거 중심의 영양정책. **국민영양 2008**(4). 대한영양사협회, 2008.

조정순. 우리나라 학교급식의 현황 및 방향. **한국학교보건학회지** 12(2) 169-185, 1999.

통계청. 2020년 사망원인통계, 2021.

한국건강증진개발원. 보건소 모바일 헬스케어 2차년도 시범사업 결과보고서, 2017.

한국보건산업진흥원. 어린이 먹을거리 안전관리사업단 보고서, 2009.

한국식품영양학회. 영·유아 성장발달 특성에 따른 올바른 이유식관리, 2010.

Berger S. Pope John Paul II's address to the International Conference on Nutrition: introductory remarks. *Nutrition 16*(7-8):474, 2000.

Boschi-Pinto C, Velebit L, Shibuya K. Estimating child mortality due to diarrhea in developing countries. *Bull World Health Organ 86*(9):710-7, 2008.

Boyle MA. *Community nutrition in action, 3rd ed*. Thomson, 2003.

Boyle MA, Holben DH. *Community nutrition in action, 5th ed*. Wadsworth, 2010.

CDC Health Education Curriculum Analysis Tool. http://www.cdc.gov/HealthYouth/hecat

Chaplin J, Krawiec T. *Systems and theories of psychology*. Rinehart and Winston, 1979.

Contento I. Review of nutrition education research in the Journal of nutrition education and behavior, 1998 to 2007. *Journal of Nutrition Education and Behavior 40*(6):331-340, 2008.

Contento IR, Randell JS, Basch CE. Review and analysis of evaluation measures used in nutrition education intervention research. *Journal of Nutrition Education and Behavior 34*:2-25, 2002.

Contento IR. *Nutrition education: Linking research, theory, and practice, 4th ed*. Jones & Barlett learning, 2020.

Dignan MB, Carr PA. *Program planning for health education and promotion, 2nd ed*. Lea & Febiger, 1992.

Glanz K, Rimer BK, Viswanath K. *Health behavior: Theory, research, and practice, 5th ed.*, Jossey-Bass, 2015.

Goldman K. Social marketing concepts. In Bensley RJ & Brookins-Fisher (Eds.) *Community health education methods: A practical guide, 2nd ed*. Jones and Bartlett Publishers, 2003.

Green LW, Kreuter MW. *Health promotion planning: an educational and ecological approach, 4th ed*. McGraw-Hill, 2005.

Kennedy E, Mannar V, Iyengar V. Alleviating Hidden Hunger: Approaches that work. *IAEA Bulletin 34*(1):54-60, 2003.

Kennedy G, Nantel G, Shetty P. The scourge of "hidden hunger": global dimensions of micronutrient deficiencies. *Food, Nutrition and Agriculture 32*:8-16, 2003.

Kerlinger F. *Foundations of behavioral research, 3rd ed*. Rinehart and Winston, 1986.

Kirkpatrick D. Great ideas revisited: Techniques for evaluating training programs. *Training and Development 50*:54-59, 1996.

Maberly GF, Trowbridge FL, Yip R, Sullivan KM, West CE. Programs against micronutrient malnutrition: ending hidden hunger. *Annu Rev Public Health 15*:277-301, 1994.

Mason et al. *Nutritional Surveillance*. Geneva: World Health Organization, 1984.

McLeroy KR, Bibeau D, Steckler A, Glanz K. An ecological perspective on health promotion programs. *Health Education Quarterly 15*(4):351-377, 1988.

Owen AL, Splett PL, Owen GM. *Nutrition in the community: The art and science of delivering services, 4th ed*. McGraw-Hill, 1999.

Patel A, Mamtani M, Dibley MJ, Badhoniya N, Kulkarni H. Therapeutic value of zinc supplementation in acute and persistent diarrhea: a systematic review. *PLoS One 28*:5(4):e10386, 2010.

Phillips B. Children and Youth evaluation tools and documentation project. Journal of Nutrition Education and Behavior 42(4S):S95, 2010.

Thomson JC. Program evaluation within a health promotion framework. *Can J Public Health* (2S):S67-71, 1992.

Timreck, TC. *Planning, Program development and evaluation, 2nd ed*. Jones and Barlett Publishers, 2002.

UNICEF. Tracking progress on child and maternal nutrition? a survival and development priority, 2009.

UNICEF. Vitamin and mineral deficiency. A global progress report. available at http://www.micronutrient.org/resources/publications/VMD/

Weinreich N. *Hands-on social marketing: A step-by-step guide*. Sage Publication, 1999.

건강증진사업지원단. http://mchp.hp.go.kr

국민건강영양조사. http://knhanes.cdc.go.kr

국민건강증진종합계획(Health Plan 2010). http://2010.hp.go.kr

국민건강증진종합계획(Health Plan). https://www.khealth.or.kr/board?menuId=MENU00833 [2022.1.31]

대한영양사협회. http://www.dietitian.or.kr

보건교육사자격관리사무국. http://www.khe.or.kr

보건복지부. http://www.mw.go.kr

일간 보사의학신문. http://www.bosa.co.kr

일본 내각부. http://www8.cao.go.jp

일본 농림수산성. http://www.maff.go.jp

일본 후생노동성. http://www.mhlw.go.jp

중앙보육정보센터. http://central.childcare.go.kr

통계청 국가통계포털 http://kosis.kr

한국건강증진재단. http://www.khealth.or.kr

한국표준직업분류-노동통계정보시스템. http://laborstat.molab.go.kr

Nutrition International. https://www.nutritionintl.org/

UNICEF. http://www.childinfo.org

World Food Programme. https://www.wfp.org/publications/hunger-map-2020

찾아보기

{ ㅇ }

저자 소개

최혜미
서울대학교 화학과 학사
미국 플로리다주립대학교 박사(영양학 전공)
현재 서울대학교 식품영양학과 명예교수

김경원
서울대학교 식품영양학과 학사
미국 사우스캐롤라이나대학교 박사(보건교육학 전공)
현재 서울여자대학교 식품영양학과 교수

김창임
서울대학교 식품영양학과 학사
서울대학교 박사(영양학 전공)
전 대전과학기술대학교 식품영양학과 교수

김희선
서울대학교 식품영양학과 학사
미국 코넬대학교 박사(영양학 전공)
전 순천향대학교 식품영양학과 교수

손정민
서울대학교 식품영양학과 학사
서울여자대학교 박사(영양학 전공)
현재 원광대학교 식품영양학과 교수

최경숙
서울대학교 식품영양학과 학사
서울대학교 박사(영양학 전공)
현재 대진대학교 식품영양학과 교수

현태선
서울대학교 식품영양학과 학사
미국 앨라배마대학교 박사(영양학 전공)
현재 충북대학교 식품영양학과 교수

이해하기 쉬운
지역사회영양학

2022년 3월 25일 초판 발행
2024년 9월 5일 2쇄 발행

지은이 | 최혜미 · 김경원 · 김창임 · 김희선
손정민 · 최경숙 · 현태선
발행인 | 유제구
발행처 | 파워북
주 소 | 경기도 고양시 일산동구 호수로 358-25
동문타워 2차 529호
전 화 | (02) 730-1412
팩 스 | (031) 908-1410
등 록 | 1997. 1. 31. 제2014-000067호

정 가 24,000원
ISBN 978-89-8160-485-1 (93590)

잘못된 책은 바꿔드립니다.